(a) 《绝地求生》

(b) 《亚利桑那阳光》

(c) *The Lab*

图 1-5　VR 游戏

图 3-1　3D 奇幻森林世界

(a) 无雾效场景

(b) 雾效场景

图 3-14　雾效效果对比

图 3-31　种植树木效果图

图 4-1　使用虚拟现实设备 HTC VIVE 实现漫游效果

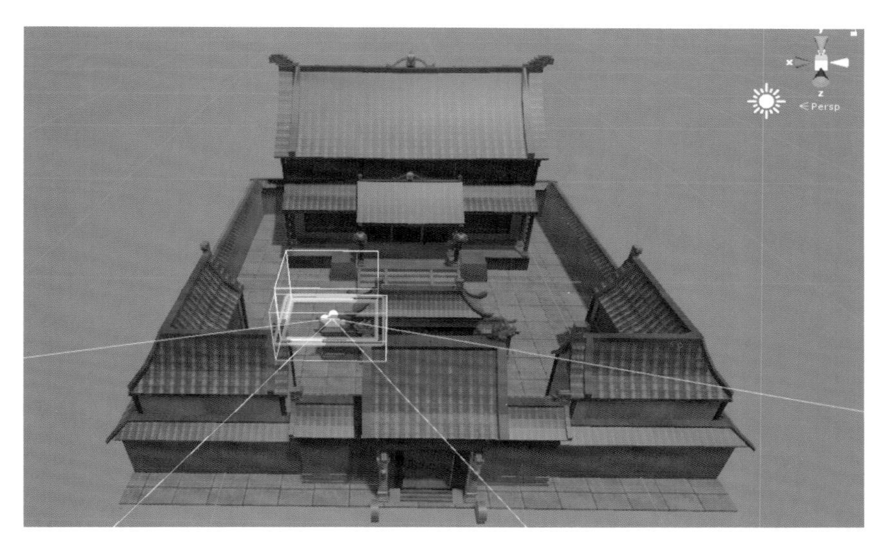

图 4-18　调整[CameraRig]对象到场景中的合适位置

图 5-27　调整[CameraRig]位置

图 5-35　生成导航网格

图 6-58　铁锈最终效果

虚拟现实

VIRTUAL REALITY

开发入门教程

李效伟　杨义军　编著

清華大學出版社
北　京

内 容 简 介

本书基于 Unity3D 引擎和 HTC VIVE 虚拟现实设备，详细介绍了虚拟现实软件开发的知识、方法等内容，并提出了虚拟现实软件开发的基本解决方案，主要包括虚拟现实的基本理论，Unity3D 引擎 2017 版软件的操作方法，以实验案例的方式介绍使用 Unity3D 引擎创建虚拟现实场景的方法；重点介绍 HTC VIVE 开发的相关知识、虚拟现实漫游、灯光、材质、远距传动系统等实践内容。全书提供了大量应用实例，每章附有课后习题。

本书适合作为高等院校数字媒体技术、虚拟现实应用技术和计算机相关专业低年级专科生、本科生的教材，同时可供对 Unity3D 引擎和虚拟现实有初步了解的项目开发人员、科技工作者和研究人员参考使用。

图书在版编目（CIP）数据

虚拟现实开发入门教程/李效伟，杨义军编著. —北京：清华大学出版社，2021.2（2022.8 重印）
ISBN 978-7-302-56810-0

Ⅰ. ①虚… Ⅱ. ①李… ②杨… Ⅲ. ①虚拟现实－程序设计 Ⅳ. ①TP391.98

中国版本图书馆 CIP 数据核字(2020)第 218401 号

责任编辑：白立军　杨　帆
封面设计：杨玉兰
责任校对：焦丽丽
责任印制：朱雨萌

出版发行：清华大学出版社
网　　址：http://www.tup.com.cn，http://www.wqbook.com
地　　址：北京清华大学学研大厦 A 座　　**邮　　编**：100084
社 总 机：010-83470000　　**邮　　购**：010-62786544
投稿与读者服务：010-62776969，c-service@tup.tsinghua.edu.cn
质量反馈：010-62772015，zhiliang@tup.tsinghua.edu.cn
课件下载：http://www.tup.com.cn，010-83470236
印 装 者：小森印刷霸州有限公司
经　　销：全国新华书店
开　　本：185mm×260mm　　**印　张**：12.25　　**彩　插**：2　　**字　　数**：298 千字
版　　次：2021 年 4 月第 1 版　　**印　　次**：2022 年 8 月第 2 次印刷
定　　价：49.00 元

产品编号：079783-01

前 言

2016 年是虚拟现实元年，2018 年教育部增设虚拟现实应用技术专业，许多高等院校也开设了虚拟现实技术相关的课程。目前我们学校已设置数字媒体技术专业，开设了“虚拟现实技术”“虚拟现实引擎技术”“虚拟现实综合实践”等课程，为了结合学校人才培养定位和学生本身情况，整理并开发了本套教材。本书结合虚拟现实开发和制作领域最新的内容和案例，在每章的开始和结尾列出了学习目标和内容总结，并提供大量实验案例和操作步骤。

本书的主要特色：以两个学期的教学实践活动为基础，从虚拟现实作品开发实践出发，基于 Unity3D 引擎和 HTC VIVE 虚拟现实设备，提供了众多实例化教学案例，详细介绍了虚拟现实开发的知识、方法等内容，并给出了虚拟现实软件开发的基本解决方案，提供了虚拟现实漫游、远距传动系统等课堂教学和实践内容。

本书共 8 章。

第 1 章　虚拟现实的前世今生。本章首先介绍虚拟现实的背景和含义；其次延伸出虚拟现实技术的 3I 特征和立体视觉原理；再次介绍虚拟现实的发展历史和应用领域；最后介绍常用于开发虚拟现实应用的引擎。

第 2 章　开启 Unity3D 引擎虚拟现实创作之旅。本章主要介绍使用 Unity 软件进行虚拟现实创作的准备工作。首先介绍 Unity 账户的注册与使用方法；其次介绍 Unity 软件的下载与安装方法；最后介绍使用 Unity 软件创建虚拟现实项目的方法和 Unity 的菜单栏、工具栏和视图界面。

第 3 章　创建 3D 虚拟现实奇幻森林世界。本章首先介绍 Unity 的标准资源包和它的导入方法；其次介绍如何添加和编辑地形、水资源、植被、雾效和第一人称视角等虚拟现实元素；再次介绍 Unity 软件的音效系统，包括音效的播放和加载方法；最后通过一个实训项目介绍创建 3D 虚拟现实奇幻森林世界的步骤，加深对在 Unity 软件中创建虚拟现实世界相关知识和方法的理解。

第 4 章　基于 HTC VIVE 的虚拟现实漫游。本章首先介绍 HTC VIVE 虚拟现实设备的发展、系统要求；其次介绍 HTC VIVE 的硬件部署和软件安装等操作，重点介绍 SteamVR Plugin 插件、FBX 格式模型的导入方法；最后介绍[CameraRig]预制件的使用方法。并通过实例展示搭建一个虚拟现实漫游系统的操作步骤。

第 5 章　导航网格和远距传动系统。本章首先介绍远距传动的概念及其必要性；其次介绍如何在 Unity 中创建导航网格和动态行进对象；再次介绍 Vive-Teleporter 远距传动系统的功能、配置、组件和使用方法；最后介绍碰撞体的概念和使用 Unity 为物体添加碰撞体的方法，并通过实例介绍 Vive-Teleporter 远距传动系统创建虚拟现实应用的方法。

第 6 章　光照系统。本章主要介绍 Unity 的光源、阴影和材质。首先介绍 Unity 的光源相关概念和设置；其次介绍阴影的产生原理及在 Unity 中阴影相关参数的设置；最后介绍材质以及渲染的原理和方法。

第 7 章　动画系统。本章主要介绍 Unity3D 引擎的动画系统 Mecanim。首先介绍三维动画的概念与原理，使用 Unity3D 引擎制作三维动画作品，Unity3D 引擎动画系统 Mecanim 的功能、制作流程和动画片段等，重点介绍使用 Mecanim 系统制作普通动画的步骤和方法；其次介绍动画系统 Mecanim 中的动画事件、Animation Curves 的功能和使用方法，通过一个实例演示使用 Animation Curves 创建旋转弹跳的小球的步骤与方法；再次介绍人形动画的概念，如何使用动画系统 Mecanim 制作人形动画，以及动画控制器的概念和工作原理、Animator 组件、Animator Controller 文件、Animation Clip 文件及 Animator 窗口等；最后介绍动画状态机的相关知识及使用方法。

第 8 章　粒子系统。本章首先介绍粒子系统的概念及其动态性；其次介绍在 Unity 中创建和使用粒子系统的步骤和方法，以及粒子系统相关参数的设置；最后通过 3 个实例介绍在 Unity3D 引擎中创建水下气泡效果、使用 Unity 标准资源包中的粒子系统创建引擎喷射效果的步骤和方法，以及制作气泡拖尾效果的步骤和方法。

本书的实验案例如下。

序号	实验名称	类型	学时	所属章
1	创建 3D 奇幻森林世界	设计型	4	第 3 章
2	飘动的红旗制作	基本训练型	2	第 3 章
3	虚拟现实漫游	基本训练型	2	第 4 章
4	创建远距传动系统应用	设计型	4	第 5 章
5	舞台灯光效果制作	基本训练型	2	第 6 章
6	制作生锈的金属材质	基本训练型	2	第 6 章
7	舞台灯光动画制作	设计型	2	第 7 章
8	气泡拖尾效果制作	基本训练型	2	第 8 章

本书第 1、2 章由西安交通大学杨义军编写，第 3～8 章由山东女子学院李效伟编写。

此外，在本书的撰写过程中，山东女子学院虚拟现实实验室的王安之、赵庆辉、赵立芹等同学参与了实验内容的整理工作，孙育红和席晓聪等老师做了部分实验案例，山东新视觉数码科技有限公司、北京虚实空间科技有限公司和陕西加速想象力教育科技有限公司等企业提供了大量实验素材和建设性意见，在这里一并表示感谢。

由于编者的水平有限，如有不足和疏漏之处欢迎广大技术专家和读者指正。

作　者

2020 年 11 月于济南

目　录

第1章　虚拟现实的前世今生　　/1

1.1　虚拟现实的背景和含义　　/1
1.2　虚拟现实技术的3I特征　　/3
1.3　立体视觉原理　　/3
1.3.1　人的视觉　　/3
1.3.2　3D成像原理　　/4
1.4　虚拟现实的发展历史　　/6
1.5　虚拟现实的应用领域　　/7
1.5.1　娱乐　　/7
1.5.2　建筑可视化　　/8
1.5.3　教育　　/9
1.5.4　军事　　/10
1.5.5　工业　　/10
1.5.6　医疗　　/11
1.6　开发虚拟现实的引擎　　/11
1.6.1　常用引擎　　/11
1.6.2　选择合适的引擎　　/12
1.7　HTC VIVE　　/13
1.8　本章小结　　/14
习题1　　/14

第2章　开启Unity3D引擎虚拟现实创作之旅　　/16

2.1　Unity3D引擎的下载与安装　　/16
2.1.1　注册账户　　/16
2.1.2　下载Unity软件　　/16
2.1.3　安装Unity软件　　/18
2.2　创建Unity项目　　/20
2.3　Unity3D引擎界面　　/22
2.3.1　导航菜单栏　　/22

2.3.2 工具栏 /31
2.3.3 视图界面 /32
2.3.4 游戏对象基本操作 /34
2.4 物体基本组件介绍 /35
2.4.1 组件 /35
2.4.2 常见组件 /35
2.5 本章小结 /36
习题 2 /36

第 3 章 创建 3D 虚拟现实奇幻森林世界 /38

3.1 标准资源包 /39
3.1.1 地形 /40
3.1.2 水资源 /41
3.1.3 植被 /42
3.1.4 雾效 /45
3.1.5 第一人称视角 /46
3.2 音效系统 /47
3.2.1 Unity3D 引擎的音效系统 /47
3.2.2 循环播放背景音乐 /48
3.2.3 3D 音效效果 /49
3.2.4 Resources 加载音乐 /50
3.3 物理系统 /51
3.3.1 物理系统简介 /51
3.3.2 Unity3D 引擎物理系统的 Rigidbody 组件 /51
3.3.3 Unity3D 引擎物理系统的 Joint 组件 /53
3.3.4 Unity3D 引擎物理系统的 Cloth 组件 /55
3.4 创建 3D 奇幻森林世界 /58
3.5 飘动的红旗制作 /60
3.6 本章小结 /64
习题 3 /65

第 4 章 基于 HTC VIVE 的虚拟现实漫游 /66

4.1 HTC VIVE /67
4.1.1 HTC VIVE 简介 /67
4.1.2 HTC VIVE 系统要求 /68
4.1.3 HTC VIVE 硬件部署 /68
4.1.4 HTC VIVE 软件安装 /69
4.2 虚拟现实漫游 /71
4.2.1 SteamVR Plugin /71

4.2.2 古建筑模型 /73
4.2.3 SteamVR /75
4.3 创建虚拟现实世界 /76
4.4 本章小结 /77
习题 4 /77

第 5 章 导航网格和远距传动系统 /79

5.1 远距传动及其必要性探讨 /79
5.1.1 远距传动 /80
5.1.2 远距传动的必要性 /80
5.2 导航网格 /80
5.2.1 Unity 中导航网格的概念 /80
5.2.2 创建导航网格 /81
5.2.3 导航网格相关参数 /83
5.3 Vive-Teleporter 远距传动系统 /84
5.3.1 Vive-Teleporter 远距传动系统解决的问题 /84
5.3.2 配置 Vive-Teleporter 远距传动系统 /85
5.4 碰撞体 /89
5.4.1 Unity3D 引擎中碰撞体组件的添加与设置 /89
5.4.2 Unity3D 引擎中的碰撞体种类 /89
5.5 创建远距传动系统应用 1 /93
5.6 创建远距传动系统应用 2 /98
5.7 本章小结 /102
习题 5 /103

第 6 章 光照系统 /104

6.1 Unity 光照概览 /105
6.1.1 选择光照技术 /105
6.1.2 Unity 光照技术的特点 /106
6.2 光照设置窗口 /106
6.2.1 光照设置窗口参数设置 /107
6.2.2 天空盒的参数设置 /109
6.3 光源浏览器窗口 /111
6.4 光源 /112
6.4.1 光源类型 /112
6.4.2 光源属性面板 /115
6.4.3 使用光源 /116
6.4.4 舞台灯光效果制作 /117
6.5 阴影 /120

6.5.1 Unity 中的阴影 /120
6.5.2 使用阴影 /121
6.5.3 阴影映射与斜纹属性 /121
6.5.4 平行光阴影 /124
6.6 光照模型 /124
6.7 材质 /126
6.7.1 创建和使用材质 /126
6.7.2 着色器 /127
6.8 基于物理的渲染 /129
6.8.1 基于物理的渲染的定义 /129
6.8.2 制作金属刀叉 /129
6.8.3 制作生锈的金属材质 /131
6.9 本章小结 /135
习题 6 /135

第 7 章 动画系统 /136

7.1 三维动画 /137
7.1.1 三维动画的概念 /137
7.1.2 使用 Unity3D 引擎制作的三维动画 /137
7.2 Unity3D 引擎的动画系统 /138
7.2.1 Unity3D 引擎的动画系统的功能 /138
7.2.2 动画制作流程 /138
7.2.3 动画片段 /139
7.2.4 为 GameObject 添加动画 /139
7.2.5 添加动画事件 /143
7.2.6 调节 Animation Curves /145
7.2.7 创建旋转弹跳的小球 /146
7.2.8 舞台灯光动画制作 /150
7.2.9 人形动画 /155
7.2.10 Unity3D 引擎中使用人形动画 /156
7.3 动画控制器 /157
7.3.1 Animator 组件 /157
7.3.2 Animator Controller 文件 /157
7.3.3 Animation Clip 文件 /158
7.3.4 Animator 窗口 /159
7.3.5 状态机的状态 /160
7.3.6 状态间的过渡关系 /160
7.4 本章小结 /162
习题 7 /163

第 8 章　粒子系统　/164

8.1　粒子系统简介　/164
8.1.1　粒子系统的概念　/164
8.1.2　系统的动态性　/165
8.2　Unity3D 引擎中的粒子系统　/165
8.2.1　在 Unity3D 引擎中创建粒子系统　/165
8.2.2　使用 Unity3D 引擎中的粒子系统　/166
8.2.3　粒子系统参数详解　/167
8.3　创建水下气泡效果　/173
8.4　为摩托车添加引擎喷射效果　/176
8.5　气泡拖尾效果制作　/179
8.6　本章小结　/183
习题 8　/184

参考文献　/185

第1章 虚拟现实的前世今生

本章学习目标

- 了解虚拟现实的背景、发展历史和开发引擎。
- 深刻理解虚拟现实的含义、3I特征和立体视觉原理。
- 理解虚拟现实的应用领域。

本章首先介绍虚拟现实的背景和含义;其次延伸出虚拟现实技术的3I特征和立体视觉原理;再次介绍虚拟现实的发展历史和应用领域;最后介绍常用于开发虚拟现实应用的引擎。

1.1 虚拟现实的背景和含义

2014年著名社交网络公司Facebook以20亿美元的价格收购了一家虚拟现实(Virtual Reality,VR)设备厂商Oculus,在业界引起了强烈的震动,这一事件直接推动了虚拟现实技术从行业应用进入消费者市场,加速了虚拟现实概念落地。随后,百度、阿里巴巴、腾讯等公司纷纷进军VR产业,很早就对VR进行了资本层面的渗透,同时,小米、迅雷、优酷、乐视、暴风等公司也迅速加入其中,开始VR产业战略部署。

2016年,百度公司上线了百度VR网,新浪上线了VR频道,36氪、创业家等主流媒体也纷纷开通了VR栏目,关于虚拟现实的新闻报道和资讯,如雨后春笋般铺天盖地而来。大众惊呼,虚拟现实的春天来了,这一年被称为“虚拟现实元年”。

2016年,VR市场异常沸腾,互联网巨头群雄逐鹿,专注于VR的创业公司迅速崛起。北京虚实空间公司专注于HTC VIVE设备虚拟现实内容的研发,研发了具有历史特色题材的《VR兵马俑》;济南超感智能科技公司专注于虚拟现实交互技术的研发,研发了数据手套Miiglove和惯性动捕系统Spring-VR;福建网龙公司、贝沃公司专注于虚拟现实教育的研发，研发了101虚拟现实编辑器。

虚拟现实有时也被称为虚拟环境，是利用计算机设备模拟产生一个三维(3D)空间的虚拟世界，提供给用户关于视觉、听觉、触觉等感官的模拟，让用户感觉仿佛身临其境一般，可以及时、没有限制地观察三维空间内的事物。当用户在现实世界中进行位置移动时，计算机设备可以立即进行复杂的运算，捕获用户的移动，计算用户的位置，将精确的三维世界视频传回，产生临场感。虚拟现实技术集成了计算机图形、计算机仿真、人工智能、人机交互、传感器、渲染、网络并行处理及人的感知与认知等技术的最新发展成果，生成与真实视觉、听觉、触感等高度接近的数字化环境，是一种由计算机技术辅助生成的高技术模拟系统。

虚拟现实专业领域一般分为虚拟现实硬件设备和虚拟现实内容。

虚拟现实硬件设备是虚拟现实内容的载体。市场上较为高端的VR硬件设备：HTC公司的HTC VIVE和VIVE Focus(一体机)，Facebook公司的Oculus Rift，三星公司的Gear VR，Pico公司的Pico VR，蔡司(Zeiss)公司的VR One Plus，PlayStation公司的PSVR等，如图1-1所示。这些设备均属于较为高端的虚拟现实硬件设备。

高端VR硬件设备的研发需要消耗巨额的研发资金，目前，主要由大型公司参与研发，小型公司或初创公司主要参与低价VR硬件设备的研发，这类硬件设备较为简单，需要配合手机才能实现虚拟现实内容的展示。市场上较低价的VR硬件设备有谷歌公司的Cardboard、暴风公司的暴风魔镜、百度公司的爱奇艺VR眼镜、小米公司的MIVR眼镜等，如图1-1所示。这些硬件设备价格较低。

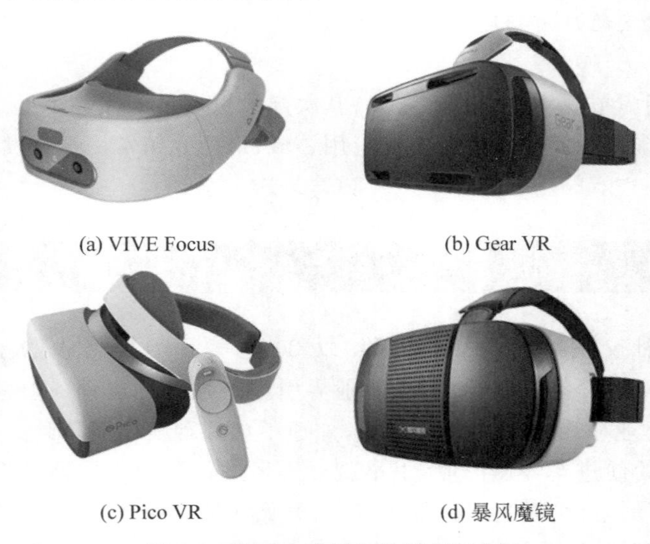
(a) VIVE Focus　(b) Gear VR
(c) Pico VR　(d) 暴风魔镜

图1-1　市面上常见的虚拟现实头盔

虚拟现实软件、虚拟现实图像和虚拟现实视频是以虚拟现实硬件设备为载体，是虚拟现实内容的主要展现形式。也就是说，虚拟现实内容主要体现为虚拟现实软件、虚拟现实图像和虚拟现实视频。虚拟现实软件是指使用计算机编程技术生成的能够在虚拟现实硬件设备上运行的应用(软件)，如美屋三六五(天津)科技有限公司的打扮家VR系统，Valve公司开发的VR游戏*The Lab*，谷歌公司推出的绘图软件Tilt Brush；虚拟现实图像是指通过虚拟现实照相机录入的图像或者使用虚拟现实软件渲染出的图像，如由微想科技公司独立开发运营的VR全景平台提供了大量由VR照相机（如Insta360、RICOH THETA）录入的全景图像；虚拟现实视频是指使用视频生成软件生成的虚拟现实动画或者使用虚拟现实录像机录入的视频，如VR资源网论坛提供了大量由3ds Max、Maya等软件生成的VR视频和由VR录像机录制的VR视频，MolanisVR推出了360°视频编辑工具Flexible 360 Video Editing。

1.2　虚拟现实技术的3I特征

虚拟现实技术区别于其他计算机应用技术的3个鲜明特征，也称为3I特征，即沉浸性（Immersion）、交互性（Interaction）和想象性（Imagination），如图1-2所示。

(1) 沉浸性是指给用户逼真的、身临其境的感觉。沉浸性又称为临场感，指用户感受到的作为主角存在于虚拟环境中的真实程度。虚拟现实技术根据人类的视觉、听觉和触觉的生理和心理特点，设计出包括三维场景/图像、三维动画、声音和触摸感的应用，由计算机渲染产生逼真的三维立体图像。用户戴上头盔显示器和数据手套等交互设备，便可将自己置身于虚拟环境中，使自己由观察者变为主动参与者，成为虚拟环境中的一部分。

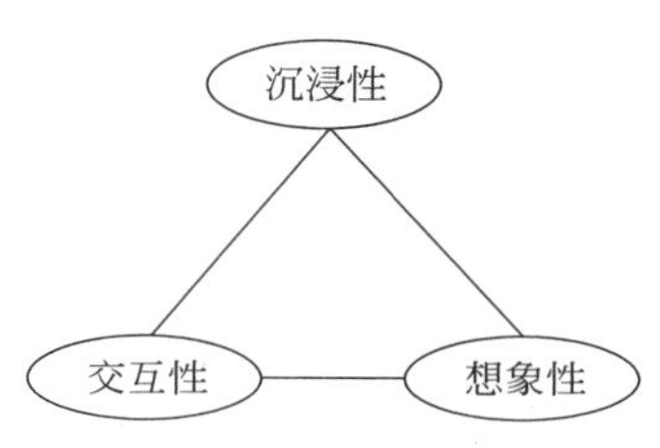

图1-2　虚拟现实技术的3I特征

(2) 交互性是指用户感知与操作环境。传统的人机交互指的是通过鼠标和键盘与计算机进行交互，进而通过显示屏或音响得到反馈；虚拟现实中的交互性指的是人能以较为自然的交互方式与虚拟世界中的对象进行交互操作和感知虚拟环境，突破了传统的桌面交互WIMP（Windows、Icons、Menus、Pointers）模式，不仅可以利用键盘、鼠标，还可以借助专用的三维交互设备（如立体眼镜、数据手套、体感照相机、腕带、位置跟踪器等），满足用户使用声音、动作、表情等较为自然的交互方式进行人机交互。

(3) 想象性是指激发用户浮想联翩，提升用户创造性的能力。在虚拟环境中，用户可以根据所获取的视觉、听觉和触觉等信息以及自身在系统中的行为，结合自身的感知与认知情况，通过联想、推理和逻辑判断等思维过程，随着系统的运行状态变化对系统运动的未来进展进行想象，以获取更加丰富的知识。认识复杂系统深层次的运动机理和规律性，提升用户认知的主动性，加强用户的认知能力。

现在，随着人工智能（Artificial Intelligence，AI）的迅速发展，有专家试图将智能也加入虚拟现实技术的特征中，形成虚拟现实的4I特征。

1.3　立体视觉原理

1.3.1　人的视觉

有关研究表明，人类从周围世界获取的信息约有80%是通过视觉得到的，因此，视觉是人类最重要的感觉通道，在进行虚拟现实软件设计时，必须对其重点考虑。

首先介绍人眼的结构(见图 1-3),同时介绍人眼的工作机理。眼睛前部的角膜和晶状体首先将光线汇聚到眼睛后部的视网膜上,形成一个清晰的影像。视网膜由视细胞组成,视细胞分为锥状体和杆状体两种:锥状体只有在光线明亮的情况下才起作用,具有辨别光波波长的能力,因此对颜色十分敏感,特别对光谱中的黄色部分最为敏感,在视网膜中分布最多;杆状体比锥状体灵敏度更高,在暗光下就能起作用,但没有辨别颜色的能力。因此,人们白天看到的物体有色彩,夜里则看不到色彩。

视网膜上不仅分布着大量的视细胞,同时还存在一个盲点,这是视神经进入眼睛的入口。盲点上没有锥状体和杆状体,在视觉系统的自我调节下,人们无法察觉。视网膜上还有一种特殊的神经细胞,称为视神经中枢。依靠视神经中枢,人们才可以察觉运动和形式上的变化。

视觉活动始于光。眼睛接收光线,转换为电信号。光能够被物体反射,并在眼睛的后部成像。眼睛的神经末梢将它转换为电信号,再传递给大脑,形成对外部世界的感知。

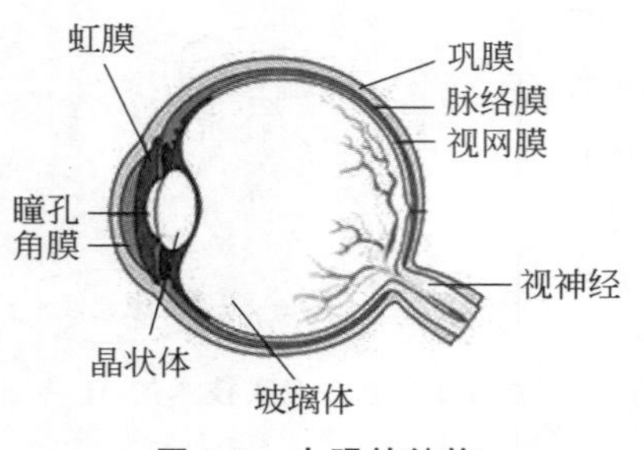

图 1-3　人眼的结构

视觉感知可以分为两个阶段:受到外部刺激接收信息阶段和解释信息阶段。需要注意的是,一方面,眼睛和视觉系统的物理特性决定了人类无法看到某些事物;另一方面,视觉系统解释和处理信息时可对不完全信息发挥一定的想象力。因此,进行虚拟现实软件设计时,要清楚这两个阶段及其影响,了解人类真正能够看到的信息。

1.3.2　3D 成像原理

由于人的双眼观察物体的角度略有差异,这种差异被称为视差,因此能够辨别物体远近,产生立体视觉,如图 1-4 所示。三维立体影像电影正是利用这个原理,把左、右眼所看到的影像分离。

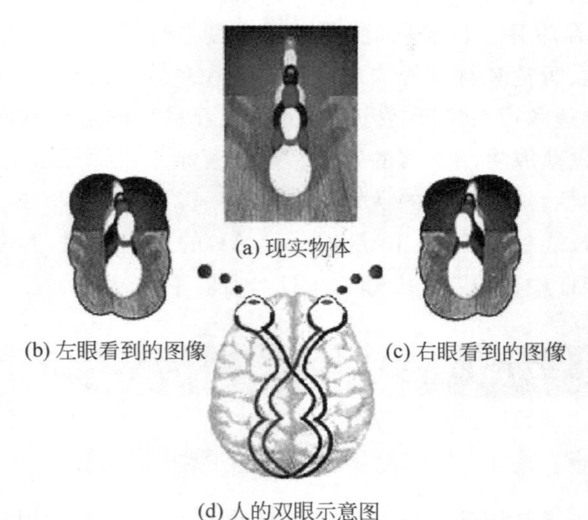

(a) 现实物体

(b) 左眼看到的图像

(c) 右眼看到的图像

(d) 人的双眼示意图

图 1-4　立体视觉原理图

观看3D电影时，观众的左眼只能看到左眼图像、右眼只能看到右眼图像，通过双眼汇聚功能将左、右眼图像叠和在视网膜上，由大脑神经产生三维立体的视觉效果，展现出一幅幅连贯的立体画面，使观众感到景物扑面而来或进入银幕深凹处，产生强烈的“身临其境”感。

根据人的视觉特点和3D成像原理，设计立体成像算法伪代码如下：

```
var Camera1: Camera;
var Camera2: Camera;
var cameraSwitch: boolean;
function Update () {
    if (cameraSwitch){
        Camera2.enabled=true;
        Camera1.enabled=false;
        cameraSwitch=false;
    }
    else{
        Camera1.enabled=true;
        Camera2.enabled=false;
        cameraSwitch=true;
    }
}
```

虚拟现实硬件设备大多基于视差原理，把左、右眼的视差画面分别渲染到两个对应的屏幕上，人类的双眼按照习惯采集画面并传递给大脑进行混合，从而实现立体视觉。所以很容易地发现虚拟现实硬件设备里面都是两块小屏幕，两块屏幕中渲染的其实是交错的同一个画面。交错现实模式的工作原理是将一个画面分为两个图场，即由单数描线所构成的单数扫描线图场或由单图场与偶数扫描线构成的偶数扫描线图场或偶图场中，称其为立体交错格式。

画面交换的工作原理是将左、右眼图像交互显示在屏幕上。使用立体眼镜与这类立体显示模式搭配，只需要将垂直同步信号作为快门切换同步信号即可达到立体显示的目的；而使用其他立体显示设备则需要将左、右眼图像分别送至左、右眼显示设备上。

计算机的屏幕只有一个，而我们却有两只眼睛，又必须让左、右眼所看到的图像各自独立分开才能有立体视觉，所以可以通过3D立体眼镜让这个视差持续地在屏幕上表现出来。通过控制IC送出立体信号（如左眼→右眼→左眼→右眼……依序连续交替重复）到屏幕上，并同时送出同步信号到3D立体眼镜上，使其同步切换左、右眼图像，即左眼看到左眼应该看到的图像，右眼看到右眼应该看到的图像。

3D立体眼镜是一个穿透液晶镜片，通过电路对液晶眼镜开、关的控制，开可以控制眼镜镜片全黑，一边遮住一只眼睛的图像；关可以控制眼镜镜片为透明，以便另一只眼睛看到该看到的图像。3D立体眼镜可以模仿真实的状况，使左、右眼画面连续互相交替地显示在屏幕上，并同步配合3D立体眼镜，加上人眼视觉暂留的生理特性，就可以看到真正的3D立体图像。虚拟现实硬件设备的成像就是基于这个原理。

1.4 虚拟现实的发展历史

1950年以前，虚拟现实的概念首先来自Stanley G. Weinbaum的科幻小说《皮格马利翁的眼镜》(*Pygmalion's Spectacles*)，被认为是探讨虚拟现实的第一部科幻作品，简短的故事中详细地描述了以嗅觉、触觉和全息护目镜为基础的虚拟现实系统。

1951—1970年。莫顿·海利希(Morton Heilig)在20世纪50年代创造了一个体验剧场，可以有效涵盖所有的感觉，吸引观众注意屏幕上的活动。1962年，他创建一个原型Sensorama，5部短片同时进行多种感官(视觉、听觉、嗅觉、触觉)的互动。1968年，伊凡·苏泽兰(Ivan Sutherland)与他的学生Bob Sproull创造了第一个虚拟现实及扩增实境头戴式显示器系统，这种头戴式显示器相当原始，也相当沉重，不得不被悬挂在天花板上。

1971—1990年。在早期的虚拟现实中，值得注意的是阿斯彭电影地图(Aspen Movie Map)，它由麻省理工学院于1978年创建，背景是科罗拉多州阿斯彭，用户可以徜徉在3种街头：夏季、冬季和三维。到了20世纪80年代，贾瑞恩·拉尼尔(Jaron Lanier)使虚拟现实广为人知，贾瑞恩·拉尼尔于1985年创办VPL Research，主要研究几种虚拟现实软件设备，如数据手套、眼镜电话、音量控制。在此之前，虚拟现实并不广为人知，媒体报道在20世纪80年代末逐渐增加，虚拟现实开始吸引媒体的报道，人们开始意识到虚拟现实的潜力，有些媒体的报道甚至将虚拟现实与莱特兄弟发明飞机相比。1990年，Jonathan Waldern在伦敦亚历山德拉宫举行的计算机图形学博展览会展示了虚拟性(Virtuality)系统，这个新系统是一种街机，并且需要使用虚拟耳机。

1991—2000年。1991年，SEGA公司发行SEGA VR(虚拟现实耳机街机游戏)和Mega Drive，它们都使用液晶显示屏幕，立体声耳机和惯性传感器，让系统可以追踪并反映用户头部运动；游戏Virtuality推出，并成为第一多人的虚拟现实网络娱乐系统，它在许多国家发行，如旧金山内河码头中心一个专门虚拟现实商场，是第一个三维虚拟现实系统。麻省理工学院的科学家安东尼奥·梅迪纳(Antonio Medina)设计了一个虚拟现实系统，让用户能够在地球上驾驶火星车。1994年，SEGA公司发行SEGA VR-1运动模拟器街机，它能够跟踪头部运动并制造立体3D图像；苹果公司发布QuickTime VR格式，它是与VR广泛连接使用的产品。1995年7月21日，任天堂公司完成Virtual Boy并在日本发布；西雅图某VR兴趣组织创造了洞穴般的270°沉浸式投影室，称为虚拟环境剧场。1999年，企业家菲利普·罗斯戴尔(Philip Rosedale)组织林登实验室(Linden Lab)，重点是研究虚拟现实硬件，使计算机用户完全沉浸在360°的虚拟现实环境中。

2001—2016年。2007年，谷歌公司推出街景视图，显示越来越多的世界各地全景，如道路、建筑物和农村地区。2010年，帕尔默·拉奇创办欧酷拉，设计虚拟现实头戴式显示器Oculus Rift。2014年，经济实惠的Google Cardboard于Google I/O开发者大会上亮相，被派发给现场所有观众，Google Cardboard的软件开发工具包(SDK)支持Android和iOS两种操作系统，SDK的VR View允许开发者嵌入网络和移动应用中的VR内容。2015年7月，OnePlus成为第一家利用虚拟现实推出产品的公司，它用虚拟现实的平台推出OnePlus 2，在谷歌公司应用程序Play商店和YouTube上发布。2016年7月，HTC和Valve公司推出了体验效果优秀的虚拟现实产品——HTC VIVE；指挥家VR公司发布全球首个大空间多人交互 VR 行业应用 VRoomXL。

1.5　虚拟现实的应用领域

1.5.1　娱乐

虚拟现实技术在娱乐领域的应用主要体现在 VR 游戏和 VR 直播等方面。当前，较为流行的 VR 游戏有《绝地求生》《亚利桑那阳光》和 *The Lab* 等，如图 1-5 所示。VR 直播是虚拟现实的新兴应用。

(a) 《绝地求生》

(b) 《亚利桑那阳光》

(c) *The Lab*

图 1-5　VR 游戏

1. VR 游戏

《绝地求生》是由 PUBG 公司开发的一款虚拟现实游戏，连续多周蝉联 Steam 平台游戏下载榜首。它是一款大逃杀类型的游戏，每局游戏有 100 名玩家参与，他们被投放在绝地岛的上空，游戏开始跳伞时所有人都一无所有，玩家赤手空拳地分布在岛屿的各个角落，利用岛上多样的武器、物资和载具（如快艇、山地摩托车、越野车和轿车等交通工具），确保自己生存到最后。随着时间的流逝，岛上的安全地带越来越少，特定地区也会发生爆炸的情况，这样玩家的新鲜与紧张感会更加强烈，最终只有一人（或一支）队伍存活下来，获得游戏胜利。此游戏是使用 UE4 引擎开发的大型网络 VR 游戏，使用了 VR 建模技术、动画技术、编程技术等，目前在国内有单独的服务器，由网易和腾讯公司运营。

《亚利桑那阳光》是一款后启示录第一人称射击类游戏。游戏借助 HTC VIVE 和 Oculus Rift 设备的运动感应控制器实现真实自然的持枪、开火、填充弹药等动作，游戏中的武器多达 25 种。游戏的虚拟场景采用的是美国西部片风格，玩家在这里用尽一切手段逃生。场景中有能晒伤皮肤的热带沙漠，险峻的峡谷和幽深黑暗的矿洞。游戏同时支持单人模式和多人模式，单人模式支持简短的体验和完整的战役，而多人模式则有合作过关的战役和最多4人的生存模式。

The Lab 是 Valve 公司主打的 VR 产品，一直在 Steam 平台中广受好评。它是一款免费的 VR 游戏，通过空间定位的方式，让玩家体验在城墙上作为一个神射手抵御敌人来袭的快感。对于很多 VR 头戴式显示器用户，这款游戏在其视觉和触觉上是一个很好的体验，适合家人和朋友休闲娱乐时体验。

2. VR 直播

VR 直播是虚拟现实与直播技术的结合。与现在流行的直播平台不同的是，VR 直播对设备的要求较高，普通的手机摄像头和 PC 摄像头显然难以满足要求，需要采用 360°全景的拍摄设备，以捕捉超清晰、多角度的画面，每帧画面都是一个 360°的全景，观看者还能选择上下左右任意角度，体验更逼真的沉浸感。

随着快手、秒拍、抖音等直播平台在青少年中的流行，VR 直播领域也不甘示弱，涌现出了像 NextVR、花椒直播、虎牙直播、哔哩哔哩、VR 演唱会等出色的 VR 直播应用。VR 直播可促使直播用户从围观者变成参与者，拉近了主播与网友的距离，打破了空间与距离的界限，让主播与用户可以在一米之内近距离接触。VR 直播全面改变了人类社交方式，在社交史上具有划时代的意义。

随着 VR 技术的快速发展，快手、抖音等直播平台尝试采用泛 VR 技术，通过手机摄像头获取主播的身体动作和面部表情，提取身体动作和面部表情参数，使用算法对主播的身体动作和面部表情做映射和优化，呈现给粉丝们虚拟化后的人物形象，也将给人们带来无限的乐趣。

1.5.2 建筑可视化

虚拟现实技术在建筑可视化领域的应用主要体现在 VR 样板房建设和 VR 楼盘建设等方面。

1. VR 样板房

VR 样板房是利用 VR 技术，借助于虚拟现实硬件设备，将还未开发完善的楼房进行虚拟装修，使得用户能够提前观看到某一户型楼房的装修完善效果，如图 1-6 所示。VR 样板房主要有两类客户：第一类是房地产开发商，房地产开发商委托软件公司开发的 VR 样板房主要用来吸引看房、买房客户，增强对户型的描述能力，吸引客户购房置业；第二类

图 1-6　VR 样板房

客户是装修(装饰)公司,装修(装饰)公司委托软件公司开发的VR样板房主要用来辅助室内设计,根据用户需求进行实时设计,相对于效果图,可更加直观地展示设计效果,增加用户体验,达到吸引客户的目的。相对于真实样板房,VR样板房建设价格更低,交互更加灵活,体验效果更棒。

2. VR楼盘

VR楼盘同VR样板房一样,VR楼盘主要客户为房地产开发商,主要用来满足售房需要,客户可以在3D虚拟楼盘中自由行走、任意观看。应用场景一般是销售人员在给看房、买房的客户讲解时,给客户提供真实的小区入住体验,帮助客户了解小区周边环境,增加客户对小区内环境和周边环境的好感,目的也是吸引客户在此购房置业。

1.5.3 教育

虚拟现实技术在教育领域的应用主要表现在VR实验室、VR教室和VR课件等方面。

1. VR实验室

VR实验室分为研究型实验室和应用型实验室。研究型实验室主要有中国科学院计算技术研究所的虚拟现实技术实验室,山东大学的人机交互与虚拟现实研究中心和北京航空航天大学的虚拟现实技术与系统国家重点实验室等。研究型实验室侧重于虚拟现实关键问题的研究,如虚拟现实中的触摸反馈、游戏与心理、虚拟现实自然交互等。应用型实验室主要有山东女子学院虚拟现实实验室、山东电子职业技术学院虚拟现实实验室等。应用型实验室侧重于虚拟现实内容的制作,如虚拟现实软件的开发和虚拟现实视频、图像的制作等工作。两种类型的实验室都采购了大量虚拟现实硬件设备,如HTC VIVE、Oculus Rift、大显示屏和异形屏幕等设备,用于支撑虚拟现实相关课程和课题,满足教学和研究需要。

2. VR教室

VR教室是将虚拟现实技术与教学情境相融合,集终端、应用系统、云平台、课程内容于一体,将抽象的概念情境化,提供极简易的教育教学互动操作,为学习者提供高度仿真、沉浸式、可交互的虚拟互动学习场景。通过虚拟现实技术制作课堂内容相关的VR体验效果,如穿越到1903年与莱特兄弟一起驾驶第一架飞机,提高学习者的学习兴趣,加深对课堂内容的印象。

3. VR课件

VR课件是指利用虚拟现实技术开发的课件。两位旧金山Alta Vista学校的科学课老师与专注于教育内容研发的公司Lifeliqe合作,基于Lifeliqe VR博物馆应用程序,开发了一个VR课件。在Steam平台上的Lifeliqe VR应用中,学生们借助于HTC VIVE,可以体验到在古遗址中漫步,深入动植物细胞内部观察,与宇航员们一起漂浮在国际空间站等真实场景。VR教学最大的好处是寓教于乐,不仅打破了课堂授课的空间限制,也能够让学生们在课外更加自主地体验这些内容。

1.5.4 军事

虚拟现实技术对军事演练和推进有重要的战略意义和经济效益。装备训练、战场环境、作战演练、战后重建等需要在虚拟现实中进行士兵训练，能够有效提高军事训练效率和临场心理素质，解决真实训练中费用高、危险大等问题。通过三维技术制成包括作战背景、战地场景、各种武器装备和作战人员等战场环境图形图像库，为使用者创造一种险象环生、逼近真实的立体战场环境，以增强其临场感觉，提高训练质量。

格鲁吉亚使用徒步士兵训练系统(Dismounted Soldier Training System，DSTS)对步兵进行训练；挪威正在将 Oculus Rift 头盔用在坦克驾驶系统上，连接固定在坦克外侧的摄像头后，坦克中的士兵们能以第一视角的方式观看到 360°的全方位影像；泰国国防技术研究所已经与玛希隆(Mahidol)大学签署了一份协议，以研发用于军事训练的 VR 环境。

1.5.5 工业

虚拟现实技术在工业领域的应用主要体现在虚拟装配和虚拟样机等方面，如图 1-7 所示。

(a) 虚拟装配

(b) 虚拟样机

图 1-7 虚拟装配和虚拟样机

1. 虚拟装配

虚拟装配在机械制造领域中，往往要将成千上万的零件装配到一起组成机械产品，然而由于机械产品的配合设计、可装配性的错误，导致经常要在最后装配时才能够发现产品的错误，从而给工厂和企业的信誉和经济造成不可估量的损失。采用虚拟现实技术虚拟装配机械产品，由于产品设计的精度不同、形状不同，所模拟的产品的装配过程也不同，并且用户可以通过交互的方式，对产品的模拟装配过程进行控制，从而检查产品的设计和操作过程是否得当，及时地发现装配过程中出现的问题，修改模型进行迭代设计。例如，虚拟仿真系统根据产品设计的形状特性、精度特性，真实地模拟产品三维装配过程，并允许用户以交互方式控制产品的三维真实模拟装配过程，检验装配设计和操作的正确性，以便及时发现产品装配中的问题，对模型进行修改。

2. 虚拟样机

机械产品的工作性能及质量，往往通过最终样机的试运转才能够发现。但是此时出现的很多问题都是没有办法改变的，修改设计就意味着全部或者大部分的重新试制或报废。用虚拟样机取代传统的硬件样机检测机械产品的质量和工作性能，可大大节约新产品研发的时间与费用，并能明显地改善开发团队成员之间的交流方式，提高工作效率，缩短机械产品的生产时间。

1.5.6　医疗

虚拟现实技术在医疗领域的应用主要体现在医疗教育和辅助治疗两方面。

1. 医疗教育

医微讯推出了一款医疗＋VR的在线手术学习工具Surgeek，除了拍摄VR全景手术视频外，还加入了3D交互模拟，通过娱乐化的游戏模拟外科手术操作。成都华域天府公司开发的《人卫3D系统解剖学》VR版也是利用VR头盔，就能360°全景视野观察人体结构，它是一款医学解剖的辅助教学软件系统，在虚拟环境中导入完整的3D数字人体解剖结构后，用户可以使用手柄对模型进行拾取、旋转和复原等交互操作。百通世纪公司推出的针灸VR教学软件——虚拟人体针灸教学平台。这个软件包含整体与局部两大部分，整体模块中包含了人体常考的穴位和任督二脉在内体的14条经络及所有经络的组成信息；局部模块中将人体分为头颈、胸腔、手臂、腹腔、膝足五部分，并对每部分所有穴位的功能信息做了详细介绍，能在局部模块进行针灸实操，模拟针灸过程。

2. 辅助治疗

瑞士MindMaze公司推出了核心产品MindMotion，是一个使用虚拟现实技术和神经技术的复健系统，在美国市场中主要用于中风患者的康复治疗，并且主要是上肢神经的康复治疗。麻省理工学院也研发了一款面向老年痴呆患者的VR应用Rendever，旨在借助患者过去的经历、照片、熟悉的音乐等内容，用VR设计出能够引发老人回忆的对话、熟悉的场景等交互内容，以此为出现认知障碍的老人提供辅助治疗。以色列初创公司VRPhysio推出了VR理疗复健产品，该VR产品能够帮助患者进行一些简单的复健，在锻炼的过程中，还会对患者的动作进行测量和反馈，从而明确病患的恢复状况。

除以上领域，虚拟现实技术也在航空航天、汽车展示、艺术设计、旅游规划、能源、矿产开采等领域得到了较好应用。

1.6　开发虚拟现实的引擎

市面上的虚拟现实引擎多种多样，本节主要介绍常用的虚拟现实引擎Unity3D和UE4。

1.6.1　常用引擎

1. Unity3D

Unity3D是由Unity Technologies开发的一个让开发者快速开发三维游戏、虚拟现实、建筑可视化、实时三维动画等类型互动内容的多平台综合型游戏和应用开发工具，是一个全面整合的专业游戏引擎，Unity3D的logo如图1-8所示。除了能实现游戏和虚拟现实应用的3D效果外，还提供一套解决方案级别的游戏和虚拟现实应用开发工具，它能够让开发者一次开发产品后，通过 Unity3D 中的 Build Settings 实现多平台快速发布。使用 Unity3D 开发的代表作品有《炉石传说》《神庙逃亡》*Dead Frontier* 等。

Unity3D 引擎编程语言支持 C# 和 JavaScript。在 Unity3D 引擎中，使用 C# 或 JavaScript 编写的程序文件被称为脚本程序。Unity3D 引擎的开放性较好，除了支持 C# 和 JavaScript 进行程序编写，Unity3D 引擎的插件非常丰富，因为 Unity3D 编辑器开放了插件开发接口，任何开发人员都可以进行插件开发，丰富了 Unity3D 引擎的插件库。目前，为了方便虚拟现实应用的开发，Unity3D 为各种虚拟现实硬件设备提供了专门的开发接口。Unity3D 专门为 HTC VIVE 提供了 SteamVR Plugin 插件，开发者可以很容易地使用开发接口在程序中操作虚拟现实头盔和操作手柄等设备。

Unity3D 引擎在中国推广力度较大，中国公司独资，与国内众多公司建立合作关系。在教育领域活动频繁，推出了若干视频教程，与国内众多高校建立了合作关系。

2. UE4

Unreal Engine 4(虚幻引擎 4，也称为虚幻 4)简称 UE4，是 Epic Games 公司开发的一款次世代游戏引擎，多用于快节奏第一人称射击游戏和虚拟现实应用开发，也是可以跨平台，支持多种设备(如 Windows、Linux、Android、iOS、Xbox One 等)，UE4 的 logo 如图 1-8 所示。UE4 是开源免费的，也可以自己下载源代码进行编译，还可以修改引擎代码改变它的功能。该引擎编程方式支持 C++ 和蓝图、C++ 主要用来开发游戏底层逻辑；蓝图编程较为简单，主要用来开发较为高层的游戏逻辑。相对于 C++ 编程语言，蓝图使用方式较为简单，是一种可视化的编程工具，掌握起来比较容易，比较适合初学者、艺术类教师和从业者使用。UE4 也为众多虚拟现实硬件平台(如 HTC VIVE、GearVR、Oculus Rift 等)开放了开发端口，可以方便开发者使用，使用少量的编程就可以开发出比较完整地虚拟现实应用。

(a) Unity3D

(b) UE4

图 1-8　Unity3D 和 UE4 logo

风靡全球的《绝地求生》由 PUBG 公司使用 UE4 开发，后来授权腾讯和网易在国内运营。《绝地求生》即大家熟知的吃鸡游戏。其他代表作品还有《AVA 占地之王》《创造的欢乐》《异星探险家》等。

目前，UE4 同 Unity3D 一样，也是一种非常优秀的游戏引擎，但是 UE4 在国内较少使用，可能与 UE4 在国内的推广力度小有关系。

1.6.2　选择合适的引擎

引擎一词在有道词典中的解释：把能量(如热能、化学能、核能、辐射能和升高的水的势能等形式的)转变为机械力和运动的机器，即发动机。发动机为机械运动提供能量，同样，引擎是指程序支持的核心组件，为虚拟现实游戏、应用或系统的开发提供能量和支持。现在常用的引擎主要是 Unity3D 和 UE4 两种，它们都是非常优秀的专业引擎，能够为开发虚拟现实程序提供平台、工具、文档等。

Unity3D 是虚拟现实游戏开发者的轻量级工具，是目前 VR 游戏开发者的首选游戏引擎。Unity3D 的优势：①现在国内大部分的 VR 游戏开发者都是从原来的 Unity3D 开发者转型而来的，这些开发者之前就使用Unity3D开发过计算机游戏或手机游戏，对于他们来说使用Unity3D非常轻松，转型开发虚拟现实能够快速上手。②Unity3D的开发资源非常广泛，可以很容易地在网络上找到开发文档、教学视频、场景模型等资源，在虚拟现实方面的学习成本较低。③在GitHub开源社区也有很多Unity3D开源项目可以学习，大大降低了Unity3D的学习门槛。Unity3D开发虚拟现实使用的脚本是C#，C#语言是一种面向对象的高级语言，即使只有简单编程基础学习起来也较为容易。④Unity3D安装、调试和打包方便，配置VR项目十分简单，文档较为完善。Unity3D配套了很多素材供开发者使用，基本可以靠Asset Store中买来的东西搭建原型，甚至某些最终业务的核心组件也可以用买来的东西完成，极大降低了开发成本。如要做个赛车游戏，能找到模型、音效、材质、控制系统等需要的一切资源。

但是Unity3D也有一定的劣势：它的内建工具不够完善，渲染效果较差；光照系统不太完善，阴影烘焙Bake容易出现问题。对于控制器支持较差，一些空间定位的功能引擎（如手柄震动、VR控制器）未集成，需要第三方插件或额外代码。没有材质编辑器，需要第三方插件。

UE4作为后起之秀，在虚拟现实游戏开发者界大出风头，具有强大的开发能力和开源策略。UE4画面效果完全达到次世代游戏水准，光照和物理渲染效果较好。UE4提供蓝图这种可视化编程工具，让游戏策划不用写代码就可以完成工作。其强大的材质编辑器为材质编辑提供了方便。针对虚拟现实游戏，UE4为手柄、VR控制器提供了良好支持。从视觉效果来说，UE4引擎游戏在游戏画面和沉浸体验方面优于Unity3D游戏。

UE4的劣势也尤为明显：UE4的脚本编程语言是C++，C++语言是第一个令众多开发者头痛的编程语言。对于主机平台的支持不够广泛，开发PS4游戏需要重新编译引擎，重新编译非常耗时，创建新项目和编译项目需要几个小时的时间，如果需要切换平台，则要编译几千到上万个Shader文件，安装、调试和打包不方便，用时明显超过Unity3D很多。另外，UE4最大的问题在于学习成本高，UE4现有的虚拟现实游戏开发者中普及度并不高，开发者对于这款引擎的了解程度和使用经验明显不足。UE4各子模块虽然功能强大，但操作复杂，部分功能甚至没有任何文档，已有文档的功能文档也不够完善，增加了开发者的学习难度，影响开发者的使用体验。同时，UE4开发成本较高，UI设计器比较难用，VR下的一些案例也缺乏文档。

综上，两个引擎都是非常优秀的引擎，具体选择哪个引擎可以列出一个表格详细地分析哪个引擎更适合项目要求。由于本书读者大部分都是初学者和学生，本书的定位也是虚拟现实开发的入门教材，所以选择学习资料更多、入门较为简单的Unity3D引擎。

1.7 HTC VIVE

HTC VIVE是一款体验效果非常优秀的虚拟现实硬件设备，由Valve公司开发，后来被HTC公司收购，HTC VIVE支持两个内容平台，分别为Viveport和Steam，用户可以在平台上下载资源或应用体验。

HTC VIVE由一台头戴式显示器、两个基站定位设备和两个手柄组成，如图1-9所示。除了这些设备，还需要配备一台高性能图形工作站（计算机）。头戴式显示器用来显示虚拟现实场景画面，两个基站用来设定用户的活动范围和计算用户的位置，两个手柄主要用来满足用户与虚拟现实场景和物体的互动，一台高性能图形工作站主要用来渲染，将高清的虚拟现实场景画面传送给头戴式显示器。

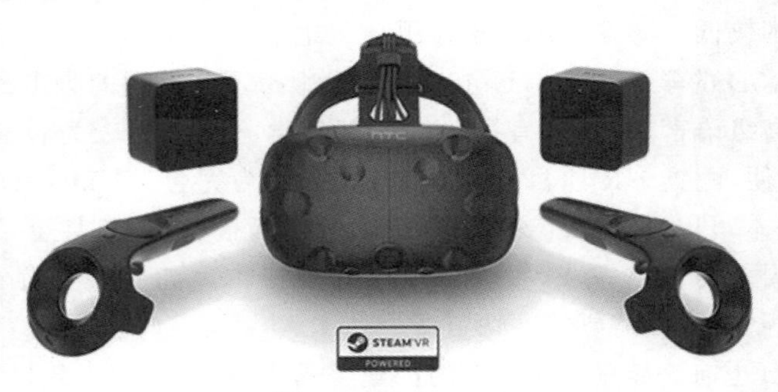

图 1-9　HTC VIVE

1.8　本章小结

虚拟现实再次火起来是因为在技术上达到了让其进入千家万户的条件，现在虚拟现实的内容能够运行在手机上，用户拥有一台智能手机就可体验虚拟现实应用和内容，对于有较高体验需求的用户也可以购买像 HTC VIVE 这样的高端虚拟现实硬件设备。

在本章中了解虚拟现实相关概念、产生背景、发展历史、应用领域和开发环境。掌握虚拟现实的含义、它的 3I 特征和立体视觉原理，虚拟现实的含义非常重要，含义中暗含了虚拟现实的本质特点和应用点，即创造现实中不可能再出现的场景或事件，3I 特征是沉浸性、交互性和想象性，是虚拟现实技术有别于其他计算机应用技术的特征；理解虚拟现实在各个阶段的发展特点，总体上，体验效果由差到好，设备由笨重到便捷，内容由少到多，费用由昂贵到低廉；虚拟现实的应用领域主要是娱乐、建筑、教育、军事等，在任何领域中都有可能使用到虚拟现实；开发虚拟现实的引擎最常使用的是 Unity3D 和 UE4，Unity3D 较适用于手机游戏和虚拟现实应用的开发，UE4 较适用于大型游戏和虚拟现实应用的开发，感兴趣的同学可以提前学习这两个软件中的任何一个。

在后续章节，将使用 Unity3D 引擎和 HTC VIVE 设备逐一介绍 Unity 的界面操作、虚拟现实世界创建、虚拟现实漫游、远距传动系统、光照系统、动画系统和粒子系统等知识、概念和方法。

习题 1

1. 简述虚拟现实的概念和虚拟现实技术的 3I 特征。

2. 简述虚拟现实的发展历史，并总结虚拟现实在各个发展时期的特点。

3. 调研现在市场上存在的虚拟现实硬件设备，如 Facebook 公司的 Oculus Rift、Sony 公司的 PSVR 等，分析它们各自的特点，并列出各自的规格型号和主要技术参数。

4. 调研 Unity 官方网站，学习网站上关于 Unity3D 引擎的详细介绍，深入了解

Unity3D 引擎。

5. 虚拟现实硬件设备大多是基于视差原理，即把左、右眼的视差画面分别渲染到两个对应的屏幕上，人类的双眼按照习惯采集画面并传递给大脑进行混合，从而实现立体视觉。根据立体视觉形成原理自己动手制作一个虚拟现实眼镜盒子，原材料可使用纸壳、非球面平凸透镜、橡皮筋等（原材料从淘宝网站购买可搜索关键词“纸壳 VR”）。

第2章

开启 Unity3D 引擎虚拟现实创作之旅

本章学习目标

- 熟悉 Unity3D 引擎的下载和安装方法。
- 掌握使用 Unity3D 引擎创建项目的一般步骤和方法。
- 熟练掌握 Unity3D 引擎界面的布局及各个菜单的功能。
- 熟练掌握场景视图中使用鼠标操作视角、物体对象的方法。

本章主要向读者介绍使用 Unity3D 引擎进行虚拟现实创作的准备工作。首先介绍 Unity 账户的注册与使用方法；其次介绍 Unity3D 引擎的下载与安装方法；最后介绍使用 Unity3D 引擎创建虚拟现实项目的方法以及 Unity3D 引擎的菜单栏、工具栏和视图界面。

2.1 Unity3D 引擎的下载与安装

2.1.1 注册账户

为了接下来的开发需要，我们首先要在线注册 Unity 账户，在浏览器中输入 Unity 官网的网址，打开注册页面，在注册页面输入可用的邮箱（E-mail）、用户名（Username）、密码（Password）和全名（Full Name）后，选择同意协议，单击 Create a Unity ID 按钮，注册成功，一定记住注册邮箱和密码，方便后面登录使用，在线注册页面如图 2-1 所示。

2.1.2 下载 Unity 软件

Unity 软件是高度集成化的开发环境，为了软件开发的需要，需要下载 Unity 软件。根据 Unity 软件官方网站的介绍，了解到 Unity 软件是在售的套装软件。根据购买方式

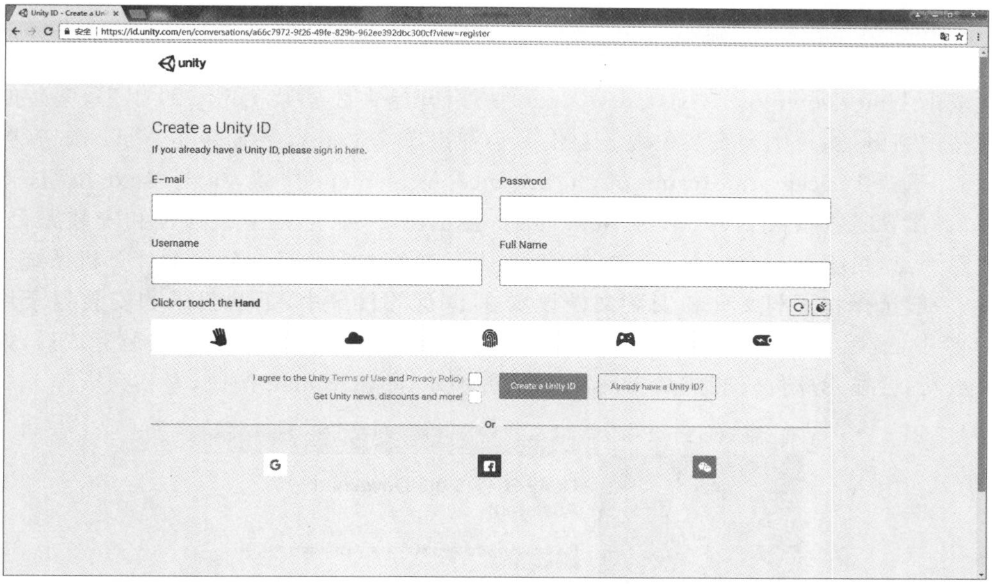

图 2-1　在线注册页面

和用途，Unity 软件分为 4 个版本，分别是个人版、加强版、专业版和企业版。可以选择个人版下载使用，如果用于商业软件开发，则需要下载和购买专业版和企业版等。在教学中，因为属于公益类活动，可选择下载个人版免费使用。

软件的下载方式：借助浏览器，在浏览器中输入 Unity 官网的网址，单击“下载个人版”按钮，Unity 软件下载界面如图 2-2 所示。软件自动下载，下载完成后能够看到 UnityDownloadAssistant***.exe 文件，这是下载下来的文件，它是一个程序安装文件，并不是 Unity3D 引擎本身，本书中选择下载的 Unity3D 引擎的版本号是 2017.3.0f3。

图 2-2　Unity 软件下载界面

2.1.3 安装 Unity 软件

双击 UnityDownloadAssistant***.exe 文件，开始在线安装 Unity3D 引擎，安装时务必保持网络畅通，否则会安装失败。双击后会弹出图 2-3，在此界面单击 Next 按钮，弹出图 2-4。选择 I accept the terms of the Licence Agreement 协议，单击 Next 按钮，弹出图 2-5。默认选择安装组件，单击 Next 按钮，弹出图 2-6。选择下载路径和安装路径，需要注意一点，由于下载文件和安装文件较大，为了避免占满 C 盘空间影响计算机系统运行速度，一般选择将下载文件和安装文件设置在 D 盘的目录中，下载目录和安装目录均放在 D 盘中，最后，单击 Next 按钮，软件自动下载和安装，如图 2-7 所示。安装完成后，如果安装成功，会显示软件安装成功界面，如图 2-8 所示，单击 Finish 按钮，安装完毕。

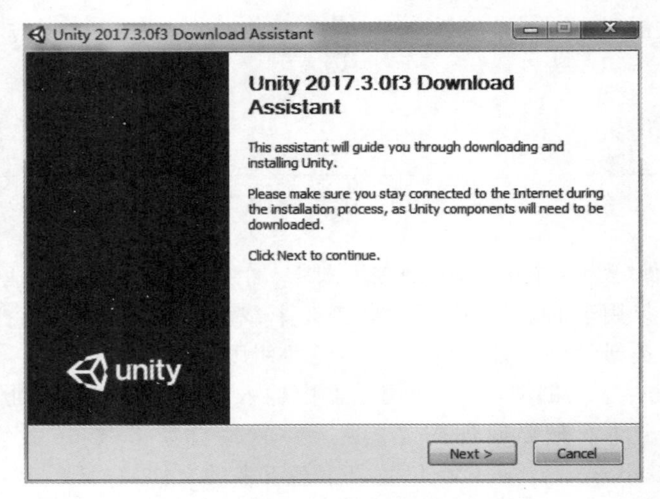

图 2-3 安装 Unity 软件的第一步界面

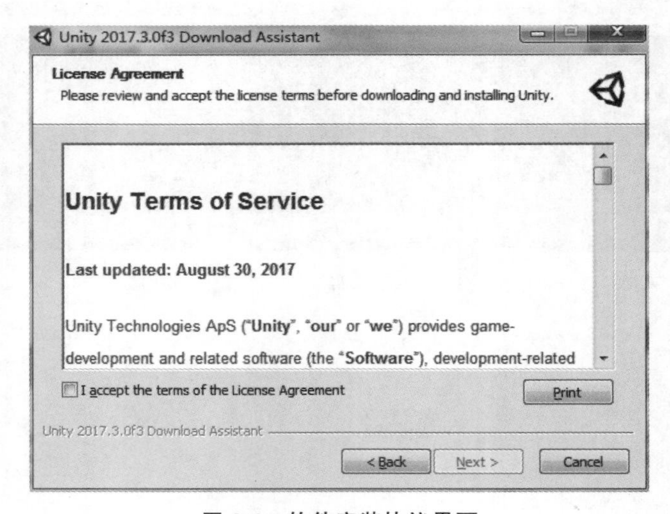

图 2-4 软件安装协议界面

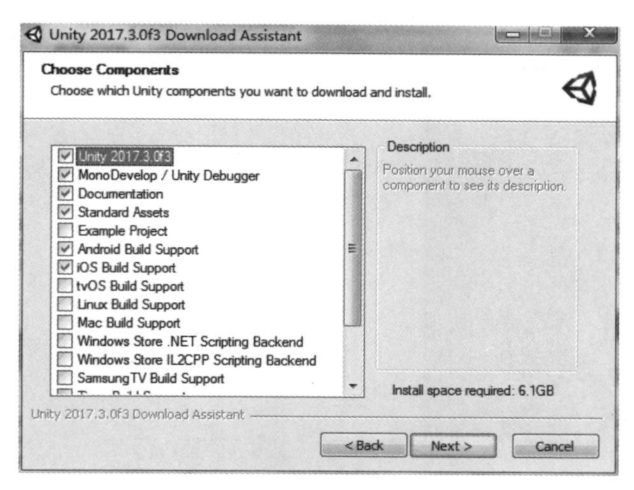

图 2-5　选择安装组件界面

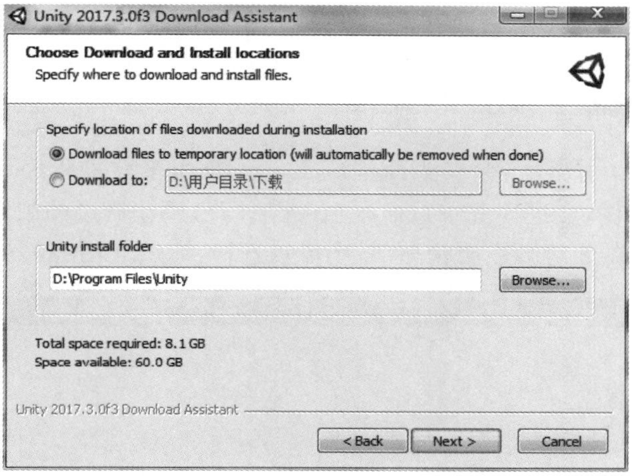

图 2-6　下载路径和安装路径设置

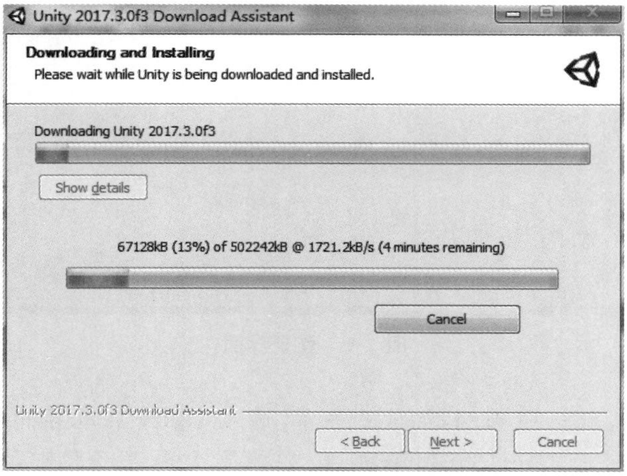

图 2-7　自动下载和安装界面

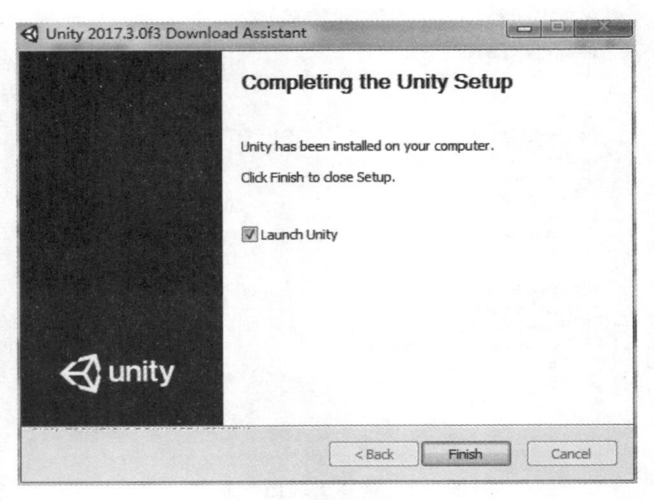

图 2-8　软件安装成功界面

2.2　创建 Unity 项目

安装完 Unity3D 引擎后，会在桌面生成 Unity3D 引擎软件程序的快捷方式，可双击打开，第一次打开软件，会进入登录页面，应在此填写已经注册过的邮箱和密码进行登录，如图 2-9 所示，如果在无网络连接状态下，则可以选择 Work Offline(离线工作模式)。

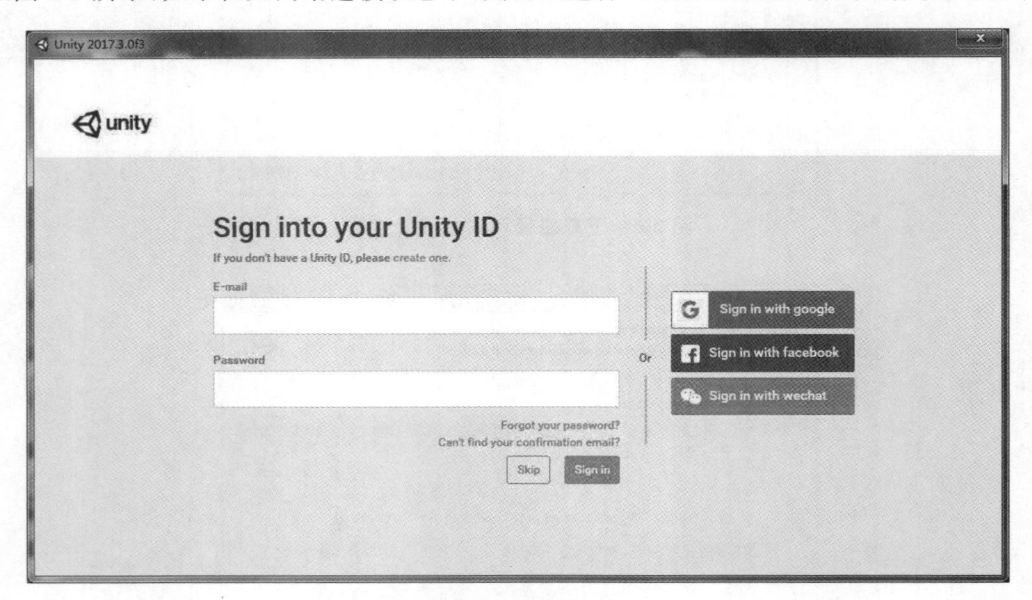

图 2-9　登录界面

在图 2-9 中单击 Sign in 按钮，如成功登录，进入 Unity 启动界面，如图 2-10 所示，单击 New 按钮，新建一个 Unity3D 引擎项目；如果要编辑已经存在的项目，则可以单击 Open 按钮，打开一个已有项目。在新建项目界面(见图 2-11)中，输入项目名称、存储位置等信息，为了尽量少地占用系统盘(一般是 C 盘)空间，建议将其存储在 D 盘中，然后单击 Create project 按钮，进入图 2-12 编辑界面。至此，Unity3D 引擎项目创建完成，后面的工作是根据需求进行项目设计。

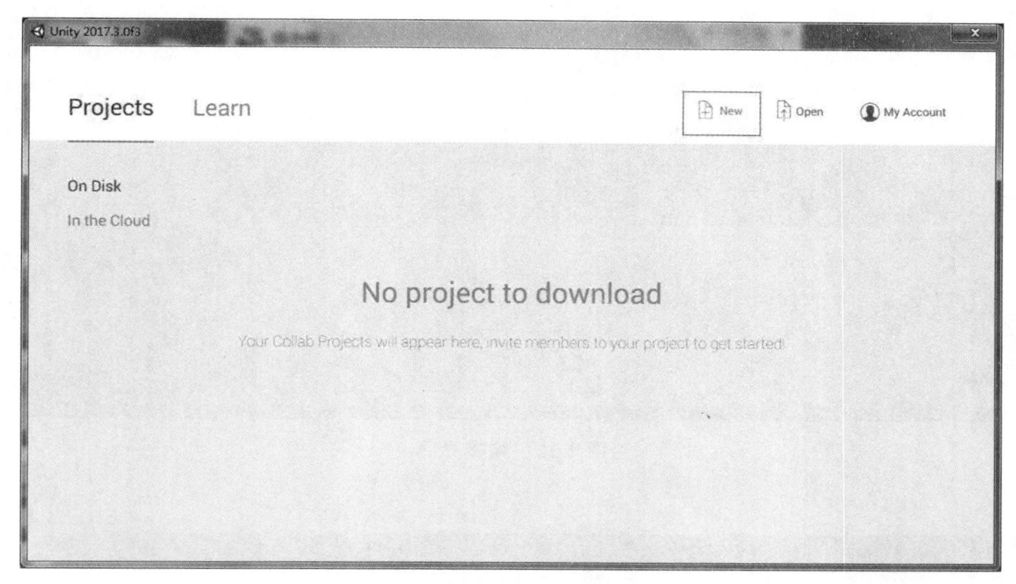

图 2-10　Unity 启动界面

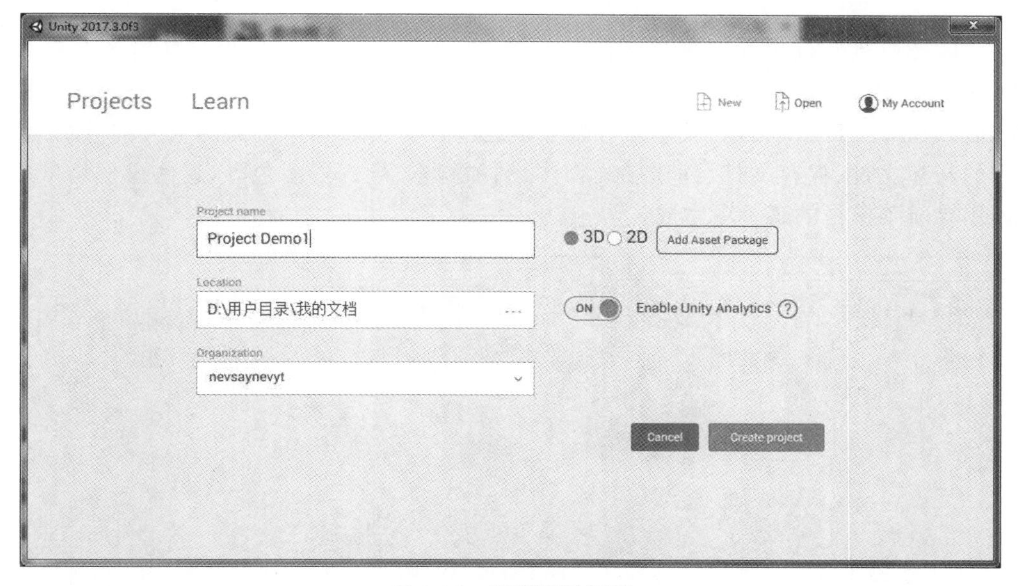

图 2-11　新建项目界面

项目开发绝大部分时间都是在编辑界面完成，2.3 节详细介绍编辑界面的组成与各部分功能。

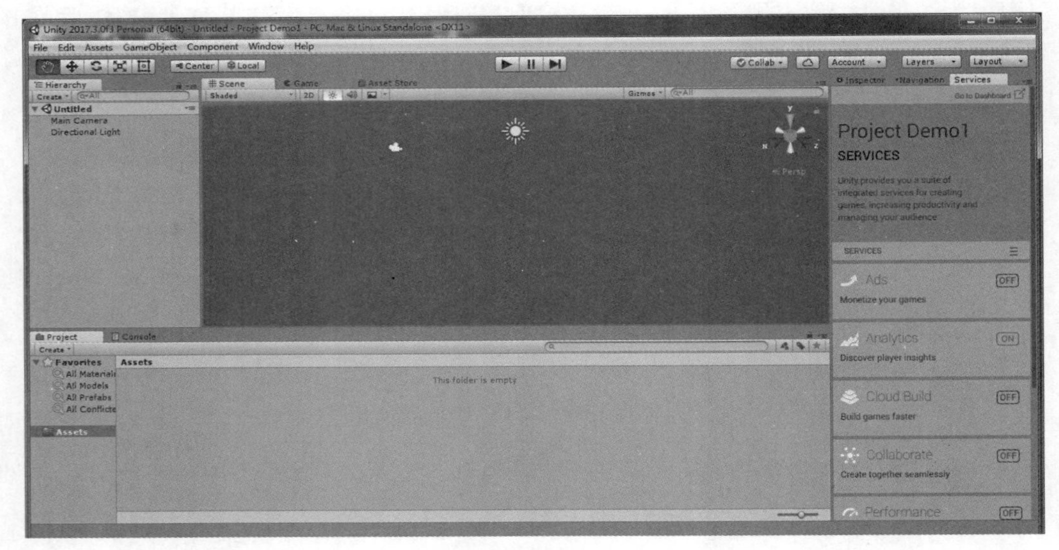

图 2-12　编辑界面

2.3　Unity3D 引擎界面

2.3.1　导航菜单栏

导航菜单栏的位置在引擎界面的上半部分，图 2-13 中已经标出。导航菜单栏包含 File（文件）、Edit（编辑）、Assets（资源）、GameObject（游戏对象）、Component（组件）、Window（窗口）、Help（帮助）菜单。导航菜单栏包含了引擎操作所需的绝大部分功能，如常用的新建文件、保存文件、创建三维物体、添加脚本、导入资源包等，这些操作均可以通过调用导航菜单栏的菜单项完成。

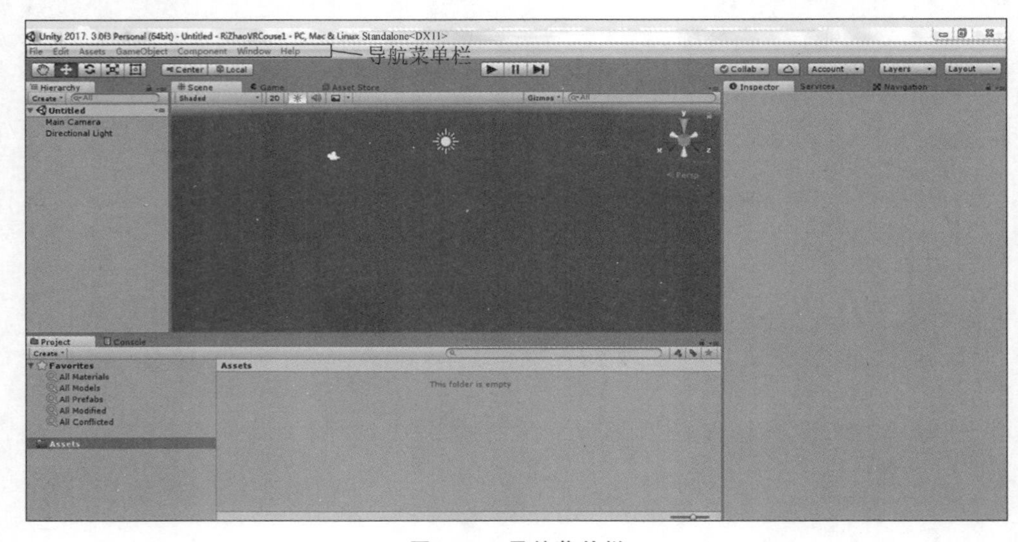

图 2-13　导航菜单栏

1. File 菜单

File 菜单主要处理文件的相关操作，包含场景操作、项目操作和编译设置等功能，如图 2-14 所示。场景操作功能包含 New Scene（新建场景）、Open Scene（打开场景）、Save Scenes（保存场景）、Save Scene as（场景另存为）命令。其中，Save Scenes 和 Save Scene as 操作的区别是，Save Scene as 操作在保存场景的同时设置场景的名称和存储位置，而 Save Scenes 只能将场景文件保存到默认或者之前设置的场景名称和存储位置。项目操作功能包含 New Project（新建项目）、Open Project（打开项目）、Save Project（保存项目）命令。除了启动项目时，使用 New Project 和 Open Project 命令也可以新建和打开一个项目文件，Save Project 命令可以保存一个项目文件。另外，为了防止计算机突然断电丢失项目工作，在项目修改时应经常单击 Save Project 命令保存项目文件。编译设置功能包括 Build Settings（编译设置）、Build & Run（编译并运行）命令。其中，Build Settings 命令可以选择发布程序到何种平台（如 Windows、Android 等），在发布程序时，如选择 Build & Run 命令，则在编译发布程序的同时运行程序。

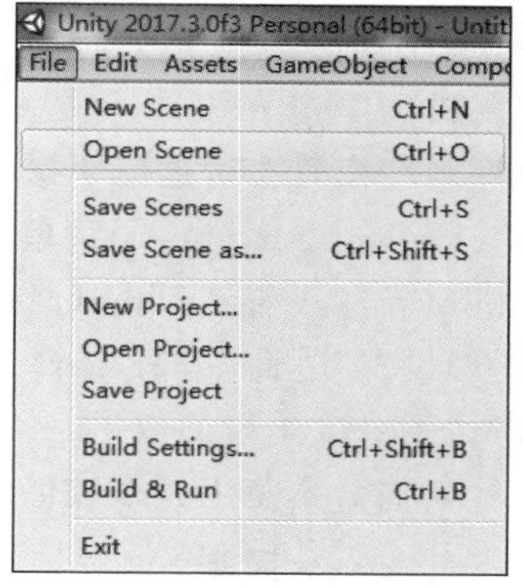

图 2-14　File 菜单

需要重点说明的是项目与场景的关系。一般情况下，一个虚拟现实软件对应一个项目，即在 2.2 节中新建的项目文件。场景有时也被称为关卡，关卡的概念多存在游戏当中，人们常说的闯“关”，Unity3D 引擎中的场景作为一个文件保存，被称为场景文件，场景文件中存储三维模型、动画、地面、树木、花草和粒子等场景元素，不同的“关”中包含不同的场景元素，一个项目可以包含多个场景文件。假如一个项目有 5 个关卡，则这个项目文件中应包含 5 个场景文件，假如一个游戏程序包含 5 关，则在开发过程中，这个游戏项目应包含 5 个场景文件。

项目与场景的关系：项目（Project）{
- 场景 1（Scene1）
- 场景 2（Scene2）
- 场景 3（Scene3）
- 场景 4（Scene4）
- 场景 5（Scene5）

2. Edit 菜单

Edit 菜单主要用来实现场景内部相应编辑设置，有些操作与常用的办公软件 Word 类似，如撤销、重做、剪切、复制、粘贴等操作。Unity3D 引擎的 Edit 菜单主要包含 Undo（撤销）、Redo（重做）、Cut（剪切）、Copy（复制）、Paste（粘贴）、Duplicate（备份）、Delete（删除）、Frame Selected（帧选择）、Lock View to Selected（锁定已选择视图）、Find（查找）、Select All（选择全部）、Preferences（参考）、Modules（模块）、Play（播放）、Pause（暂停）、Step（单步）、Sign in（登录）、Sign out（退出）、Selection（选择）、Project Settings（项目设置）、Graphics Emulation（图形仿真）、Network Emulation（网络仿真）、Snap Settings（捕捉设置）等命令，如图 2-15 所示。

Undo、Redo、Cut、Copy、Paste 等操作的方式和含义与 Office 办公软件相同操作的方式和含义基本一致。其中，Undo 和 Redo 是对操作的编辑，如果想撤回刚刚做过的某个操作，单击 Undo 命令就可实现撤销这个操作，单击 Redo 命令可实现重做这个操作，即 Office 办公软件工具中的"反撤销"操作。Cut、Copy 和 Paste 实现的是对场景中物体的操作。Play、Pause 和 Step 是 Game（游戏）视图中对项目播放的操作，在 2.3.2 节讲游戏播放控制按钮时会对这三个操作按钮详细说明。

Project Settings 子菜单包含 Input（输入设置）、Tags and Layers（标签和层设置）、Audio（音频设置）、Time（时间设置）、Player（玩家设置）、Quality（画质设置）和 Graphics（图形设置）等命令，其中 Quality 命令可以通过对画质级别、渲染和阴影等参数进行设置，达到修改画质的效果。

其他命令使用频率较低，这里不做详细说明。

3. Assets 菜单

Assets 菜单提供了针对游戏资源管理的相关工具，通过 Assets 菜单的相关命令，用户不仅可以在场景内部创建游戏对象，还可以通过导入和导出的方式获取所需要的标准资源包和自定义资源包。Assets 菜单包含 Create（创建）、Show in Explorer（浏览器中显示）、Open（打开）、Delete（删除）、Import New Asset（导入新资源）、Import Package（导入标准资源包）、Export Package（导出资源包）等命令，如图 2-16 所示。其中，通过 Import New Asset 命令可导入自定义资源包，通过 Import Package 命令可导入标准资源包。经

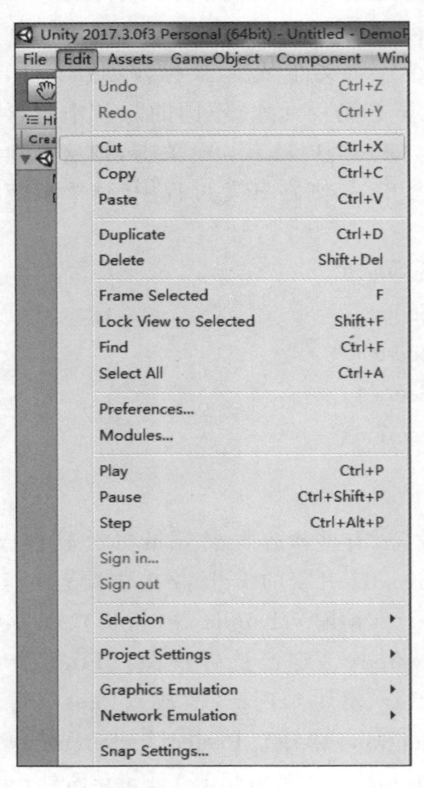

图 2-15　Edit 菜单

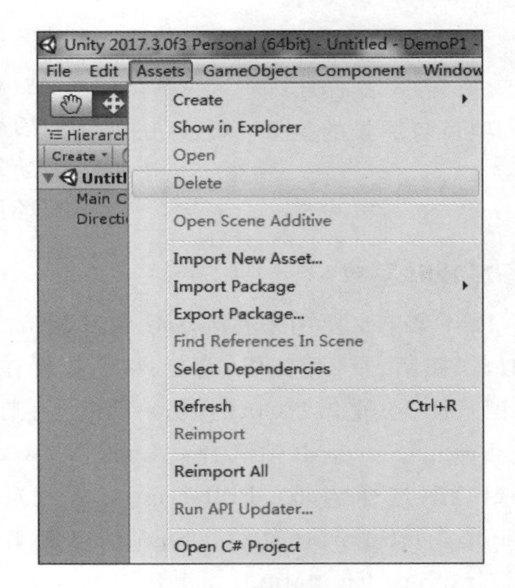

图 2-16　Assets 菜单

常被使用的是 Create、Import New Asset 和 Import Package 命令，通过 Import Package 命令可导入 Particles（粒子）、Characters（角色控制）、Effects（特效）、Cameras（照相机控制）等资源。

Create 子菜单是用来创建文件或对象的，可以创建的内容包含 Folder（文件夹）、C# Script（C# 脚本）、JavaScript（JS 脚本）、Shader（着色器）、Scene（场景）、Prefab（预制件）、Audio Mixer（声音混合器）、Material（材质）、Lens Flare（特技滤镜）、Render Texture（贴图）、Lightmap Parameters（光照参数）、Custom Texture（自定义贴图）、Sprites（精灵）、Animation（动画）、Physic Material（物理材质）等，如图 2-17 所示。Folder、C# Script、Prefab、Audio Mixer 和 Material 命令经常被使用。

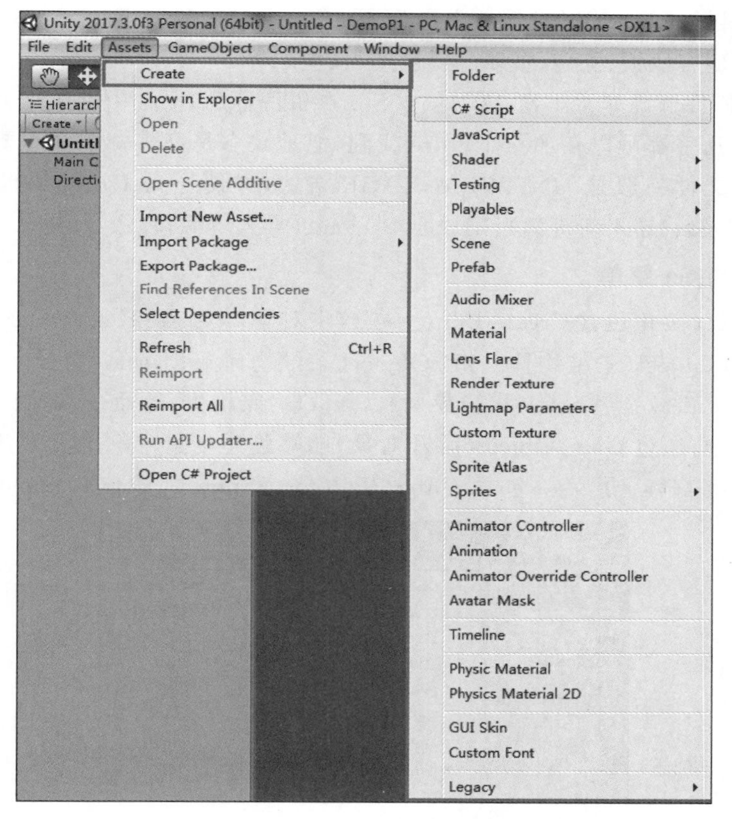

图 2-17　Create 子菜单

其中，Folder 命令需要重点说明，它类似于计算机操作系统中的文件夹，用来管理场景中的资源，对不同类型的资源通过文件夹命名的方式进行分类管理，便于操作。例如，创建一个命名为 SceneScripts 的文件夹，并把撰写的所有脚本都放到这个文件夹中进行管理；创建一个命名为 SceneMaterials 的文件夹，并把创建的所有材质都放到这个文件夹中进行管理。这样管理项目资源，分类清晰，是一种良好的项目开发习惯。

Unity 编辑器提供 C# Script、JavaScript 和 BOO 3 种脚本供人们创建，以实现项目的逻辑控制，3 种脚本的语法结构略有不同。在项目开发前，需要确定使用何种脚本，根据实践开发经验，现在使用较多的脚本是 C# Script，网络上可以查到的主要是 C#

Script 学习资料。C# Script 不仅可以使用 Unity3D 引擎自带的编辑器 MonoDevelop 编程，也可以使用微软公司提供的集成开发环境 Visual Studio（版本号：20XX）编程，Visual Studio 调试程序更加方便。

Scene 是指 Unity 项目文件中的场景，一个项目文件可以包含多个 Scene，在游戏开发过程中，一般情况下，一个关卡使用一个 Scene 实现，除了创建项目是默认创建的第一个 Scene，游戏或者虚拟现实软件中的其他场景一般是使用 Scene 命令创建的，即在开发过程中，除了第一个 Scene 是 Unity3D 引擎自动默认创建的，其他 Scene 都需要自己手动创建。

Material 是指材质，直观地讲，材质指制作这个物体的材料，如金属做的、玻璃做的、木头做的、塑料做的等。Unity 软件中的材质通过 Shader 和 Render Texture 制作，经常使用的材质类型有地板、瓷砖、玻璃、金属、塑料、丝绸等。

Unity 的插件资源非常丰富，在 Asset Store（资源商店）平台中有成千上万种资源，需要的各种资源几乎都可以在 Asset Store 找到，但是缺点是好多资源都需要付费下载，下载下来的资源文件一般是 UNITYPACKAGE 格式，方便导入 Unity 编辑器中，并使用 Import New Asset（导入新资源）、Import Package（导入资源包）命令导入。

4. GameObject 菜单

GameObject 菜单包含 Create Empty（创建空对象）、Create Empty Child（创建空孩子节点对象）、3D Object（三维物体）、2D Object（二维物体）、Effects（特效）、Light（光照）、Audio（声音）、Video（视频）、UI（用户界面）、Camera（照相机）等命令，如图 2-18 所示。在实际开发过程中，通过 GameObject（游戏对象）能够创建场景中的绝大多数要素。其中，3D Object（三维物体）子菜单包含 Cube（正方体）、Sphere（球体）、Capsule（胶囊体）、

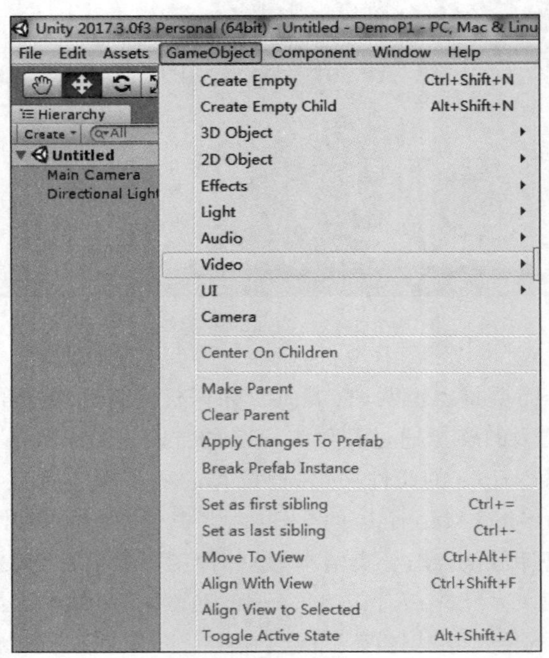

图 2-18 GameObject 菜单

Cylinder(圆柱体)、Plane(平面)、Quad(四边形)、Ragdoll(布娃娃)、Terrain(地形)、Tree(树)、Wind Zone(风域)和 3D Text(3D 文本),如图 2-19 所示,这些要素是虚拟现实世界最基本的组成部分。Light(光照)子菜单包含 Directional Light(方向光)、Point Light(点光源)、Spot Light(聚光灯)、Area Light(区域光)4 种光照模式,如图 2-20 所示。Directional Light 一般用来模拟太阳光,Point Light 适合模拟灯泡,Spot Light 适合模拟手电筒,Area Light 只能用来烘焙光照贴图。

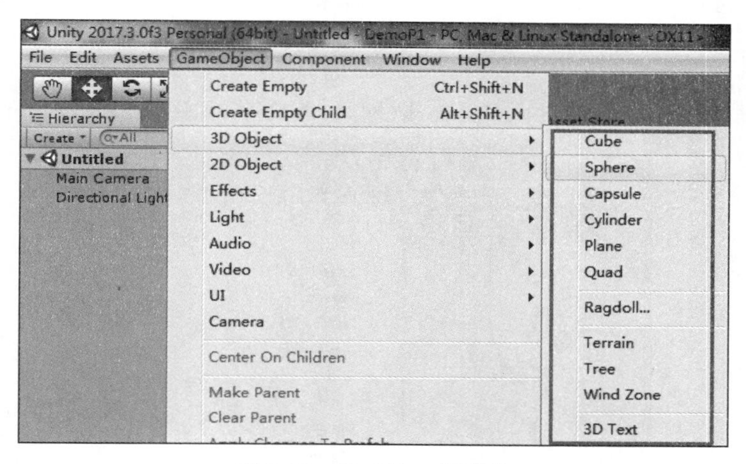

图 2-19 3D Object 子菜单

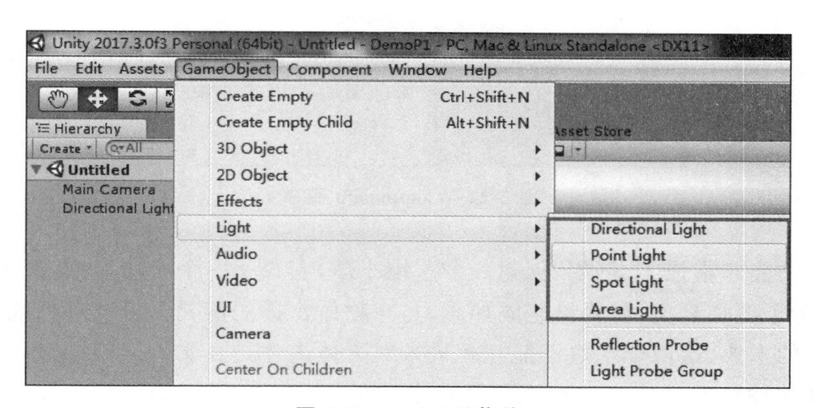

图 2-20 Light 子菜单

这里需要重点说明的是对象的父子关系。将子对象加入父对象,则父对象就拥有了子对象,一个父对象可以包含多个子对象,如图 2-21(a)所示。Unity3D 引擎中可以在层次视图中对父对象添加子对象,为一个 Cube 对象添加两个 Cube 对象,两个 Cube 对象作为第一个 Cube 对象的子对象,如图 2-21(b)所示。添加后,在场景视图中会出现相应的对象关系,选中、移动父对象,子对象也会相应改变,如图 2-21(c)所示。

5. Component 菜单

Component 菜单包含 Mesh(网格)、Effects(特效)、Physics(物理)、Physics 2D(二维物理)、Navigation(导航网格)、Audio(声效)、Video(视频)、Rendering(渲染)、Layout(布

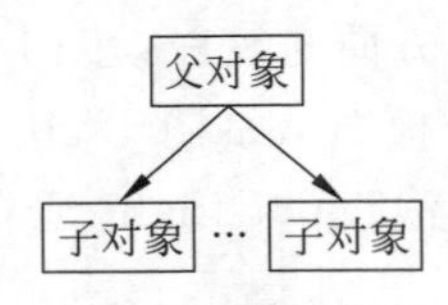

(a) 父子对象示意图

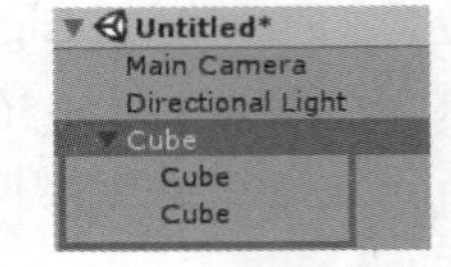

(b) Unity3D中的父子对象关系

(c) 立方体对象的父子关系

图 2-21　父子对象关系

局)、Scripts(脚本)、Event(事件)、Network(网络)等命令,如图 2-22 所示。

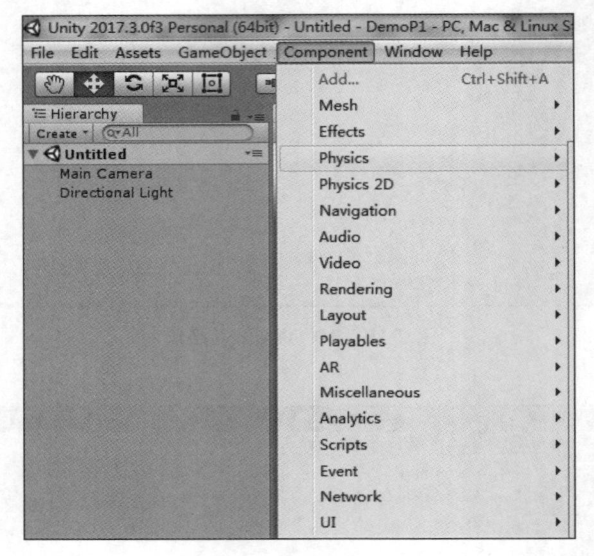

图 2-22　**Component** 菜单

组件的功能非常强大,例如,创建一个三维小球,它只是一个小球模型,并不具有任何物理特性,为了更加真实,需要给它添加重力,在物体支撑的情况下自动落到地面上;创建了两个实心的木块,这两个木块不能互相进入对方体内才是真实的,可以通过给它们添加刚体组件和碰撞体组件实现。在项目开发中,会用到各种组件,如视频播放组件、刚体组件、碰撞体组件等。

Effects 子菜单中包含 Particle System(粒子系统)、Trail Renderer(拖尾渲染器)、Line Renderer(直线渲染器)、Lens Flare(特技滤镜)、Halo(光晕)、Projector(投影)等,如图 2-23 所示。在实际开发过程中,项目开发所用到的基础特效都是使用 Effects 子菜单中的特效实现的。

Physics 子菜单给出的是三维对象的物理属性,如果要实现虚拟空间中物体的物理属性,如刚体、重力等,则需要用到 Physics 子菜单,它主要包含 Rigidbody(刚体)、Character Controller(角色控制器)、Box Collider(盒碰撞体)、Sphere Collider(球形碰撞体)、Capsule Collider(胶囊碰撞体)、Mesh Collider(网格碰撞体)、Wheel Collider(车轮碰撞体)、Terrain Collider(地表碰撞体)、Cloth(布料)、Hinge Joint(链条连接)、Fixed Joint(固定连

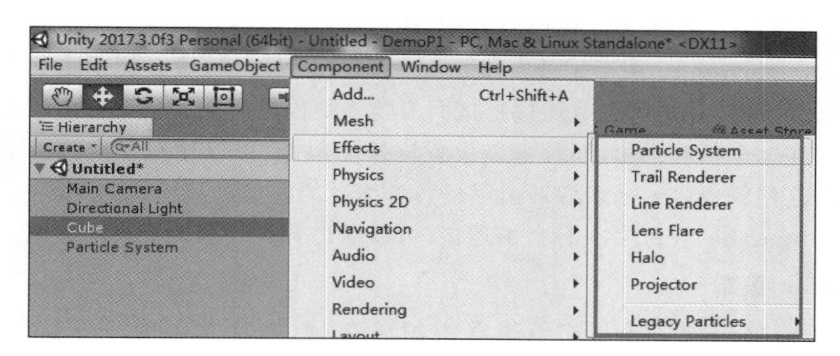

图 2-23　Effects 子菜单

接)、Spring Joint(弹簧连接)、Character Joint(角色关节连接)、Configurable Joint(万能连接)、Constant Force(常力),如图 2-24 所示。

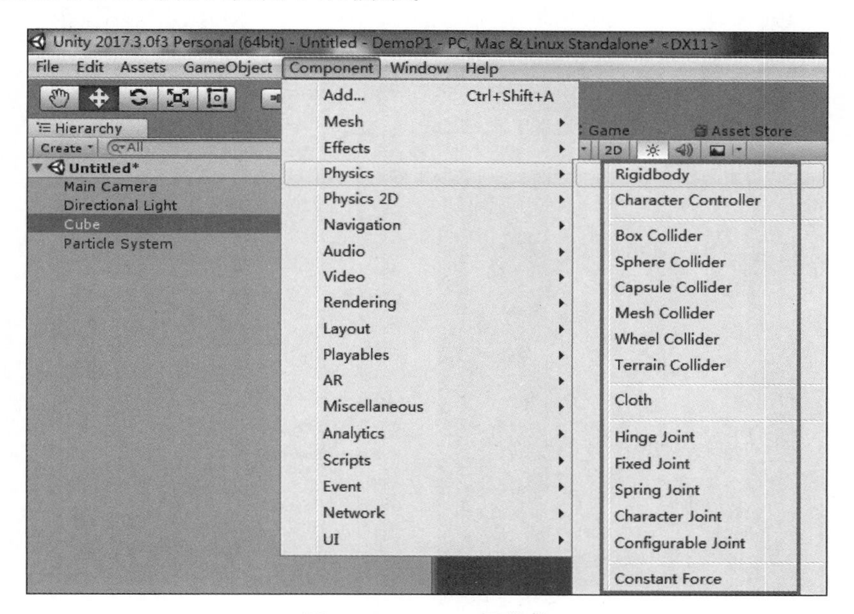

图 2-24　Physics 子菜单

Joint 是指物体之间的连接方式,Unity 软件支持 5 种连接方式,分别是 Hinge Joint、Fixed Joint、Spring Joint、Character Joint、Configurable Joint。

(1) Hinge Joint:相当于两个物体间有一根绳子连接一样,保持着一定的距离并且在这段距离内部没有作用力,但是超过这段距离就会产生拉扯的力。链条连接由两个刚体组成,约束它们像连在一个链条上一样运动,适用于门、典型的链子、钟摆等。

(2) Fixed Joint:相当于两个物体之间用棍棒连接一样,与 Hinge Joint 的不同之处是在一定距离内也会有作用力。固定连接基于另一个物体来限制一个物体的运动,效果类似于父子关系,但不是通过层级变换实现,而是通过物理实现。使用它的最佳情境是当有一些想要轻易分开的物体,或想让两个没有父子关系的物体一起运动。

(3) Spring Joint:相当于两个物体之间用弹簧连接一样,不管两个物体大于或者小于某固定的距离，都会产生相互作用的力，而且伴有弹性系数。

(4) Character Joint：用于模拟人体骨头之间的关节连接，像人的手腕关节一样可以大范围任意角度旋转。角色关节连接是指两个物体能根据一个关键点自由地朝一个方向旋转，但固定在一个相对距离，而且可以设置连接的限制，可以用在蒙皮骨骼动画模型上做活动关节，这样就可以做很多游戏引擎里各种倒下的姿势。

(5) Configurable Joint：一种自由连接，可以通过各种设置调节连接方式。

6. Window 菜单

Window 菜单包含了 Unity 编辑器中的所有窗口，且其中的所有窗口都可以在 Window 菜单中进行设置。Window 菜单包括 Layouts（布局）、Scene（场景）、Game（游戏）、Inspector（属性）、Hierarchy（层次）、Project（项目）、Animation（动画）、Audio Mixer（音效混合器）、Asset Store（资源商店）等，如图 2-25 所示。

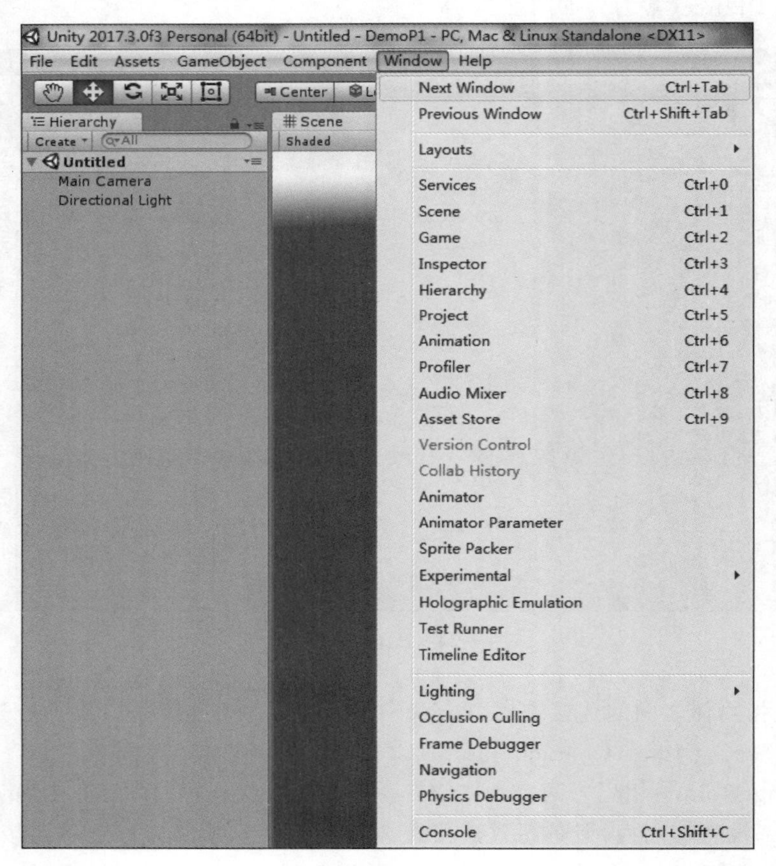

图 2-25 Window 菜单

7. Help

除了以上常用的菜单组外，Unity 编辑器还提供 Help 菜单，如图 2-26 所示。它包含 About Unity（关于 Unity）、Manage License（管理证书）、Unity Manual（Unity 操作手册）、Unity Services（Unity 服务）、Unity Forum（Unity 论坛）等命令，为用户提供 Unity 软件

使用相关的帮助。

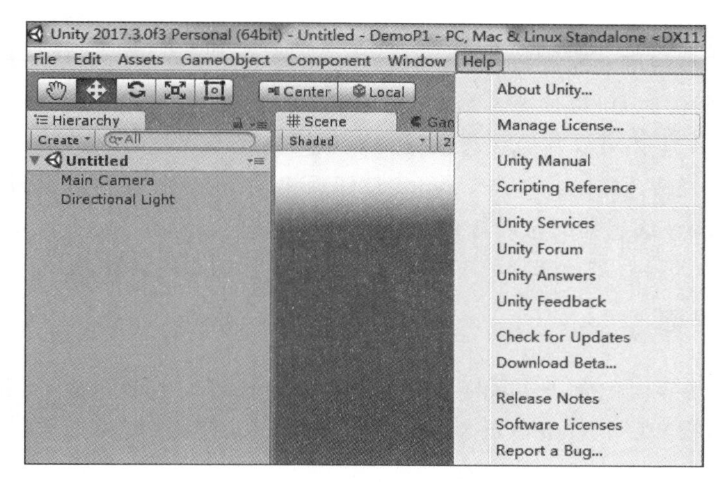

图 2-26　Help 菜单

2.3.2　工具栏

工具栏从左到右依次为变换工具(见图 2-27 中 1 位置)、播放控制工具(见图 2-27 中 2 位置)和其他设置工具,如图 2-27 所示。

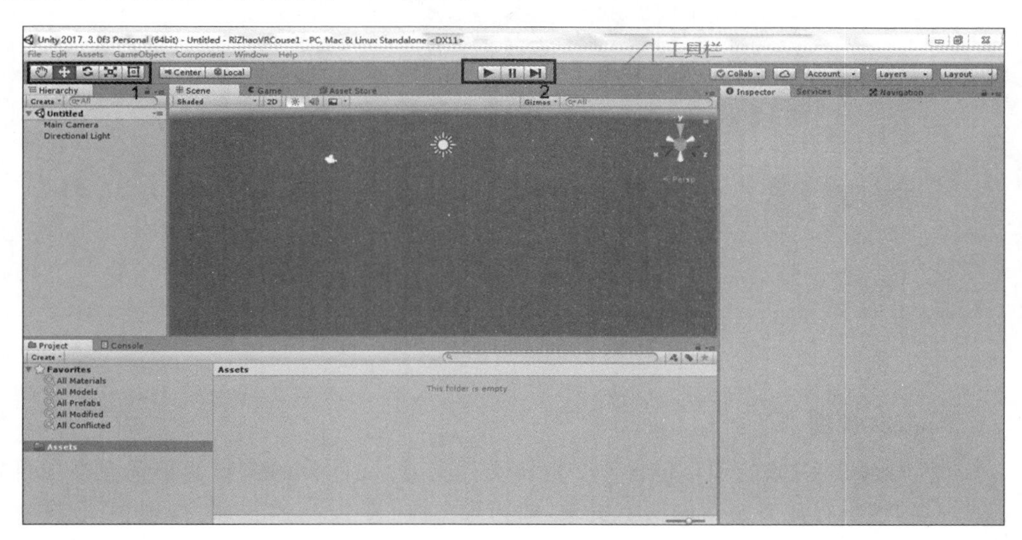

图 2-27　工具栏

(1) 变换工具。图 2-27 中 1 位置从左到右依次为手柄工具、移动工具、旋转工具、缩小工具和放大工具。在场景视图中,鼠标左键操作主要用于场景视角的改变,鼠标滚轮操作主要用于场景视图的放大或缩小,鼠标右键主要用于场景视图中旋转视角。其中,手柄工具(Q 快捷键),按住鼠标左键拖曳视角;移动工具(W 快捷键),选择物体后,物体会出现方向轴,拖曳方向轴移动物体;旋转工具(E 快捷键),选择物体后,物体会出现旋转轴,拖曳旋转轴旋转物体;缩放工具(R 快捷键),选择物体后,物体会出现缩放方向轴,拖曳可缩放物体大小。

(2) 播放控制工具。图 2-27 中 2 位置从左到右依次为"播放""暂停""步进"3 个按钮。单击"播放"按钮可立即运行游戏;"暂停"按钮用于暂停播放游戏后分析复杂的行为,游戏过程中(或暂停时)可以修改参数、资源和脚本;"步进"按钮用于程序的单步执行。

注意:播放或暂停中修改的数据在停止后会还原到播放前的状态。

(3) Layout(布局)按钮。单击 Layout 按钮后出现下拉列表,可以通过选择下拉列表中的模式设定 Unity 编辑器的布局方式,Layout 包含 2by3、4Split、Default、Tall、Wide 5 种布局,用户可根据个人喜好进行选择。本书将 Unity 编辑器的布局设置为 Default 布局方式。

2.3.3 视图界面

Unity 编辑器界面包含 Project(项目)视图、Hierarchy(层次)视图、Scene(场景)视图、Inspector(监视)视图、Game(游戏)视图和 Console(控制台)视图 6 种,如图 2-28 和图 2-29 所示。

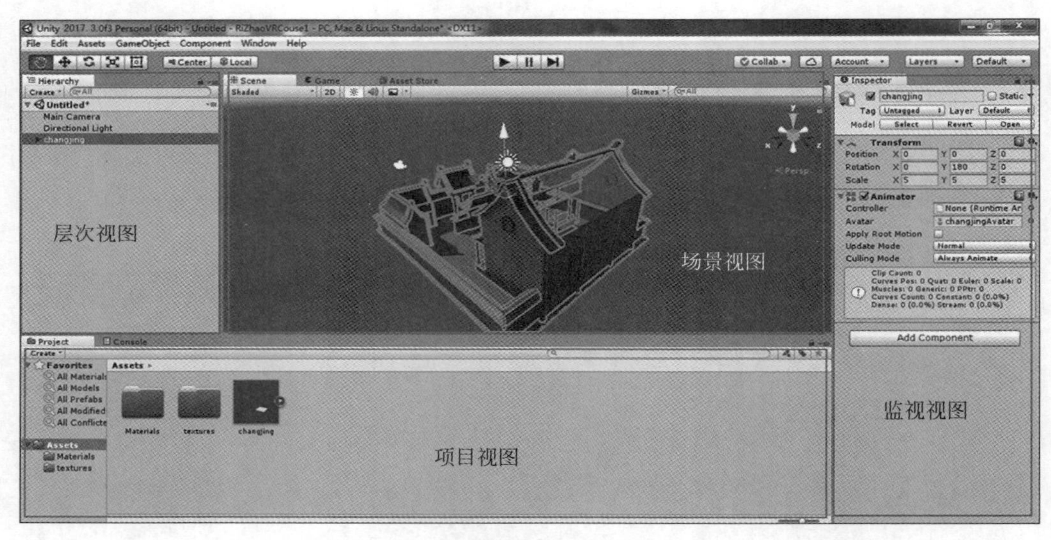

图 2-28 Unity 编辑器的视图(一)

1. Project 视图

每个 Unity3D 引擎的项目包含一个资源文件夹,此文件夹的内容就是呈现在项目视图中的内容,这里存放着游戏的所有资源,如场景文件、脚本、三维模型、纹理、音频文件和预制件等。想要添加资源到项目中,可以拖曳操作系统的任何文件到项目视图,或者依次选择导航菜单栏 Assets→Import New Asset 命令导入新资源。导入资源后,资源就可以在项目中使用了。

注意:在项目开发中,一定不要在操作系统的文件夹中来回移动项目资源,因为这将破坏素材与原始文件的关联关系,应该始终在项目视图中组织和管理素材等项目资源。

有些游戏资源必须在 Unity 编辑器中建立,如自定义脚本、预制体等,要做到这一点,可在导航菜单栏依次选择 Assets→Create 命令,在弹出的下拉菜单建立,或在项目视图空白处右击,弹出 Create 菜单,在 Create 菜单中选择 C# Script、Prefab 等,可以通过这种方

图 2-29　Unity 编辑器的视图(二)

式添加脚本、预制体和文件夹等资源。在 Windows 系统中,可以按 F2 键重命名任意的资源文件和文件夹,或者双击资源文件的名称也可以重命名。

2. Hierarchy 视图

层次视图包含了当前场景中的所有游戏对象(GameObject)。可以在层次视图中选择、增加和删除对象。当在场景视图中增加或者删除对象时,层次结构视图中相应的对象也会出现或消失。

Unity 编辑器中有父子对象的概念,即游戏对象之间的父子关系,要想让一个游戏对象成为另一个游戏对象的子对象,只需要在层次视图中把它拖曳到另一个上即可,子对象将继承其父对象的移动和旋转属性。在层次视图中可以展开或收缩父物体,以查看其子物体,此过程不影响游戏视图的显示和游戏运行结果。

3. Scene 视图

场景视图是交互式容器,可以使用它来选择和布置环境、玩家、照相机、敌人和所有其他虚拟物体。在 Unity 编辑器中,经常会在场景视图中移动和操纵物体,掌握如何快速操作将会非常重要。

(1) 按住鼠标右键,进入 flythrough(飞行)模式,通过鼠标和 W、A、S、D 键可以实现在场景中前后左右移动,快速导航视图。

(2) 在场景视图中使用鼠标左键选择任何虚拟物体,将鼠标图标放在场景视图区域,按 F 键,被选择物体在视图正中显示,同时基准点处于被选择物体上。按住 Alt+鼠标左键,并拖曳使照相机围绕当前基准点旋转;按住 Alt+鼠标右键并拖曳将使照相机以当前基准点方向放大或缩小视图画面。

4. Inspector 视图

监视视图显示当前选定的游戏对象所有附加组件及其属性的相关详细信息,也可以设置 GameObject 的参数,如 Position(位置)、Rotation(旋转)、Scale(大小)、脚本变量、材质参数等。在监视视图中显示的参数都可以直接修改,甚至在不修改脚本的情况下就可修改一些脚本变量。在程序运行时也可以通过修改监视视图的参数修改变量以测试游戏。在脚本中,如果给某个物体类型(如 GameObject、Transform 等)定义了一个公共变量(public 类型),则可拖曳游戏对象或预制的方式进入监视视图,为这个 public 类型的公共变量赋值。

监视视图也可以显示项目视图中素材的任何重要的属性设置,如材质的设置,如果想修改项目视图中的材质参数,则需要在项目视图中选中这个材质,同时会观察到监视视图中这个材质的相关参数,在监视视图中修改这些参数就能够改变这个材质。

在监视视图中,可以使用 Layer 下拉列表分配一个渲染层给一个物体,使用 Tag 下拉列表给场景中的物体附上一个标签。Layer 和 Tag 下拉列表能够在监视视图中找到。还可以在监视视图中通过 Add Component 按钮给物体添加组件。

5. Game 视图

游戏视图由场景中的照相机渲染而来,用于显示发布游戏后的运行画面,是呈现给用户的最终画面,在工具栏中单击“播放”按钮进入播放模式,再次单击退出播放模式。开发者在项目中要使用一个或多个照相机模拟用户眼睛所看到的场景画面,这些画面在程序运行时显示给用户。

6. Console 视图

控制台视图是一种在程序开发过程中经常用到的视图窗口,用于输出游戏运行状态、警告、错误和通过脚本程序语句控制输出的信息等,如果想在 Console 窗口中输出一句特定的信息,在 C# 脚本中可使用 Debug.Log()或 Debug.Error()语句输出信息,如使用 Debug.Log("Hello World!")语句,则会在 Console 窗口输出“Hello World!”这句话。

2.3.4 游戏对象基本操作

使用 Unity 编辑器创建游戏或应用时,会在游戏或应用中放置很多虚拟物体,使用工具栏中的 Transform Tool 转换工具可以平移、旋转和缩放每个虚拟物体。在场景视图中,每个被选择的虚拟物体都会在周围显示一个线框表示被选中的轮廓。每个线框都会有 3 个轴,分别表示 X、Y 和 Z 3 个方向,选中任一轴拖曳可修改虚拟物体任一方向上的形状和大小,同样的功能也可以通过在监视视图中的 Transform 组件上直接输入数值进行修改,如图 2-30 所示。如果选中中心点并拖曳,将在所有轴上同时等比例进行调整。

图 2-30 通过 Transform 组件修改虚拟物体位置、旋转和缩放参数

注意:在使用缩放工具时,不均匀的缩放可能会导致子物体不正常的缩放。

当在场景视图中选中立方体，按 W 键，场景中的立方体就会如图 2-31(a)所示，拖曳这些带颜色的箭头，就可以控制虚拟物体的位置。按 E 键，场景中的立方体就会如图 2-31(b)所示，并拖曳带颜色的圆环，就可以控制物体旋转了。按 R 键，场景中的立方体就会如图 2-31(c)所示，拖曳带颜色的方块，就可以控制物体缩放了。

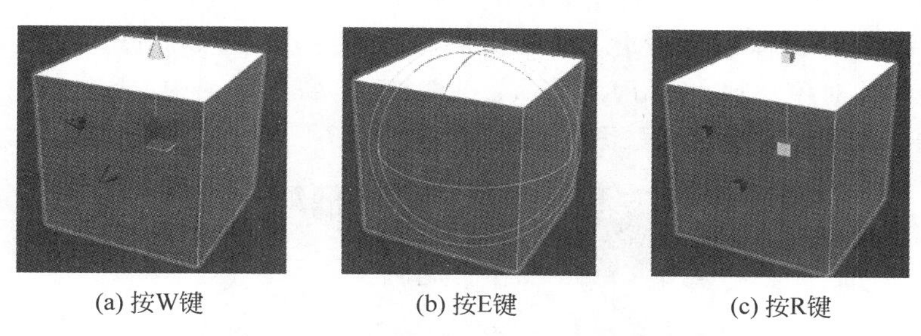

(a) 按W键　　(b) 按E键　　(c) 按R键

图 2-31　拖曳调整虚拟物体位置、旋转和缩放参数

2.4　物体基本组件介绍

2.4.1　组件

Unity3D 引擎的设计思想就是基于 Component(组件)的对象模型。在 Unity3D 引擎中，GameObject 除了作为组件的容器外，基本上没有其他功能，所有需要的功能都要通过组合组件实现。脚本本身也是组件，用来在 GameObject 上通过控制其他组件实现自定义的功能。在设计一个 GameObject 的具体功能时，会使用很多组件，如 Transform(变换)组件、Box Collider(盒碰撞体)组件、Mesh Renderer(网格渲染器)组件等。

2.4.2　常见组件

1. Transform 组件

在 Unity3D 引擎中创建一个空物体对象或创建任意一种物体对象时，在场景视图或层次视图中选中新建的 GameObject，在监视视图中都会看到虚拟物体默认自带了一个 Transform 组件。

Transform 组件包含 3 个属性，分别是位置(Position)，旋转(Rotation)和缩放(Scale)，这个组件确定了创建的 GameObject 在 3D 空间中的位置，这个组件是不能移除的，否则创建的 GameObject 就不存在于虚拟现实场景的三维空间中，即使看不到场景中的空物体对象，但它确实真实存在于虚拟现实场景的三维空间中。

2. Mesh Filter 组件

创建的任意一种物体对象上都会自带一个 Mesh Filter 组件，也可以通过在空物体对象的监视视图中单击 Add Component 按钮，添加 Mesh Filter 组件，再单击 Mesh 后面的红框选中的按钮，给物体对象选择一个 Mesh。选择一个 Mesh(可选择 Cube、Sphere 等)，再回到场景视图中，会发现场景并没有什么变化，接下来就需要使用 Mesh Renderer 组件把物体对象的 Mesh 显示出来。

3. Mesh Renderer 组件

在 Unity3D 引擎中创建一个空物体对象,会看到空物体对象默认自带 Transform 组件,除了这个组件它就什么也没有了,再在监视视图中单击 Add Component 按钮,选择 Mesh Filter 组件,在 Mesh Filter 组件上给物体对象选择一个 Mesh(可选择 Cube、Sphere 等),这时是看不到物体发生变化的,最后再次单击 Add Component 按钮,选择 Mesh Renderer,给物体对象添加 Mesh Renderer 组件,返回场景视图中,会看到一个立方体或球体(由所选择的 Mesh 决定),如图 2-32(a)所示。

(a) 无材质

(b) 有材质

图 2-32　由组件组成的物体对象

注意:在 Mesh Filter 组件中选择不同的 Mesh,可以看到 Scene 中呈现出不同的形状。

在 Unity3D 引擎中,如果 GameObject 呈现出粉红色,一般都是材质的缺失引起的。现在,在项目视图中新建一个材质球,并把这个材质球当作组件拖曳给物体就可以解决这个问题。接下来需要做的操作是,在项目视图中右击,弹出菜单,单击 Create 菜单选择 Material,创建一个默认名称为 New Material 的默认材质球,然后把 New Material 材质球拖曳给 GameObject,场景中的立方体就会正常显示,如图 2-32(b)所示。

另外,Collider 组件是物体对象中一类非常重要的组件,包括 Box Collider、Sphere Collider、Capsule Collider、Mesh Collider 和 Terrain Collider 等,这些组件将在 5.4 节中详细介绍。

2.5　本章小结

Unity3D 引擎的开发资源包括教程、插件、模型等,资源非常丰富,它是常被用来进行虚拟现实创作的引擎之一。要想使用 Unity3D 引擎进行虚拟现实创作,必须先学会 Unity3D 引擎软件的安装,了解 Unity3D 引擎软件的菜单和视图界面功能。

本章主要介绍使用 Unity3D 引擎进行虚拟现实创作的准备工作。首先介绍 Unity 账户的注册与使用方法,其次介绍 Unity3D 引擎的下载与安装方法,最后介绍使用 Unity3D 引擎创建虚拟现实项目的方法和 Unity3D 引擎的菜单栏、工具栏和视图界面。

习题 2

1. 在实际虚拟现实创作过程中,主要就是 Unity3D 引擎的六大视图完成各种操作,简述 Unity3D 引擎的六大视图界面以及它们的主要功能。

2. 安装 Unity3D 引擎是开启虚拟现实创作重要的一步,总结下载和安装 Unity3D 引擎的步骤与注意事项。

3. Unity3D 引擎最大的特点就是跨平台，不仅开发的作品能够在多平台上运行，Unity3D 引擎本身也能够安装在不同的平台上，通过自学的途径了解在 Macintosh 计算机上安装 Unity3D 引擎的方法。

4. Unity 编辑器的导航菜单栏有很多菜单，如 Edit 菜单，每个菜单又包含多个命令，讨论哪个命令将是最经常被使用的，并阐明可能的原因。

5. Unity 编辑器有多种布局方式，如 2by3，列出这些布局方式，并在每种布局方式的后面附上布局截图，从中找出一个最适合自己操作习惯的布局方式。

6. 视图界面对于 Unity 编辑器界面操作非常重要，列出 Unity 编辑器界面包含哪几种视图界面，并陈述每种视图界面的功能和特点。

7. Joint 是指物体之间的连接方式，列出 Unity3D 引擎中支持的 5 种连接方式，并说明什么是链条连接，简述它的作用。

第3章

创建3D虚拟现实奇幻森林世界

本章学习目标

- 了解Unity3D引擎的标准资源包所包含的内容和导入方法。
- 理解第一人称视角和第三人称视角的概念。
- 掌握地形、水资源、植被、雾效和第一人称视角的添加和编辑方法。
- 掌握Unity3D引擎的音效系统,熟悉音效的播放和加载方法。
- 熟练掌握创建3D虚拟现实奇幻森林世界的步骤和方法。

第2章学习了Unity编辑器的安装和界面操作,本章学习使用Unity编辑器,制作奇幻森林地形和河流,添加植被和环境特效,最终以第一人称视角的方式漫游3D奇幻森林世界,如图3-1所示。

图3-1　3D奇幻森林世界

本章首先介绍 Unity3D 引擎的标准资源包和它的导入方法；其次介绍如何添加和编辑地形、水资源、植被、雾效和第一人称视角等虚拟现实元素；再次介绍 Unity3D 引擎的音效系统，包括音效的播放和加载方法；最后通过一个实训项目介绍创建 3D 虚拟现实奇幻森林世界的步骤，加深对在 Unity3D 引擎中创建虚拟现实世界相关知识和方法的理解。

3.1　标准资源包

Unity 资源包是方便分享和重用 Unity 资源的一种方法。在 Unity3D 引擎的 Assets Store 中的 Unity 资源文件都是以包的形式存在的。包是将项目中的文件和数据压缩并保存到一个类似于 ZIP 格式的文件集合。同 ZIP 格式压缩文件一样，解压后的文件会保持原来的文件结构，Unity 资源包被导入 Unity3D 引擎后，依然保持原来的文件结构。

Unity3D 引擎最成功的一点在于它的资源包非常丰富，本节介绍 Unity 的标准资源包。标准资源包是指 Unity3D 引擎自带的资源包，Unity3D 引擎自带多个资源包，包含 2D（二维）、Cameras（照相机）、Characters（角色控制）、CrossPlatformInput（跨平台输入）、Effects（特效）、Environment（环境）、Particle Systems（粒子系统）等。在虚拟现实开发中常用的动态雾效、水流效果、植被、爆炸效果等均可以使用标准资源包实现，导入标准资源包的方式：依次选择导航菜单栏 Assets→Import Package 命令，弹出标准资源包，如图 3-2 所示。

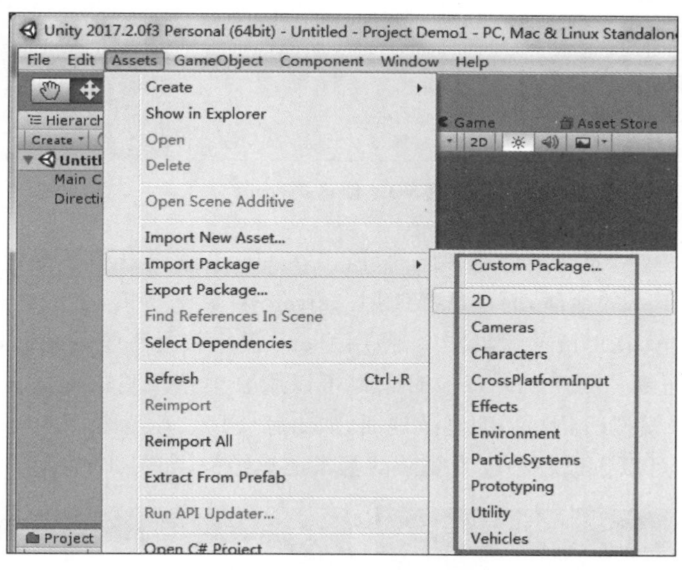

图 3-2　导入标准资源包

导入标准资源包有什么用呢？

Unity3D 引擎自带的标准资源包已经创建了很多最常用的组件，利用它能极大地提升开发效率。如果这些组件都需要开发者自己去创建，会需要很多时间，而且开发者创建的组件"好用不好用、是否适用多平台……"都还是未知数，并且开发者也没有那么多精力在所有 20 多个平台上都去测试。

在后续章节中，会大量使用这些标准资源，这是提升开发效率的首选捷径。

3.1.1 地形

在虚拟现实世界中，地形(Terrain)是一种比较基本的三维元素，Terrain 并不是 Unity 标准资源包的一种资源，它是 Unity 编辑器自带的一种 3D 物体对象，创建方法为依次选择导航菜单栏 GameObject→3D Object→Terrain 命令，如图 3-3 所示。

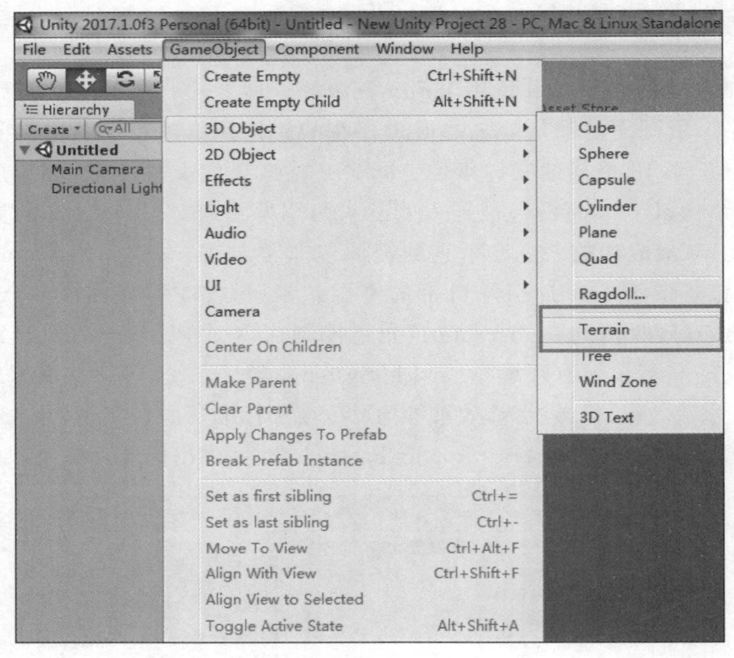

图 3-3 创建 Terrain

在现实世界中，地面并不总是平坦的，所以在 Unity 编辑器中不能使用 Plane(平面)对象来模拟凹凸不平的地面，而是选择使用 Terrain 对象来模拟，生成虚拟现实中的基本地形。一般情况下，在 Unity 编辑器中，使用 Plane 模拟较为平整的地面，如天花板、室内地面、墙上的画面等。当然，Terrain 对象也可以用来模拟平整的地面，但有些就大材小用，它更适合用来模拟凹凸不平的复杂地面，如山脉、河床、丘陵等。使用 Unity 编辑器中的 Terrain 对象，可以生成各种较为复杂的基本地形结构，如图 3-4 所示。

图 3-4 使用 Terrain 对象生成较为复杂的基本地形结构

3.1.2 水资源

在虚拟现实世界中,河流也是一种比较常见的3D元素,在Unity编辑器中使用标准资源包中的Water(水)资源对象进行模拟。Water资源对象主要用来模拟海洋、湖泊、河流等,它是一种虚拟现实的基本元素,属于标准资源Environment包提供的资源,导入方式为依次选择导航菜单栏Assets→Import Package→Environment命令,如图3-5所示。那么,导入后如何找到已经导入的资源呢?在项目视图中,寻找Water资源的路径为依次选择Standard Assets→Environment→Water→Water→Prefabs,如图3-6所示,在项目视图中找到WaterProDaytime后,将WaterProDaytime拖入Scene(场景)中,再在Inspector(属性)面板中调整它们的位置、大小和旋转等参数,生成河流效果,如图3-7所示。

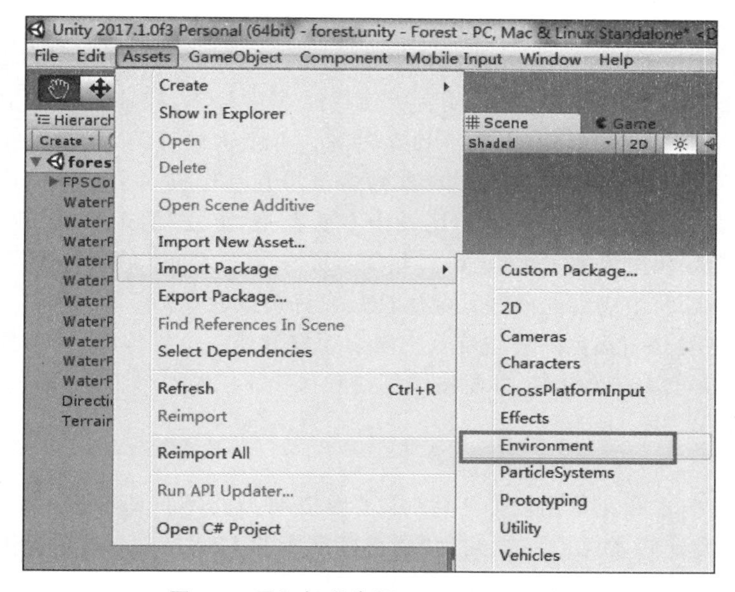

图3-5 导入标准资源(Environment)包

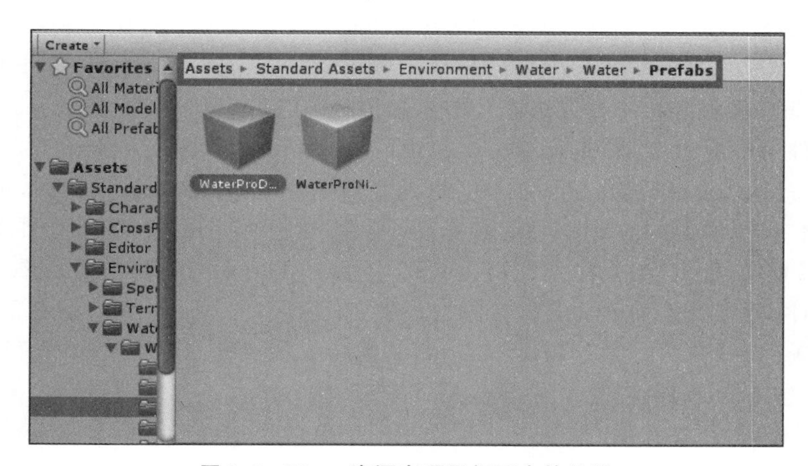

图3-6 Water资源在项目视图中的位置

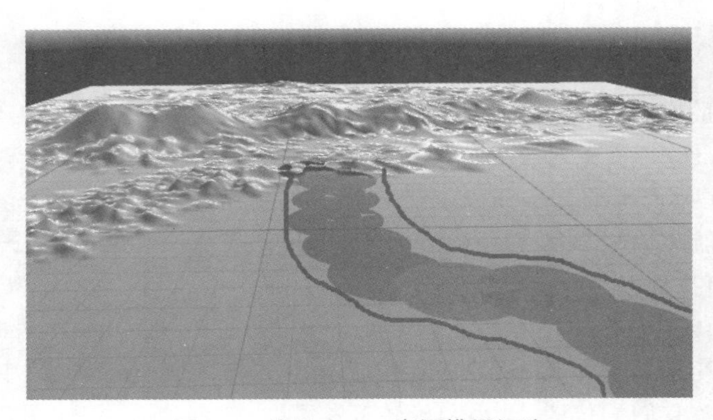

图 3-7　使用 Water 资源模拟河流

什么是 Prefab(预制件)? Unity 标准资源包和自定义资源包中的物体资源一般都是以预制件的方式提供,在自己创建的项目中使用时非常简单,在项目视图中找到,并拖入 Scene 中即可,再调整它们的位置、大小和旋转等。可以这样理解,当制作好游戏组件,如场景中的任意一个 GameObject(游戏对象),希望将它制作成一个组件模板,用于批量地生产相同的 GameObject,要生产的是场景中本质上是"重复"的东西,如敌人、士兵、子弹等。本质是因为默认生成的 Prefab 其实和模板是一模一样的,就像是克隆体,但生成的位置、旋转、大小以及生成后的一些其他属性是允许被改变的。

为什么要使用 Prefab? 一般当游戏中需要频繁创建一个物体时,可选择使用 Prefab,因为使用 Prefab 可以节省内存,方便物体创建和操作。

3.1.3　植被

各式各样的树木和花草栩栩如生,增添了虚拟现实世界的真实感。在虚拟现实世界中,植被也是一种比较常见的三维元素,属于标准资源 Environment 包提供的资源,导入方式为依次选择导航菜单栏 Assets→Import Package→Environment 命令,使用方法与 Water 资源对象不同,Water 资源对象是预制件,拖入场景即可使用,而植被资源必须与 Terrain 对象结合使用。Unity 编辑器中树木和花草使用不同的按钮分别添加,如图 3-8 所示。

Unity 编辑器添加树木的方法:在层次视图中单击 Terrain 组件,在 Inspector 面板的 Terrain 组件中单击第 5 个 Place Trees 按钮,在此面板中单击 Edit Trees 按钮,再单击 Add Tree 按钮,弹出 Add Tree 对话框。在这个对话框中单击最右边的圆圈,选择需要添加的树木预制件,添加树木完成,如图 3-9 所示。添加树木完成后,要将刚刚添加的树木种植到虚拟现实场景当中,首先在层次视图中单击 Terrain 组件,在 Inspector 面板的 Terrain 组件中找到 Settings(设置),分别设置 Brush Size(画刷尺寸,植树通过画刷完成)、Tree Density(树木密度)、Tree Height(树木高度)等参数,再通过鼠标模拟画刷在虚拟现实场景中的 Terrain 对象上种植树木,如图 3-10 所示。

Unity 编辑器添加花草的方法:在层次视图中单击 Terrain 组件,在 Inspector 面板的 Terrain 组件中单击第 6 个 Place Plants 按钮,在此面板中单击 Edit Details 按钮,再单击 Add Grass Texture 按钮,弹出 Add Grass Texture 对话框。在这个对话框中单击 Detail

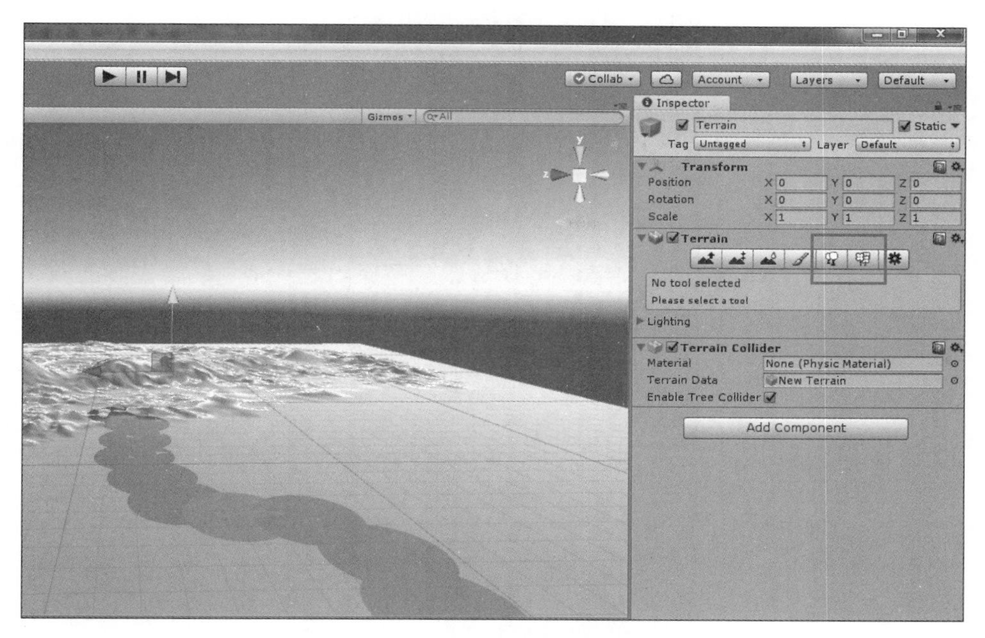

图 3-8　种植树木和花草按钮

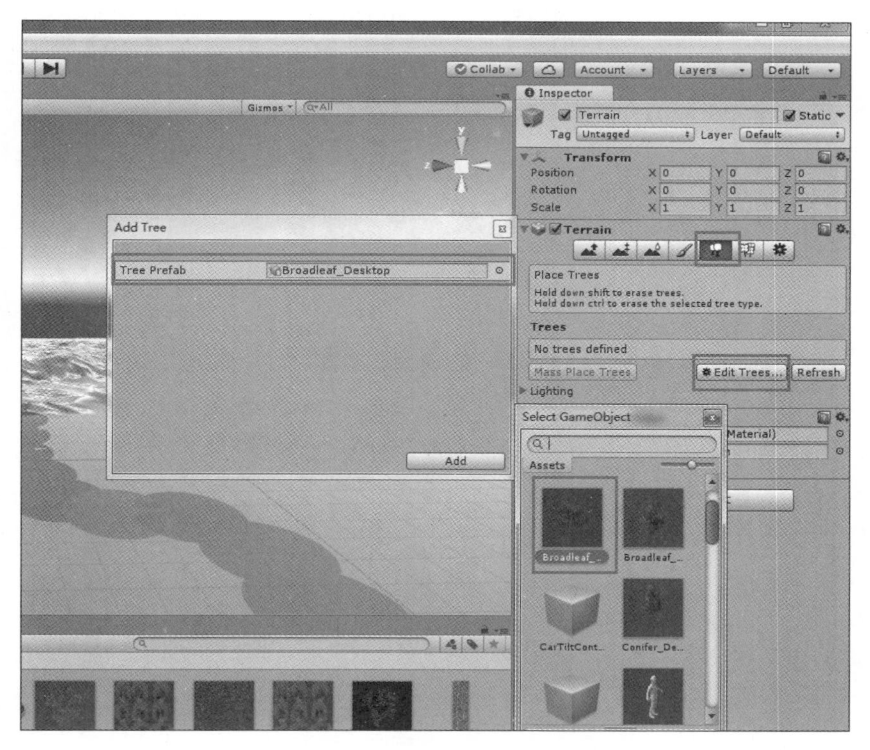

图 3-9　添加树木

Texture 项最右侧的圆圈，选择花草的 Texture(贴图)，添加花草完成，也可在此对话框设置其他参数，如图 3-11 所示。

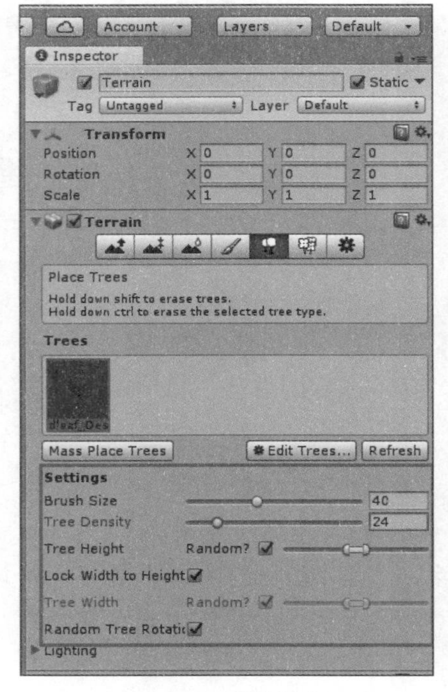

图 3-10　种植树木

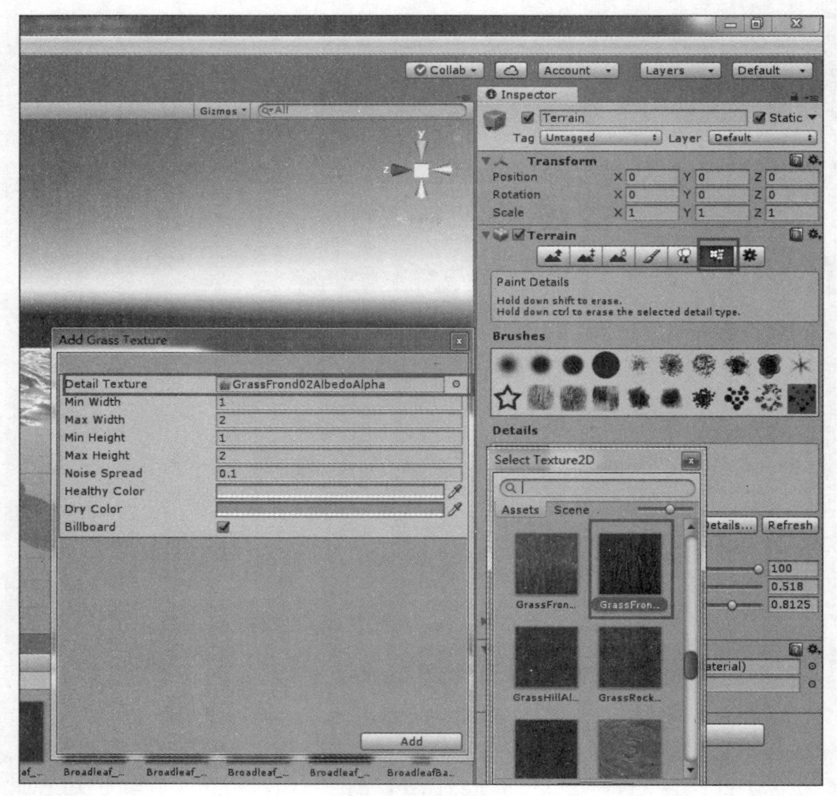

图 3-11　添加花草

添加花草完成后，接下来就要将刚刚添加的花草种植到虚拟现实场景当中，首先在层次视图中单击 Terrain 组件，在 Inspector 面板的 Terrain 组件中找到 Settings，分别设置 Brush Size、Opacity（透明性）等参数，再通过鼠标模拟画刷在虚拟现实场景中的 Terrain 对象上种植花草，如图 3-12 所示。

3.1.4 雾效

在现实世界中，雾和霾常常出现在空气当中，当然，虚拟现实世界中，雾和霾也是一种较为常见的元素，在 Unity 编辑器中使用 Fog（雾）来模拟雾和霾的效果，添加 Fog 的方法为依次选择导航菜单栏 Window→Lighting→Settings 命令，弹出 Settings 对话框，在 Scene 面板中找到 Other Settings 模块，选中 Fog 复选框，并对 Color（颜色）、Mode（模式）和 Density（浓度，取值为 0～1，数值越大表示雾效浓度越高）等参数进行设置，如图 3-13 所示。雾效效果对比如图 3-14 所示。

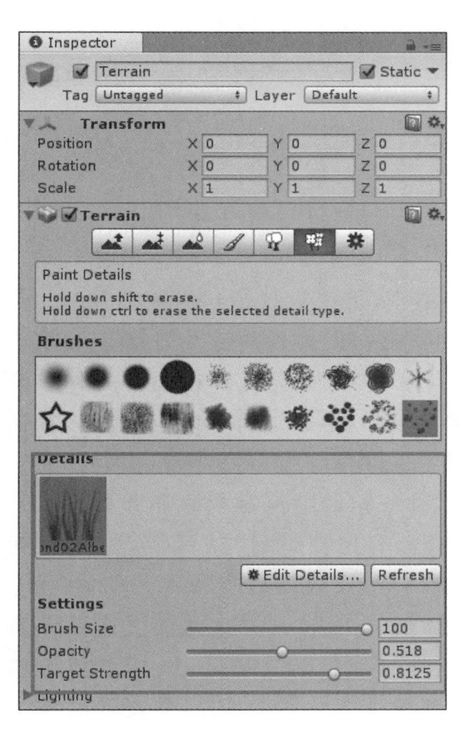

图 3-12 种植花草

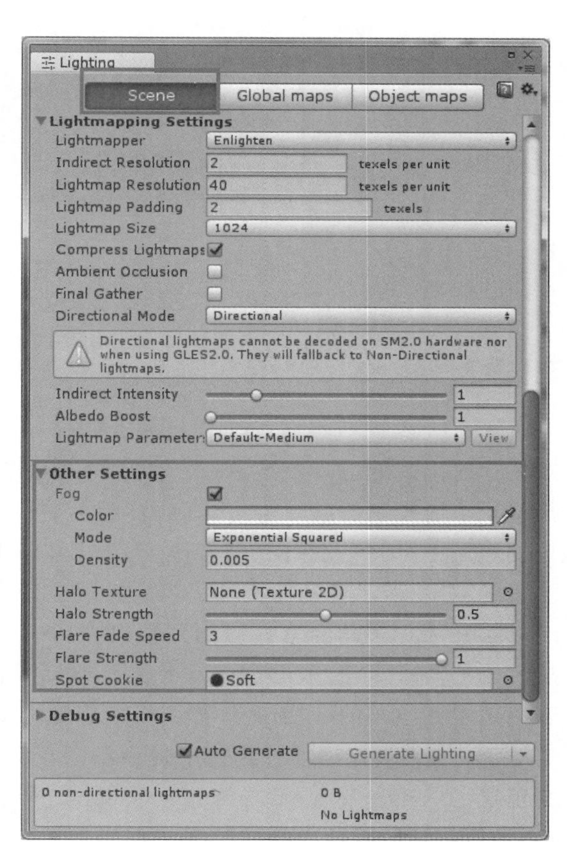

图 3-13 雾效设置

(a) 无雾效场景

(b) 雾效场景

图 3-14　雾效效果对比

3.1.5　第一人称视角

第一人称视角经常被应用到游戏和虚拟现实应用中，第一人称视角游戏是从 3D 游戏创建时出现的游戏类型，与之前的所有 2D 游戏不同，第一人称视角游戏是屏幕上并不出现玩家所控制的游戏主角，而是表现为主角的视野。大多数第一人称视角游戏和虚拟现实应用中，第一人称视角看到的场景就是照相机中的场景，但是也有一些应用能够看到主角的双手、双手中所拿的物品以及游戏主角头部以下的部位。

第三人称视角经常被应用到影视作品中，第三人称视角的特点是玩家能够看到玩家所控制的游戏主角，能够比较自由灵活地反映客观内容，有比较广阔的活动范围，这时能直白地看到主角的一切活动与轨迹，大多数电影和影视作品一般都是使用第三人称视角。

Unity 编辑器标准资源包中提供第一人称视角的 Prefab，导入方式为依次选择导航菜单栏 Assets→Import Package→Characters 命令。那么，导入 Characters 标准资源包后，如何找到已经导入的资源呢？在项目视图中，寻找第一人称视角 Prefab 资源的方法为依次选择 Asseets Standard Assets→Characters→FirstPersonCharacter→Prefabs→FPSController，如图 3-15 所示，在项目视图中找到 FPSController 预制体文件后，将 FPSController 预制体文件拖入 Scene 中，再在 Inspector 面板中调整它的位置、大小、旋转和行走速度等参数，如图 3-16 所示。

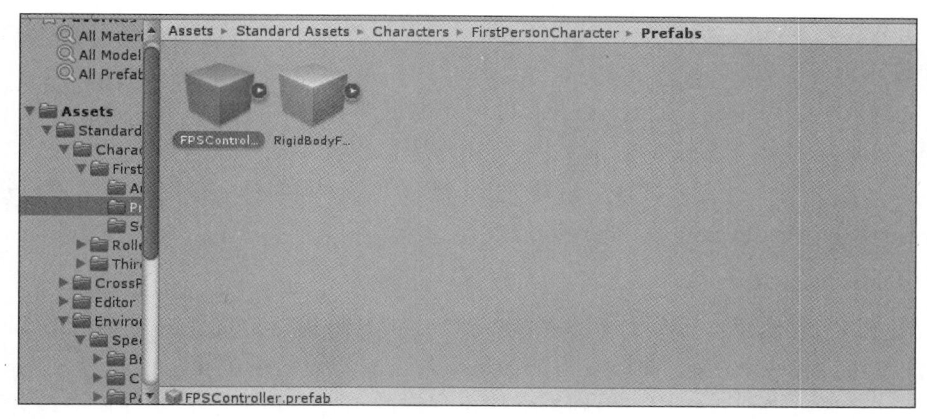

图 3-15　第一人称视角 Prefab 在项目视图中的位置

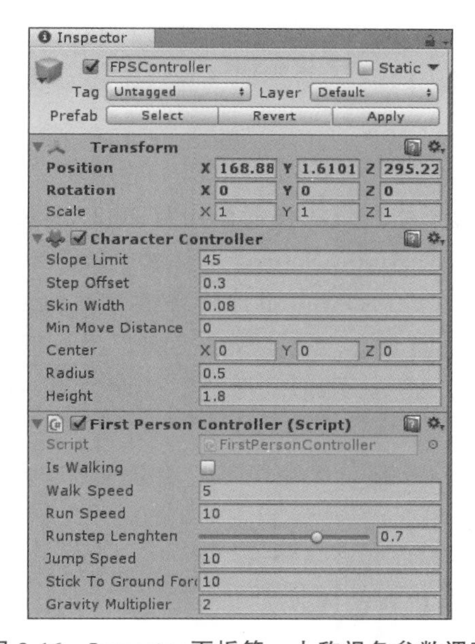

图 3-16　Inspector 面板第一人称视角参数调整

3.2　音效系统

只有有了音效，虚拟现实项目才能具有听觉沉浸感。在虚拟现实软件中，一般存在两种音效：一种是时间较长的背景音乐，一般情况下会被设置为循环播放；另一种是时间较短的音效(如玩家打斗、单击按钮、开枪音效等)。

3.2.1　Unity3D 引擎的音效系统

Unity3D 引擎支持下面 4 种音乐格式。

(1) AIFF：适用于较短的音乐文件，可用于虚拟现实中模拟物体的撞击声、玩家的脚步声和打斗声等。

(2) WAV：适用于较短的音乐文件，可用于虚拟现实中模拟物体的撞击声、玩家的脚步声和打斗声等。

(3) MP3：适用于较长的音乐文件，可用作虚拟现实中的背景音乐。

(4) OGG：适用于较长的音乐文件，可用作虚拟现实中的背景音乐。

Unity3D引擎中对音效进行了封装，想要播放音效，则需要3个基本的组件，分别是Audio Listener、Audio Source和Audio Clip。

1. Audio Listener

一般情况下，使用Unity3D引擎创建场景时在主照相机上就会自带Audio Listener组件，该组件只有一个功能，即监听当前场景下的所有音效的播放并将这些音效输出。如果没有这个组件，虚拟现实应用中则不会发出任何的声音。在项目开发过程中，不需要创建多个该组件，一般场景中只需要在任意的GameObject上添加一个Audio Listener组件即可，但是要求保证这个GameObject不被销毁，因为如果销毁，它身上自带的Audio Listener组件也会随之消失。所以一般按照Unity3D引擎的做法，在主照相机中添加即可。

2. Audio Source

Audio Source是一个控制指定音频播放的组件，可以通过属性设置来控制音频的一些效果。在虚拟现实场景中，Audio Source组件播放Audio Clip组件中的音效文件。Audio Clip组件可以通过Audio Source组件将音效文件输出到Audio Listener进行播放，也可以通过Audio Mixer播放。Audio Source可以播放任何类型的Audio Clip，也可以以2D、3D或Spatial Blend(混合)的形式播放。下面列出一些Audio Source组件常用的属性。

(1) Audio Clip：声音片段，还可以在代码中动态地截取音效文件。

(2) Mute：是否静音。

(3) Bypass Effects：是否打开音频特效。

(4) Play On Awake：开机自动播放。

(5) Loop：循环播放。

(6) Volume：声音大小，取值为0.0～1.0。

(7) Pitch：播放速度，取值为－3～3，设置1为正常播放，小于1为减速播放，大于1为加速播放。

3. Audio Clip

当把一个音效文件导入Unity3D引擎中，这个音效文件就会自动变成一个Audio Clip组件对象，可以直接将其拖曳到Audio Source的Audio Clip属性中，也可以通过Resources或AssetBundle进行加载，加载出来的对象类型就是Audio Clip类型。

3.2.2 循环播放背景音乐

首先新建一个场景，并将名为frankum-track的音效文件(MP3格式)拖入Unity项目视图。其次建立一个空对象，操作方法为依次选择导航菜单栏GameObject→Create Empty命令，将空对象重命名为addAudioObject。再次将frankum-track音效文件通过拖曳的方式赋给层次视图中的 addAudioObject，单击层次视图中的 addAudioObject。注意到 Unity 编辑器右侧属性面板，Play On Awake 复选框是默认选中的，表示一开始运行程序就会播放音效。最后，选中 Loop 复选框使其可以进行循环播放，如图 3-17 所示。此时运行程序就可以听到声音了。

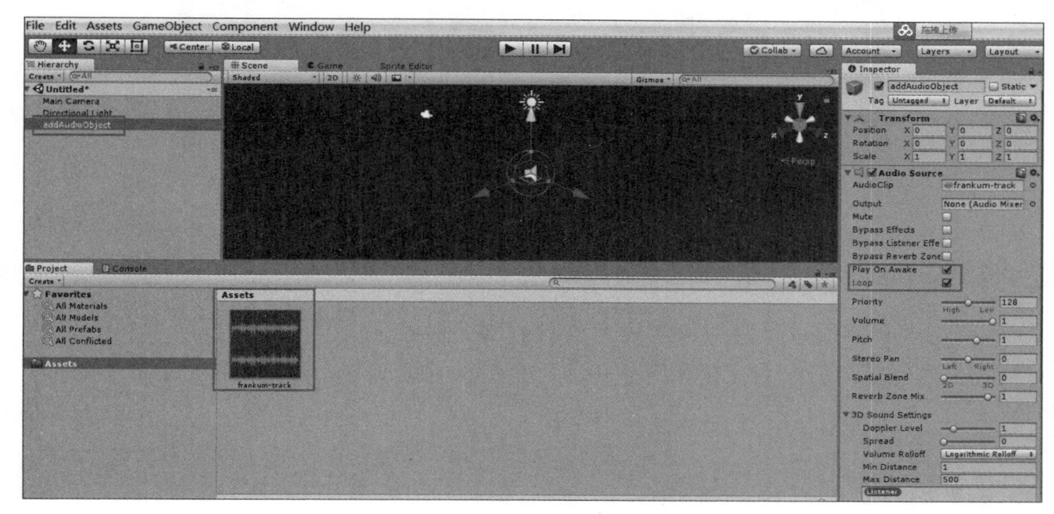

图 3-17　添加循环播放音乐的操作方法与参数设置

3.2.3　3D 音效效果

Unity3D 引擎为什么要把音乐播放拆分成 3 个组件呢？最重要的原因是实现 3D 音效效果。

如果将 Audio Listener 看作人的两只耳朵，就可以理解什么是 3D 音效效果了。现实世界中，声音的音量具有近大远小的规律，Unity3D 引擎会根据 Audio Listener 和 Audio Source 对象所在的 GameObject 的距离和位置来模拟。

首先，新建一个场景，将名为 frankum-track 的音效文件拖入 Unity 项目视图，需要检查是否默认设置为 3D 音乐，如果是 2D 音乐就不会有近大远小的效果。添加 3 个 GameObject 空对象，分别命名为 addLis、audioSouce1 和 audioSouce2，audioSouce1 和 audioSouce2 表示两个声源，再给 addLis 对象添加一个 Audio Listener 组件，给 audioSouce1 和 audioSouce2 对象分别添加 Audio Source 组件，并分别赋予音效文件。

其次，移除 Main Camera 上的 Audio Listener 组件，移除的方法：单击 Main Camera 对象，注意到 Unity 编辑器右侧属性面板，找到 Audio Listener 组件，单击组件名称右侧齿轮按钮，在弹出的下拉列表中选择 Remove Component。按照特定位置摆放一个 Audio Listener 和两个 Audio Source 组件的位置，如图 3-18 所示。

最后，运行游戏，返回 Scene 视窗，拖曳 Audio Listener 组件的位置，就可以感受到类似在两个音响之间移动的效果了。

注意：*对于每个 Audio Source 声音可传递的距离范围可以通过拖曳其球形的线条进行调整。*

图 3-18　Audio Listener 和两个 Audio Source 位置摆放示意图

3.2.4　Resources 加载音乐

本节主要介绍通过代码如何实现音乐的控制和播放。

首先新建一个场景，在项目视图 Assets 中新建一个 Folder，并将其命名为 Resources，将名为 frankum-track 的音效文件拖入 Resources 文件夹中；其次新建一个空 GameObject 对象，命名为 ResourcesObject，操作方法为依次选择导航菜单栏 GameObject→Create Empty 命令；再次新建脚本，操作方法为依次选择导航菜单栏 Assets→Create→C# Script 命令，将脚本文件命名为 ResourcesDemo，并将下面的代码复制到 ResourcesDemo 脚本中替代原来的代码；最后将 ResourcesDemo 脚本添加到 ResourcesObject 上。音效播放脚本代码如下：

```
using System.Collections;                //引入类库，类库中定了相关的变量和方法，
                                         //Collections 为集合类
using System.Collections.Generic;        //Generic 为泛型类
using UnityEngine;                       //UnityEngine 为 Unity3D 引擎类
//定义 ResourcesDemo 类，每个脚本都会自动继承 MonoBehaviour 类
public class ResourcesDemo: MonoBehaviour {
    private AudioSource _audioSource;    //定义声源
    void Start()                         //Start 函数为默认创建的函数，名字不可改变
    {
        //添加 AudioSource 组件
        _audioSource=this.gameObject.AddComponent<AudioSource>();
        //加载 AudioClip 对象，将 AudioClip 对象的内容设置为声效 frankum-track
        AudioClip audioClip=Resources.Load<AudioClip>( Update);
        //播放音乐，设置音乐播放参数，如是否循环、播放的音乐片段等
        _audioSource.loop=true;          //将音乐播放方式设置为循环播放
        _audioSource.clip=audioClip;     //将要播放的音乐片段设置为 audioClip，即播
                                         //放音效 frankum-track
        _audioSource.Play();
    }
        //Update is called once per frame
```

```
    void Update () {                              //Update函数为默认创建的函数,名字不可改
                                                  //变,如果不使用,则可不添加语句


    }
}
```

此时运行程序就可以听到音效文件 frankum-track 中的声音了。

3.3　物理系统

3.3.1　物理系统简介

虚拟现实的目的之一是使人产生身临其境的感觉,要求虚拟场景中的物体属性和物体运动要符合真实的物体运动规律,才能让人感受到真实的虚拟世界,从而使人毫不怀疑地进行虚拟现实体验,相信这个虚拟的世界是真实的。常见的物理运动有匀速运动、加速运动、减速运动、惯性运动、弹性运动和曲线运动等。下面以弹性运动为例进行说明。

篮球从空中落下,碰到地面马上就会弹起来。这就是物体的弹性运动,篮球为什么会从地面上弹起来呢?

物体在受到力的作用时,它的形态和体积会发生改变,这种改变,在物理学中称为形变。有的物体形变较为明显,产生的弹力大,如篮球、足球等;有的物体形变不是很明显,产生的弹力小,不容易被肉眼察觉,如木块、铁块等。形变的大小取决于作用力的大小和物体的物理材质。物体在发生形变时,会产生弹力,形变消失时,弹力也随之消失。篮球是用橡皮制作的,质地较软,里面又充足了气体,因此在受力后发生的形变明显,产生的弹力大,所以弹得很高,并可以连续弹跳多次;如果是实心的木块,它受力后所发生的形变和产生的弹力都很小;如果是铅球,它的形变和弹力就更小,几乎难以感觉到了。

篮球落在地面上,由于自身的重力与地面的反作用力,使篮球发生形变,产生弹力,因此,篮球就从地面上弹了起来。篮球运动到一定高度,由于地心引力,篮球又落回地面,再发生形变,又弹了起来。既然物理学已经证明任何物体都会发生形变,那么在虚拟现实中,对于形变不明显的物体,也可以根据剧情或应用风格的需要,运用夸张变形的手法,表现其弹性运动。

为了实现符合运动规律的动画运动效果,Unity3D 引擎内置了英伟达(NVIDIA)公司的 PhysX 物理引擎,它是目前使用最为广泛的物理引擎,被很多虚拟现实和游戏作品所采用,开发者可以通过物理引擎高效、逼真地模拟刚体碰撞、车辆驾驶、布料、重力等物理效果,使游戏画面更加真实、生动。

3.3.2　Unity3D 引擎物理系统的 Rigidbody 组件

Rigidbody(刚体)组件可以使 Unity 中的 GameObject 在物理系统的影响下运动,刚体可接受外力和扭矩力来保证 GameObject 像在真实世界中那样运动。任何 GameObject 只有添加了刚体组件才能受到重力的影响,通过脚本或其他方式为 GameObject 添加的作用力以及通过 PhysX 物理引擎与其他的 GameObject 发生互动产

生力的计算都需要 GameObject 添加了刚体组件，只有添加了刚体组件才能完成力的计算和运动。

那么，如何为游戏对象添加 Rigidbody 组件呢？首先依次选择导航菜单栏 GameObject→3D Object→Cube 命令，创建一个立方体对象；其次选择该对象，依次选择导航菜单栏 Component→Physics→Rigidbody 命令，为立方体对象添加 Rigidbody 组件，添加方法如图 3-19 所示。

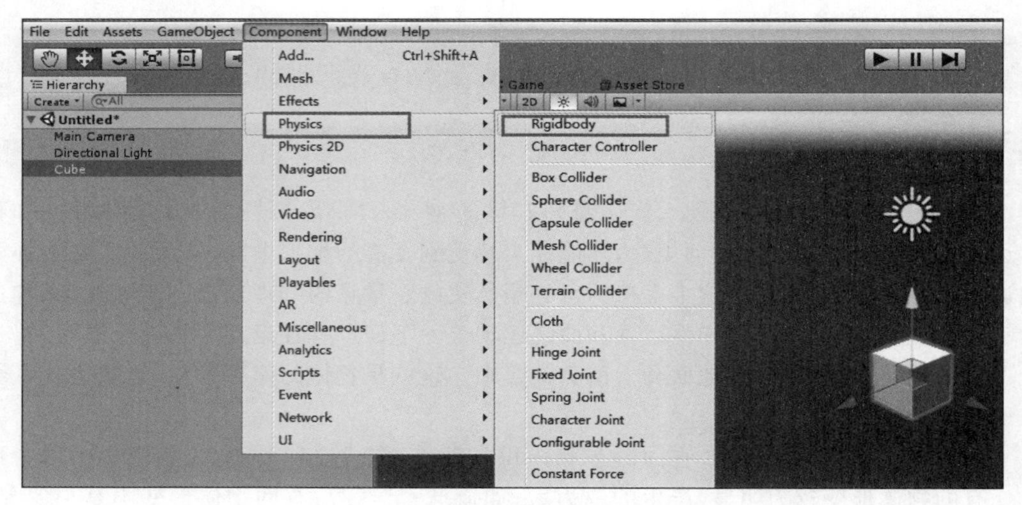

图 3-19 为立方体对象添加 Rigidbody 组件

为立方体添加 Rigidbody 组件后，会在属性面板显示出来，立方体的 Rigidbody 属性界面如图 3-20 所示，具体参数如下。

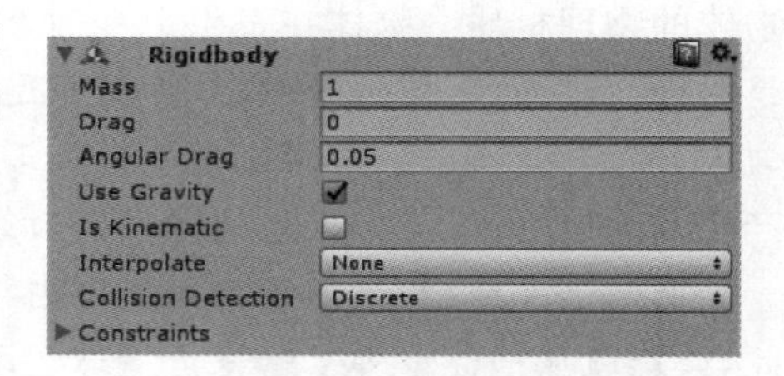

图 3-20 立方体的 Rigidbody 属性界面

(1) Mass(质量)：用于设置 GameObject 的质量。质量越大，惯性越大。

(2) Drag(阻力)：当对象受力运动时受到的空气阻力。默认值为 0，表示没有空气阻力，如果设置值极大，GameObject 会立即停止运动。

(3) Angular Drag(空气阻力)：当 GameObject 受扭矩力旋转时受到的空气阻力。默认值为 0.05，若值为 0，则表示没有空气阻力，同样，当设置值极大时，GameObject 会立即停止旋转运动。

(4) Use Gravity(使用重力)：若选中此项，GameObject 会受到重力的影响，否则，GameObject 将不受重力作用。

(5) Is Kinematic(是否开启动力学)：若选中此项，GameObject 将不再受物理引擎的影响而只能通过 Transform 属性对其操作。通常用于需要用其他动画技术控制的刚体，这样就不会因为惯性而影响动画了。

(6) Interpolate(插值)：用于控制运动的抖动情况或者运行不平滑的情况。有 3 项平滑方式可以选择，None 为没有插值；Interpolate 为内插值，基于前一帧的 Transform 来平滑此次的 Transform；Extrapolate 为外插值，基于下一帧的 Transform 来平滑此次的

Transform。

(7) Collision Detection(碰撞检测)：用于控制避免高速运动的 GameObject 穿过其他的对象而未发生碰撞。有 3 项碰撞检测可以选择，Discrete 为离散碰撞检测，该模式与场景中其他的所有碰撞体进行碰撞检测；Continuous 为连续碰撞检测；Continuous Dynamic 为连续动态碰撞检测。

(8) Constraints(约束)：用于控制对刚体运动的约束。

3.3.3　Unity3D 引擎物理系统的 Joint 组件

Joint(关节)是指物体之间的连接方式，Unity3D 引擎中支持 5 种连接方式，分别是 Hinge Joint、Fixed Joint、Spring Joint、Character Joint 和 Configurable Joint。第 2 章对 Joint 组件各自的功能做了一定介绍，本节将以制作开关门的效果为例讲解使用 Hinge Joint 制作旋转木门的方法，制作步骤如下。

(1) 创建项目文件，将项目命名为 DoorHingeJoint，设置项目的存储位置为 D:\VRProjects，单击 Create project 按钮创建项目。

(2) 在层次视图窗口中右击，在弹出的快捷菜单中选择 3D Object→Plane 命令，创建一个地板，或依次选择导航菜单栏 GameObject→3D Object→Plane 命令创建，将其命名为 Plane；在层次视图窗口中右击选择 3D Object→Cube 命令，创建两个立方体，或依次选择导航菜单栏 GameObject→3D Object→Cube 命令创建，分别命名为 axis 和 door；调整刚才创建的 3 个物体的位置(Position)和大小(Scale)，使其如图 3-21 所示，axis 物体模拟门轴，door 物体模拟门板。

图 3-21　门轴和门板示意图

(3) 分别为 axis 物体和 door 物体添加 Rigidbody 组件，添加 Rigidbody 组件的方法为依次选择导航菜单栏 Component→Physics→Rigidbody 命令，并取消属性 Use Gravity 的勾选，使其不会由于重力作用自然掉落。

(4) 选中 axis 物体，为它添加一个 Hinge Joint 组件，添加 Hinge Joint 组件的方法为依次选择导航菜单栏 Component→Physics→Hinge Joint 命令，将 Connected Body 对象设置为创建的门板物体 door；将 Hinge Joint 组件的 Anchor 参数的 X、Y、Z 的值分别设置为 0、0、0，Axis 参数的 X、Y、Z 的值分别设置为 0、1、0，让门板绕着(0,0,0)点处的 y 轴进行旋转运动；选中 Hinge Joint 组件的 Use Motor 复选框，启用 Use Motor 参数；将

Motor 参数下的 Target Velocity 和 Force 的值分别设置为 5 和 1，给物体添加目标速度和力；选中 Hinge Joint 组件的 Use Limits 复选框，启用 Use Limits 参数；将 Limits 参数下的 Min 和 Max 的值分别设置为 0 和 90，为门板的旋转设定范围，使门板绕门轴的旋转角度限制在 90°以内。具体参数设置如图 3-22 所示。

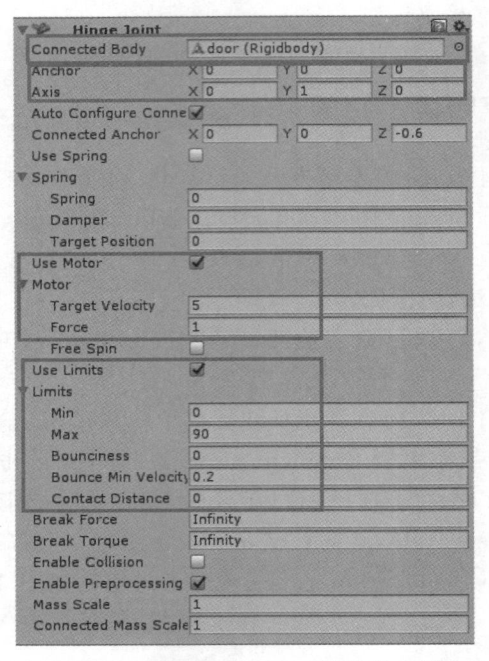

图 3-22　物体 Hinge Joint 的参数设置

(5) 运行并调试程序。单击 Unity3D 引擎的“播放”按钮，运行项目，会看到一扇门将绕着门轴进行旋转，一直旋转到 90°。

为了更好地使用 Hinge Joint 组件，需要进一步了解它的参数，弄明白每个参数的作用，具体参数如下。

(1) Connected Body(连接体)：对 Joint 所依赖的 Rigidbody 的可选引用，就是确定 Joint 与哪个物体相连。如果未设置，则 Joint 连接到世界坐标。

(2) Anchor(锚点)：主体围绕其摇摆的轴的位置。该位置在局部坐标空间中定义。

(3) Axis(轴)：主体围绕其摇摆的轴的方向。该方向在局部坐标空间中定义。

(4) Use Spring(使用弹簧)：弹簧使 Rigidbody 相对于其连接体达到特定角度。

(5) Spring(弹簧)：启用 Use Spring 时使用的 Spring 的属性。其中，Spring(弹簧)指对象为移动到位所施加的力；Damper(阻尼器)值越高，对象减慢的幅度越大；Target Position(目标位置)是 Spring 的目标角度，Spring 会拉向此角度(以度数为单位测量)。

(6) Use Motor(使用电动机)：电动机使对象产生旋转运动。

(7) Motor(电动机)：启用 Use Motor 时使用的 Motor 的属性。其中，Target Velocity(目标速率)为对象尝试达到的速度；Force(力)为达到该速度而应用的力；Free Spin(自由旋转)如果启用，则电动机不会用于对旋转制动，仅进行加速。

(8) Use Limits(使用限制)：如果启用，则连接的角度会限制在 Min 和 Max 值之间。

(9) Limits(限制):启用 Use Limits 时使用 Limits 的属性。其中,Min(最小)指旋转可以达到的最小角度;Max(最大)指旋转可以达到的最大角度。

(10) Break Force(折断力):为使此 Joint 折断而需要应用的力。

(11) Break Torque(折断扭矩):为使此 Joint 折断而需要应用的扭矩。

3.3.4 Unity3D 引擎物理系统的 Cloth 组件

在虚拟现实场景中,经常会见到 Cloth(布料)的使用,例如,要模拟角色身上穿的衣服、随风摆动的旗子等,在 Unity 2017 版本中,模拟布料需要用到蒙皮网格和布料组件。Skinned Mesh Renderer(蒙皮网格)是一种网格渲染器,可以模拟出非常柔软的网格体,用于布料和角色的蒙皮功能。蒙皮网格和布料组件组合使用能够模拟出较好的布料效果。在 Unity3D 引擎中,创建布料效果步骤如下。

(1) 创建项目文件,将项目命名为 ClothDemo,设置项目的存储位置为 D:\VRProjects,单击 Create project 按钮创建项目。

(2) 在层次视图窗口中右击,在弹出的快捷菜单中选择 3D Object→Plane 命令,创建一个地板,或依次选择导航菜单栏 GameObject→3D Object→Plane 命令创建,将其命名为 cloth;在层次视图窗口中右击,在弹出的快捷菜单中选择 3D Object→Sphere 命令,创建两个球体,或依次选择导航菜单栏 GameObject→3D Object→Sphere 命令创建,分别命名为 sphere1 和 sphere2;调整刚才创建的 3 个物体的位置和大小,使其如图 3-23 所示,cloth 物体模拟一块布料,sphere1 和 sphere2 模拟布料的球状碰撞体。

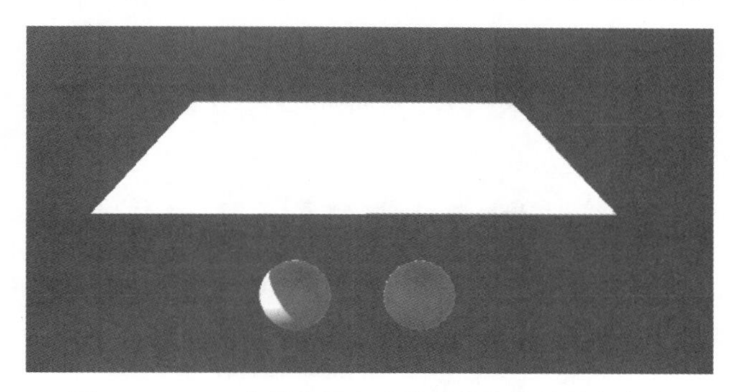

图 3-23 cloth 布料和两个球状碰撞体的位置和大小

(3) 为 cloth 物体添加材质,在项目视图中右击,在弹出的快捷菜单中选择 Create→Material 命令,或者依次选择导航菜单栏 Assets→Create→Material 命令,创建一个默认材质,默认名为 New Material。修改材质的颜色为浅绿色,修改材质颜色方法:单击 New Material 的参数 Albedo 后的颜色选择框,弹出 Color 对话框,在其中选择颜色,如图 3-24 所示。将颜色修改后的材质拖曳给 cloth 物体,最后效果如图 3-25 所示。

(4) 为 cloth 物体添加 Cloth 组件,在层次视图中 cloth 选中 cloth 物体,再依次选择导航菜单栏 Component→Physics→Cloth 命令,在属性面板上会自动给 cloth 物体添加 Skinned Mesh Renderer 和 Cloth 两个组件。

(5) 设置 Skinned Mesh Renderer 组件的相关参数,设置 Root Bone 为 cloth,设置方法如图 3-26 所示。

图 3-24　修改材质颜色方法

图 3-25　修改材质后的 cloth 物体

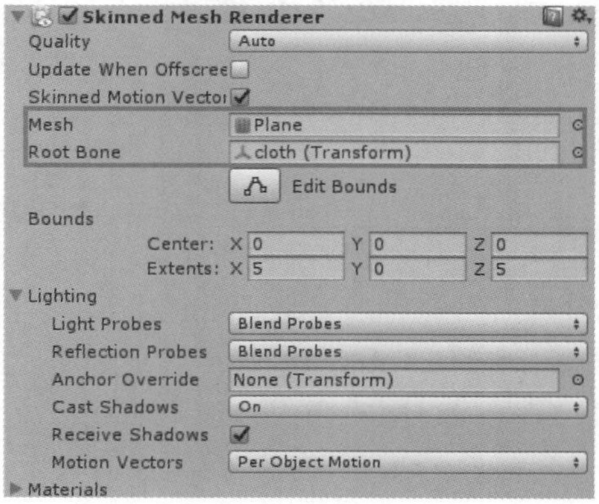

图 3-26　Skinned Mesh Renderer 组件中将 RootBone 参数设置为 cloth

(6) 配置布料的碰撞体，将 Cloth 组件的 Sphere Colliders 参数中的 Size 值设置为 1，生成 Element0 参数，Element0 参数由 First 和 Second 两个参数组成。把场景中的 sphere1 球体拖曳给 First 参数，把场景中的 sphere2 球体拖曳给 Second 参数，设置方法如图 3-27 所示。sphere1 和 sphere2 这两个球体组成一个胶囊碰撞对象，让胶囊和布料之间产生碰撞。

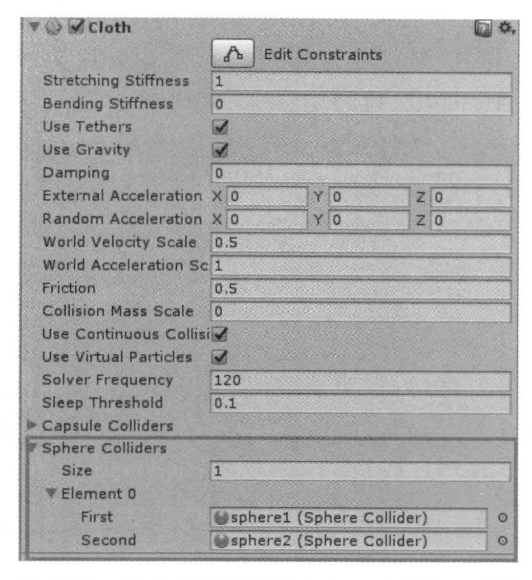

图 3-27　Cloth 组件中设置 Sphere Colliders 参数

(7) 运行并调试程序。单击 Unity3D 引擎的"播放"按钮，运行项目，会看到一块布掉在两个小球上，如图 3-28 所示。

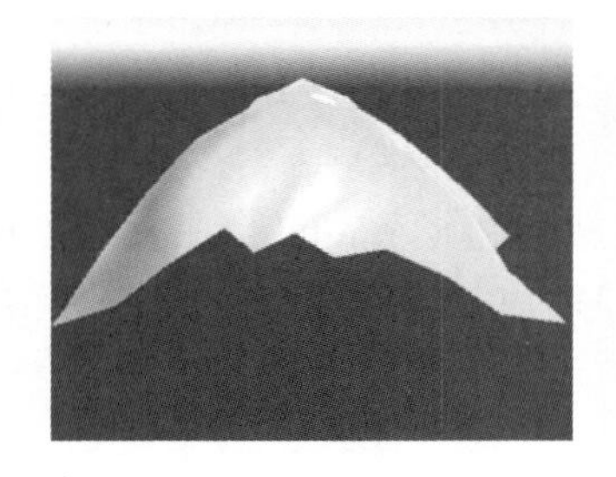
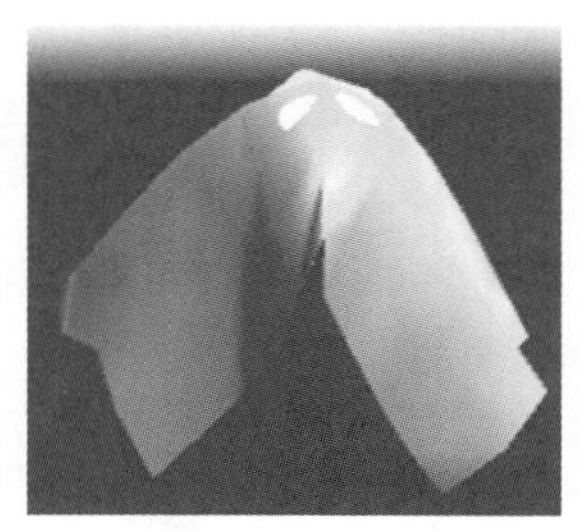
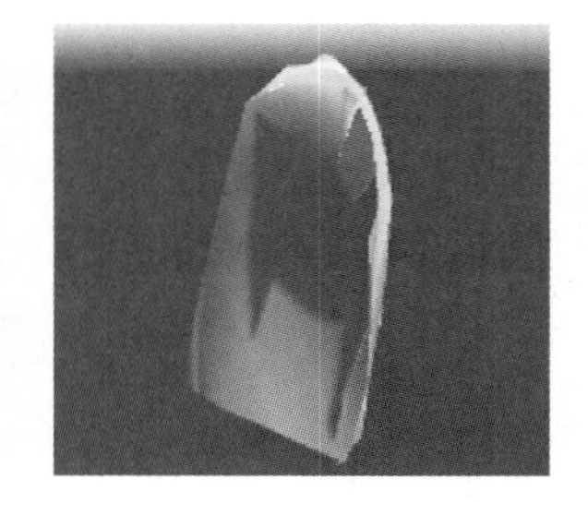

图 3-28　布料效果

另外，除了 Rigidbody 组件、Joint 组件和 Cloth 组件，Collider 碰撞体组件是物理组件中非常重要的一类。如果两个刚体相互撞在一起，除非两个 GameObject 有碰撞体时物理引擎才会计算碰撞，在物理模拟中，没有碰撞体的刚体会彼此相互穿过。Unity3D 引擎为不同的模型设置了不同的碰撞体种类，Unity3D 引擎中可选择 Box Collider(盒碰撞体)、Sphere Collider(球形碰撞体)、Capsule Collider(胶囊碰撞体)、Mesh Collider(网格碰撞体)和 Wheel Collider(车轮碰撞体)等。此部分内容将在 5.4 节中进行详细介绍。

3.4 创建3D奇幻森林世界

学习了地形、水资源、植被、雾效、第一人称视角等知识和操作防范后，思考图3-1中的场景是如何实现的？本节学习使用Unity编辑器制作奇幻森林地形和河流，添加植被和环境特效，最终以第一人称视角的方式漫游3D奇幻森林世界。具体制作步骤如下。

（1）创建项目文件，将项目命名为3DForestWorld，设置项目的存储位置为D:\VRProjects，单击Create project按钮创建项目，如图3-29所示。

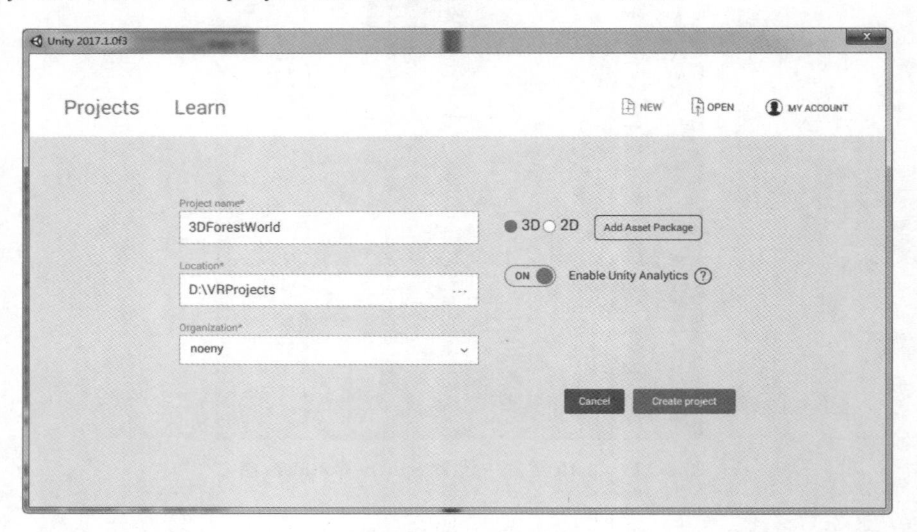

图3-29　创建项目界面

（2）导入标准资源Environment包。Environment包含自然环境资源，如水流、花草、树木、地表贴图等，导入方法为依次选择导航菜单栏Assets→Import Assets→Environment命令。

（3）创建Terrain对象。创建方法为依次选择导航菜单栏GameObject→3D Object→Terrain命令，使用Raise/Lower Terrain工具制作地形凹凸，形成山脉、山坡、丘陵、沟壑等地形。

（4）制作河流。在项目视图中寻找Water资源的路径为依次选择Assets→Standard Assets→Environment→Water→Water→Prefabs→WaterProDaytime，在项目视图中找到WaterProDaytime后，将WaterProDaytime拖入Scene中，再在Inspector面板中调整它们的位置、大小和旋转等参数，生成河流效果。河流从小山附近留下，通过拖入多个WaterProDaytime，使用圆形水效果拼凑成一条绵延的河流。

（5）制作地表贴图。如图3-30所示，再在Inspector面板的Terrain组件中单击第4个Paint Texture按钮，再单击Edit Texture按钮，在弹出的对话框中单击Add Texture按钮，再在弹出对话框中选择标准资源包自带的贴图MudRockyAlbedoSpecular和法线贴图MudRockyNormals，使得整个地形表面覆盖贴图，看起来像是真实的山地。

（6）添加植被（树木、花草）。添加三种树木，分别为Broadleaf_Desktop、Conifer_

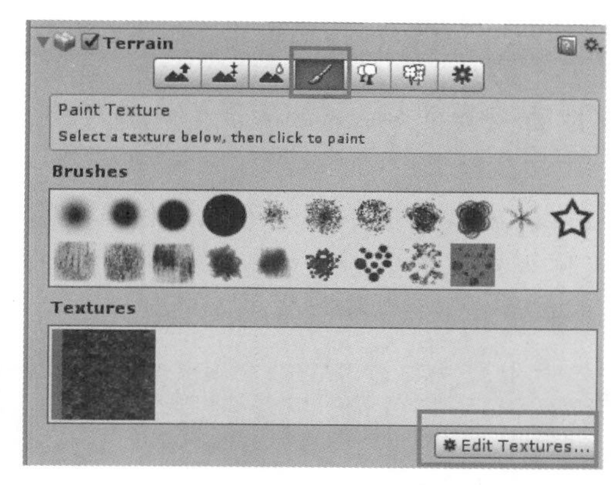

图 3-30　添加地表贴图

Desktop、Palm_Desktop，设置画刷为 40，设置树木密度为 24，树木高度为随机值；添加两种花草，分别为 GrassFrond01AlbedoAlpha、GrassFrond02AlbedoAlpha，设置画刷尺寸为 80、不透明度为 0.518，生成种植完树木的场景，如图 3-31 所示。

图 3-31　种植树木效果图

(7) 添加雾效。调整雾效颜色、密度等，使场景更加真实自然，雾效颜色可尝试设置为微弱的淡蓝色，增加场景的神秘感。

(8) 导入 Characters 资源包。将第一人称 Prefab 拖入场景，在层次视图中选择 Main Camera 右击，在弹出的快捷菜单中选择 Delete 命令，删除项目文件自带照相机 Main Camera，将 Work Speed 设置为 3，以实现漫游功能，在这个步骤中，可以尝试设置导入场景中的第一人称视角 Prefab 的其他参数。

(9) 添加背景音乐。可自行从音效网站下载音效，也可以到 StreetVoice 和 Soundcloud 网站找喜欢的音乐，与作曲家谈合作。然后将下载的音乐导入到项目视图的 Assets 文件夹中。

注意：步骤(8)导入的 Characters 资源包中的第一人称视角 Prefab 自带音效，添加了角色行走、跳跃等的音效，这里只需要添加背景音乐，并设置其循环播放即可。

在层次视图中，新建一个空的 GameObject 对象，将其命名为 bgAudio，操作方法为依次选择导航菜单栏 GameObject→Create Empty 命令，通过平移操作将其拖曳到森林中间位置，再将 Assets 文件夹中的音乐文件拖曳给 bgAudio 对象。单击 bgAudio 对象，注意到 Unity 编辑器右侧属性面板中的 AudioSource 组件，选中 Play On Awake 和 Loop 复选框。

(10) 运行并调试程序。单击工具栏中间位置的黑色三角形按钮，运行项目，分别按 W、A、S、D 键，控制第一人称视角以人的行走姿态在场景中向前、向左、向后、向右行走，戴上耳机体验音效，运行效果如图 3-32 所示。

图 3-32　3D 奇幻森林世界效果

3.5　飘动的红旗制作

在虚拟现实场景中，经常会见到布料的使用，如要模拟角色身上穿的衣服、随风摆动的旗子等，在 Unity 2017 版本中，模拟布料需要用到蒙皮网格和布料组件。灵活运用 Skinned Mesh Renderer(蒙皮网格)，模拟出飘动的红旗效果。实验步骤如下。

(1) 创建项目文件。将项目命名为 FlagDemo，设置项目的存储位置为 D:\VRProjects，单击 Create project 按钮创建项目。

(2) 在层次视图窗口中右击，在弹出的快捷菜单中选择 3D Object→Plane 命令，创建一个 Plane 对象，或依次选择导航菜单栏 GameObject→3D Object→Plane 命令，将其命名为 flag，把它当作“旗帜”来使用；在层次视图窗口中右击，在弹出的菜单中选择 3D Object→Cylinder 命令，创建一个 Cylinder 对象，或依次选择导航菜单栏 GameObject→3D Object→Cylinder 命令创建，并将其命名为 pole，把它当作“旗杆”来使用；调整刚才创建的两个物体对象的位置和大小，使其如图 3-33 所示。

(3) 为 Plane 对象(名为 flag)物体添加材质，在项目视图中右击，在弹出的快捷菜单中选择 Create→Material 命令，或者依次选择导航菜单栏 Assets→Create→Material 命令，创建一个默认材质，默认名为 New Material。修改材质的颜色为红色，修改材质颜色方法：首先单击 New Material 的参数 Albedo 后的颜色选择框，弹出 Color 对话框，选择合适颜色，如图 3-34 所示。其次为材质增添贴图：将下载的贴图拉到项目视图中，选中 New Material，单击 Albedo 前的圆圈，选择导入贴图，如图 3-35 所示。最后将修改后的材

图 3-33　flag 旗帜和 pole 旗杆的位置和大小

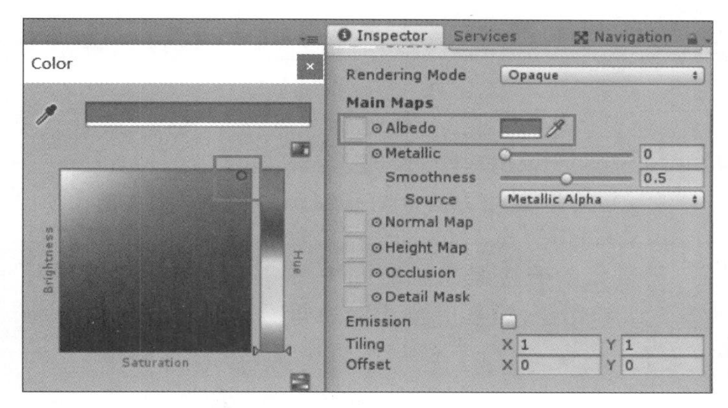

图 3-34　修改材质颜色方法

质拖曳给 flag 物体，效果如图 3-36 所示。

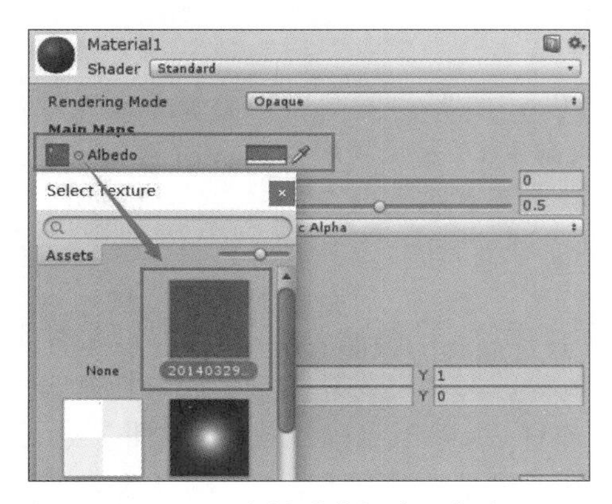

图 3-35　为材质增加贴图方法

图 3-36　修改材质后的 flag

(4) 在层次视图中选中 flag 物体，依次选择导航菜单栏 Component→ Physics→ Cloth 命令，在属性面板上会自动给 flag 物体添加 Skinned Mesh Renderer 和 Cloth 两个组件，如图 3-37 所示。

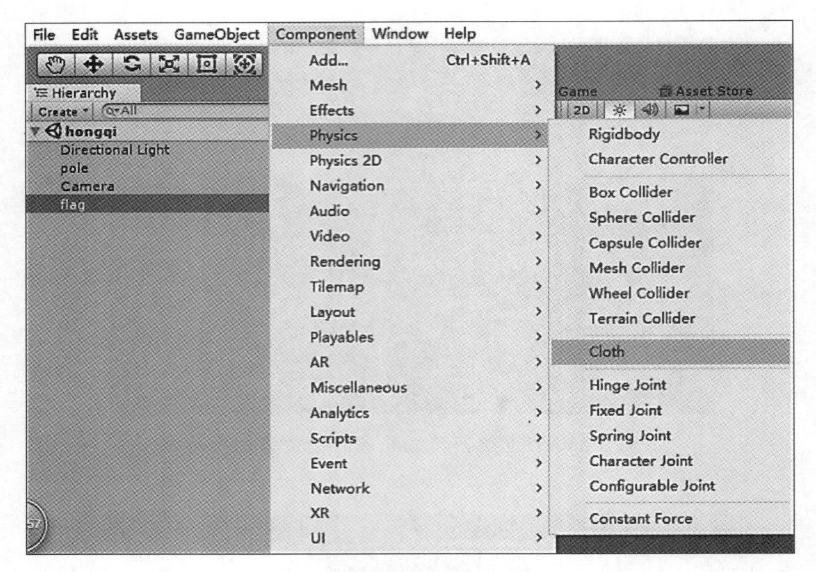

图 3-37　添加 Cloth 功能

（5）设置 Skinned Mesh Renderer 组件的相关参数，设置 Root Bone 为 flag，设置方法如图 3-38 所示。

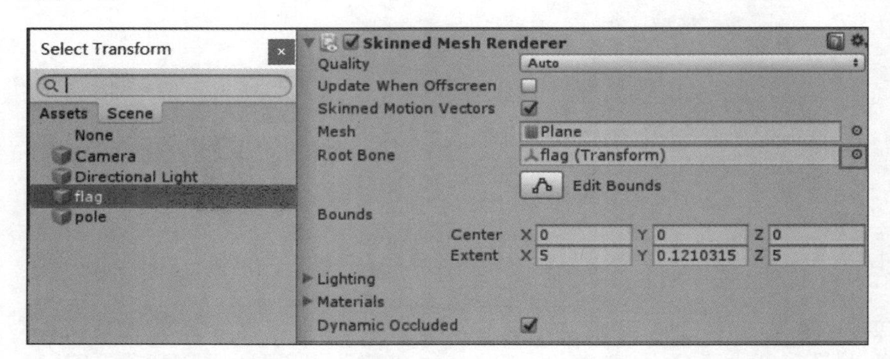

图 3-38　Skinned Mesh Renderer 组件中设置 Root Bone 为 flag

（6）配置碰撞体，设置 Cloth 组件的 Capsule Colliders 参数中的 size 为 1，生成 Element 0 参数，把场景中的 pole 圆柱体拖曳给 Element 0 参数，设置方法如图 3-39 所示。

（7）增加固定点。单击 Cloth 组件中的第一个按键，如图 3-40 所示，在弹出的选择框（见图 3-40 左侧）中选中 Max Distance 复选框，在形成的网格中选择固定靠近旗杆侧的一列点，依次单击这些点，点的颜色由黑色变为绿色或红色，则该点固定成功，如图 3-41 所示；如想取消，则取消勾选 Max Distance 复选框，单击想要取消的点，点的颜色重新变为黑色，则该点取消固定成功。

（8）选中 pole 对象，在层次视图 Capsule Collider 组件中，改变 Radius 参数大小，调节碰撞体半径（设置 Radius 为 1.5），以防止 flag 对象与 pole 对象出现交叉现象，使场景更加真实，如图 3-42 所示。

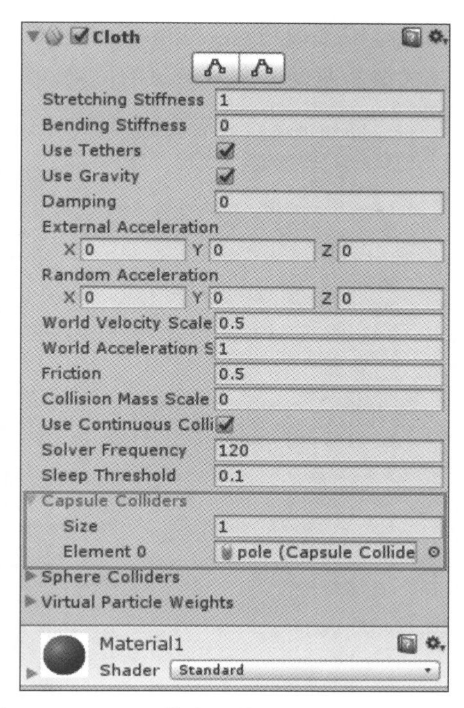

图 3-39　Cloth 组件中设置 Capsule Colliders 参数

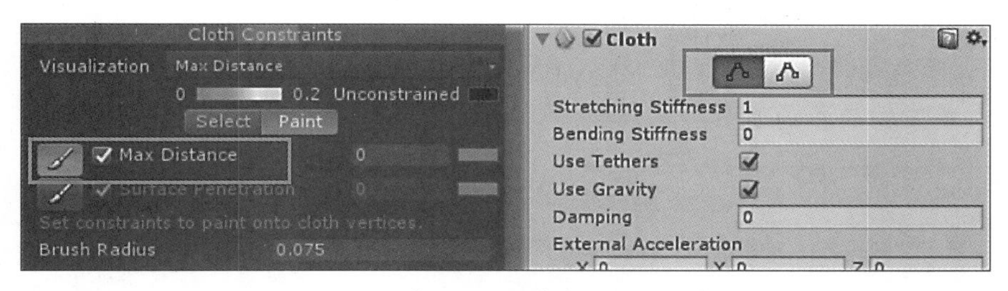

图 3-40　在 Cloth 组件中添加固定点

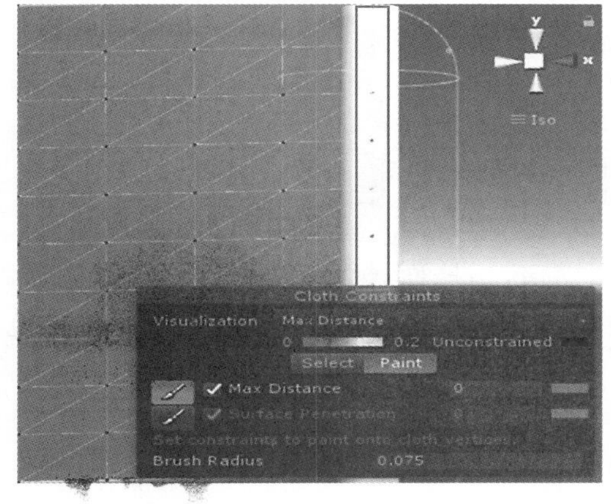

图 3-41　固定靠近旗杆侧的一列点

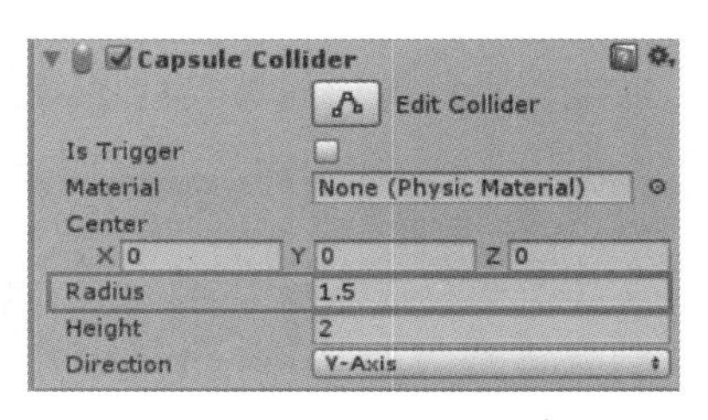

图 3-42　设置 pole 对象的半径

(9) 增加风域。依次选择导航菜单栏 GameObject→3D Object→Wind Zone 命令，添加风域物体，如图 3-43 所示，根据需要调节风域物体的位置。

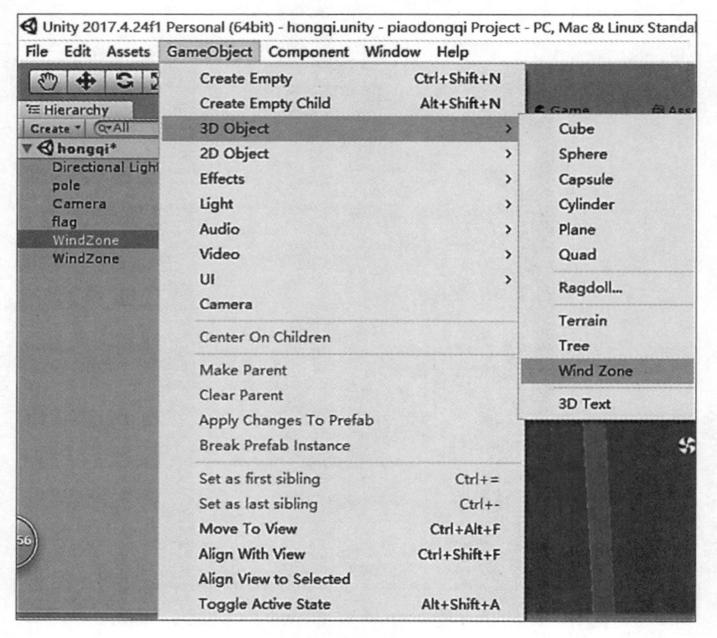

图 3-43 增加风域

(10) 运行并调试程序。单击 Unity3D 引擎的“播放”按钮，运行项目，会看见一面飘动的红旗，效果如图 3-44 所示。

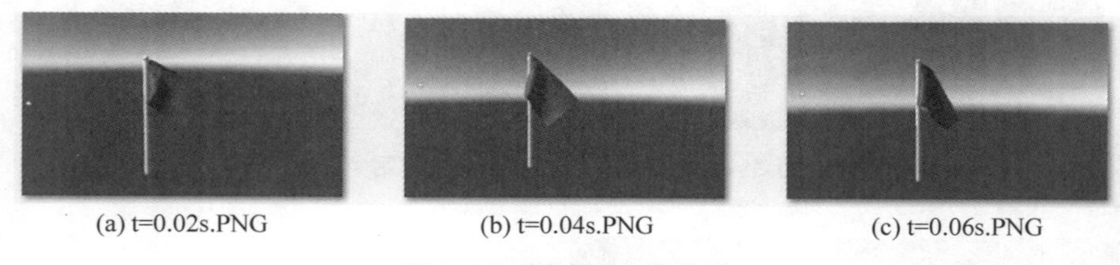

(a) t=0.02s.PNG (b) t=0.04s.PNG (c) t=0.06s.PNG

图 3-44 飘动的红旗效果

3.6 本章小结

虚拟现实世界如同现实世界，元素非常繁多，包括地面、树木、花草、天空、水流等，这些资源都包含在 Unity3D 引擎的标准资源包中。音效系统能够增加虚拟现实世界的沉浸感，使得场景更加真实。

本章主要介绍使用 Unity3D 引擎的标准资源包添加和编辑地面、树木、花草、天空、水流等元素的方法，并介绍了 Unity3D 引擎的音效系统，需要掌握设置循环播放背景音乐和临时播放短音效的方法。背景音乐一般要求循环播放，临时播放短音效(如放下物体的碰撞声、人物的讲话等)可以通过 Resources 加载音乐的方式进行播放和控制。

习题3

1. 使用Unity3D引擎创建一个南方热带雨林场景，场景中应该包含大量的水流、南方植被、动物叫声等元素。

2. 解释Prefab（预制件）的含义，简述Prefab的用处，列出在Unity3D引擎创建Prefab的步骤和方法。

3. 什么是第一人称视角？它与第三人称视角有什么不同？

4. 列出Unity标准资源包中包含的资源（至少列出5种）。每种资源包含哪些内容？如何导入自定义资源包？

5. Unity3D引擎提供音效系统实现音乐的播放，列出Unity3D引擎支持的音乐格式。

第4章

基于 HTC VIVE 的虚拟现实漫游

本章学习目标

- 了解 HTC VIVE 虚拟现实设备的基本情况，包括 HTC VIVE 简介和系统要求。
- 掌握 HTC VIVE 的硬件安装、部署步骤和软件配置等。
- 熟练掌握 SteamVR Plugin、FBX 格式模型的导入方法。
- 熟练掌握[CameraRig]预制件的使用方法。

HTC VIVE 是支撑虚拟现实的硬件设备，本书基于此设备介绍开发虚拟现实的基础知识、步骤和方法。漫游是虚拟现实软件最基本的功能，本章所要介绍的虚拟现实漫游是指允许用户在虚拟现实环境中通过转身、抬头、低头和短距离移动等动作观察周围的环境。通过使用 Unity 编辑器，利用 3ds Max 或 Maya 制作完成的三维古建筑模型和 Unity3D 引擎的 SteamVR Plugin 插件，基于 HTC VIVE 虚拟现实设备实现虚拟现实漫游系统的设计与制作，实现漫游效果如图 4-1 所示。

图 4-1 使用虚拟现实设备 HTC VIVE 实现漫游效果

本章首先介绍 HTC VIVE 虚拟安装现实设备的发展和系统要求；其次介绍 HTC VIVE 的硬件部署和软件安装等操作，重点介绍 SteamVR Plugin 插件、FBX 格式模型的导入方法；最后介绍[CameraRig]预制件的使用方法。最终通过实例展示搭建一个虚拟现实漫游系统的操作步骤。

4.1 HTC VIVE

4.1.1 HTC VIVE 简介

通过 HTC VIVE 官网可以了解关于 HTC VIVE 的相关产品、体验、博客、服务、订购方式、软件下载方式等信息。现在 HTC VIVE 有 3 个版本，分别是 HTC VIVE Pro、HTC VIVE 和 HTC VIVE Focus。其中，HTC VIVE Focus 为一体机版本，一体机不需要计算机支持，只有一个头盔就可以提供高级体验效果，相比 HTC VIVE，一体机更加简便灵活，方便携带和体验；虽然 VIVE 需要计算机渲染，但它仍然是体验效果最佳的虚拟现实设备之一。HTC 为用户提供了 Vive Studios 和 Viveport 平台，帮助用户获取优质 VR 内容，在平台上能够找到医疗、教育、游戏、通信、设计、电影、房地产、零售、直播和主题公园等相关的 VR 内容。博客中发表的文章是行业中关于 HTC VIVE 的新闻、活动报道和产品发布等内容。服务中提供了 HTC VIVE 部署、安装和使用的相关教程和问题解答。

HTC 公司参加在法国巴黎举办的 Paris Games Week 2015 并展出了 HTC VIVE，获得最佳配件大奖。HTC VIVE Pre 于 2016 年 CES 国际消费性电子展展示后，被国际知名 Android 专业评论网站 Android Authority 评选为 CES 2016 最佳展品，如图 4-2 所示。HTC VIVE 是由 HTC 公司和 VALVE 公司合作推出的一款 VR 头戴式显示器，屏幕刷新率为 90Hz，搭配两个无线控制器，并具备手势追踪功能，包含一个头戴式显示器、两个单手持控制器(手柄)、一个能于空间内同时追踪显示器与控制器的定位系统(包含两个基站和位置计算系统)。

图 4-2　HTC VIVE Pre 被评选为 CES 2016 最佳展品

HTC VIVE 是虚拟现实设备中体验效果最好的设备之一。头戴式显示器具有房间规模的追踪功能，能够追踪用户在 3D 空间中的位置，两个手柄能够与周围环境进行交互。

4.1.2 HTC VIVE 系统要求

很多人都会问，支持 HTC VIVE 虚拟现实设备的计算机最低的系统要求是什么？若要使用 HTC VIVE，计算机必须满足 HTC VIVE 设备运行的最低系统要求如下。

（1）GPU：NVIDIA GeForce GTX 970、AMD Radeon 290 同等或更高配置。

（2）CPU：Intel Core i5-4590/AMD FX 8350 同等或更高配置。

（3）RAM：4GB 或以上。

（4）视频输出：HDMI 1.4、DisplayPort 1.2 或以上。

（5）USB 端口：1 个 USB 2.0 或以上端口。

（6）操作系统：Windows 7SP1、Windows 8.1、Windows 10 等。

4.1.3 HTC VIVE 硬件部署

首先要确认 HTC VIVE 设备硬件是否齐全，一台完整的 HTC VIVE 应包含以下硬件，如图 4-3 所示。

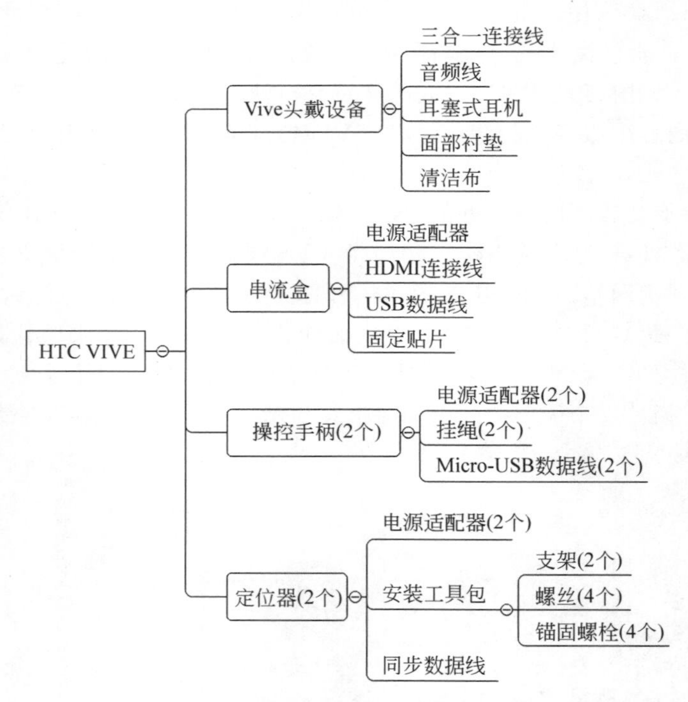

图 4-3　HTC VIVE 设备包含的硬件

对 HTC VIVE 全套设备进行规划和部署分为 3 个步骤，分别是规划选择游玩区、安装定位器和连接头戴式显示器。

1. 规划选择游玩区

游玩区是指已设定的 HTC VIVE 可达的物理空间，用户与虚拟现实场景中物体的互动都将在游玩区中进行，可以将游玩区设置在客厅、实验室或者办公室等区域。根据房间的空间大小，房间设置模式分为房间规模设置和仅站立两种：如果可行动空间不小于

$3m^2$(2m×1.5m),则可选择房间规模设置模式;如果可行动空间有限,则选择仅站立模式。

确定游玩区空间后,为获得最佳效果,还需要做以下操作。

(1) 将家具和宠物等所有障碍物移出游玩区。

(2) 将计算机放置在游玩区附近。头戴式显示器线缆可从计算机延伸约 5m。

(3) 确保定位器安装位置附近有电源插座。

(4) 勿让头戴式显示器暴露于阳光直射下,因为这可能会损坏头戴式显示器显示屏。

2. 安装定位器

整理好房间后,开始安装定位器,定位器可以安装在三脚架上,也可以固定在墙上,根据具体情况而定。

为获得最佳效果,应遵循下列建议安装提示。

(1) 将定位器安装在对角,高于用户头部的位置,最好在 2m 以上。

(2) 将定位器固定于不易被碰撞或移动的位置。

(3) 每个定位器的视场为 120°,建议向下倾斜 30°~45°安装,以完整覆盖游玩区。

(4) 为能获得最佳的追踪效果,需要确保两个定位器之间的距离不超过 5m。

3. 连接头戴式显示器

头戴式显示器与计算机的连接务必正确,否则设备无法运行,连接方式如图 4-4 所示。

(1) 将电源适配器连接线连接到串流盒对应的端口,然后将另一端插入电源插座,开启串流盒。

(2) 将 HDMI 连接线插入串流盒上的 HDMI 端口,然后将另一端插入计算机显卡上的 HDMI 端口。

(3) 将 USB 数据线插入串流盒上的 USB 端口,然后将另一端插入计算机的 USB 端口。

(4) 将头戴式显示器三合一连接线(HDMI、USB 和电源)对准串流盒上的橙色面,然后插入。

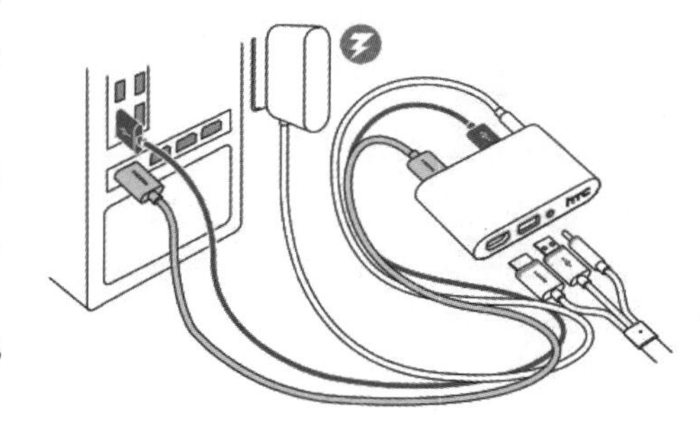

图 4-4　连接头戴式显示器

(5) 要将串流盒固定于某处,可撕掉固定在贴片上的贴纸,再将黏性一面牢牢贴于串流盒底部,将串流盒固定到所需的区域。

手柄控制器在整个 HTC VIVE 设备中具有非常重要的作用,两个手柄控制器相当于用户在虚拟现实空间中的双手,负责用户的一切互动和输入。手柄控制器组成如图 4-5 所示。

4.1.4 HTC VIVE 软件安装

在 HTC VIVE 的官方网站下载在线安装软件,安装文件名称为 ViveSetup,安装方式较为简单,用户按照软件安装提示一步一步安装即可,详细安装步骤这里不再一一赘述。

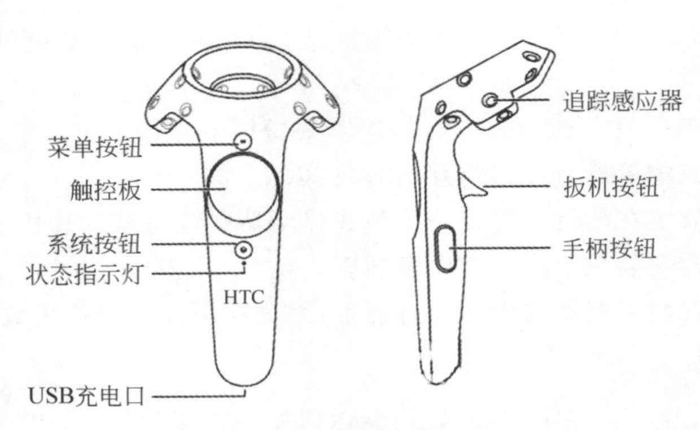

图 4-5 手柄控制器组成

使用在线安装客户端 ViveSetup 安装完成后，会发现安装成功了两个软件：一个软件是 SteamVR，它是显示 HTC VIVE 硬件设备运行状态的软件；另一个软件是 Viveport，它是一个资源平台，提供虚拟现实游戏、应用和 360°视频等供用户下载和购买。

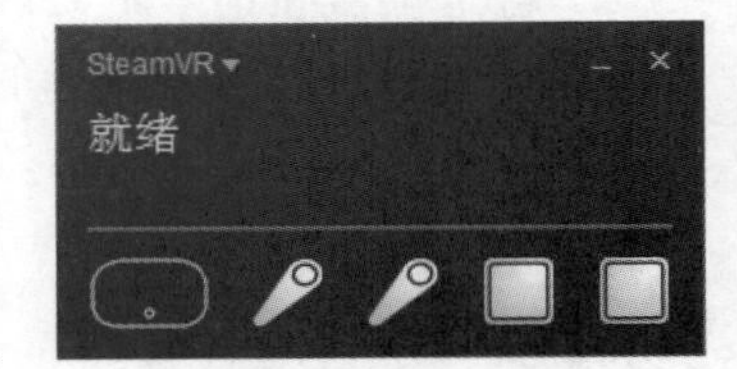

图 4-6 SteamVR 软件正常工作状态

1. SteamVR 软件

打开 SteamVR 软件，如果看到界面如图 4-6 所示，5 个设备符号全部变为绿色，则表示安装成功。单击界面中的 SteamVR，在弹出的下拉菜单中单击“运行房间设置”按钮，按照软件提示进行房间规模设置，根据房间大小选择房间规模设置或仅站立模式。

2. Viveport 软件平台

Viveport 是一个资源平台，提供虚拟现实游戏、应用和 360°视频等供用户下载和购买，如图 4-7 所示，平台上有大量免费和付费资源，用户可通过搜索的方式查找需要的资源下载或购买。

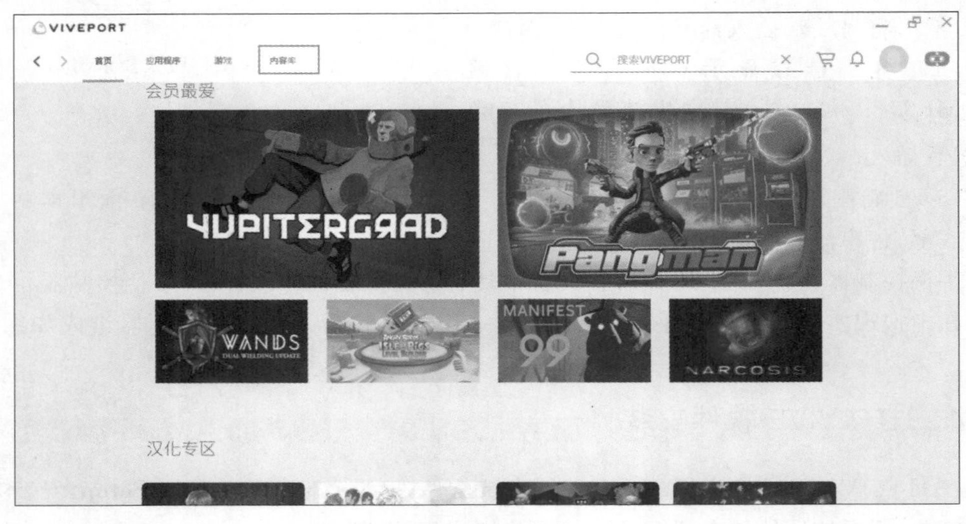

图 4-7 Viveport 软件平台

用户可以浏览各种虚拟现实游戏、应用和 360°视频等资源，选择资源进行下载，下载后的资源全部存储在“内容库”界面，单击“内容库”选项卡即可进入“内容库”界面，如图 4-8 所示，双击选择游戏或应用进行体验。

图 4-8　Viveport 软件平台提供的内容库界面

4.2　虚拟现实漫游

硬件部署和软件安装完成后，就可以使用 Unity3D 引擎进行虚拟现实项目的开发了。

4.2.1　SteamVR Plugin

Unity3D 引擎以其插件(Plugin)丰富而著称，拥有各种各样满足各种功能的插件，其中，SteamVR Plugin 是 Valve 公司为虚拟现实设备 HTC VIVE 项目开发专门提供的免费插件，它是连接 Unity3D 引擎和 HTC VIVE 虚拟现实设备的桥梁。所以，开启 Unity3D 引擎开发虚拟现实项目的第一个工作就是安装 SteamVR Plugin，安装的具体方法：在 Unity 编辑器中选择 Asset Store 选项卡，在弹出页面的搜索框中输入 SteamVR 进行搜索，选择搜索结果列表中的第一个插件 SteamVR Plugin，如图 4-9 所示。

单击 SteamVR Plugin 后，弹出“SteamVR Plugin 安装协议”对话框，如图 4-10 所示，在对话框中单击 Accept 按钮，表示同意使用此插件的相关协议，Unity 编辑器中弹出导入资源界面，如图 4-11 所示，界面中已经默认选择了与 SteamVR Plugin 相关的所有资源，如果有些资源在开发中用不到，则可以取消勾选对应的复选框，此处默认全选即可，然后单击 Import 按钮，导入相关资源。

导入 SteamVR Plugin 完成后，会在 Unity 编辑器的项目视图中生成文件夹 SteamVR，如图 4-12 所示，后续开发使用到的组件都能在此文件夹中找到。

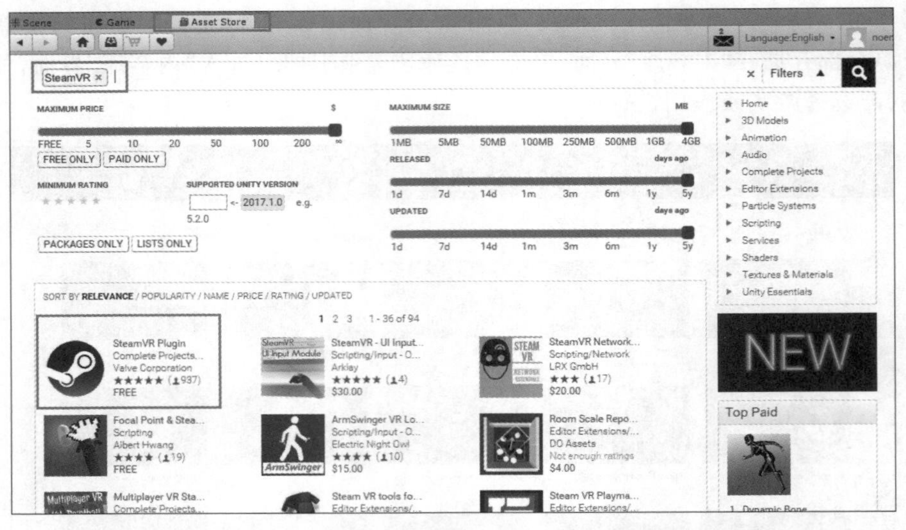

图 4-9　Asset Store 面板中搜索 SteamVR Plugin 插件示意图

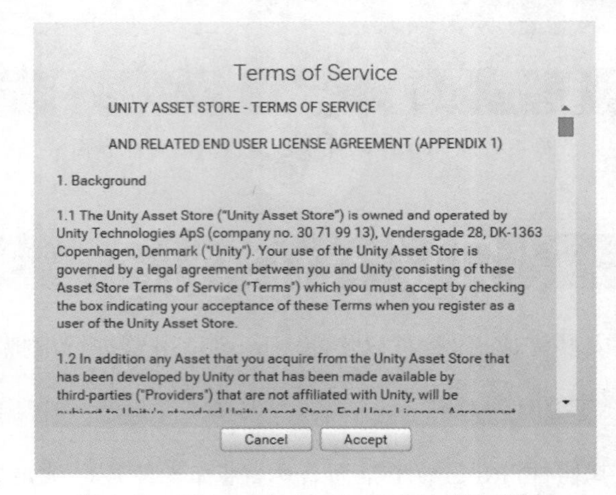

图 4-10　“SteamVR Plugin 安装协议”对话框

图 4-11　SteamVR Plugin 插件导入资源界面

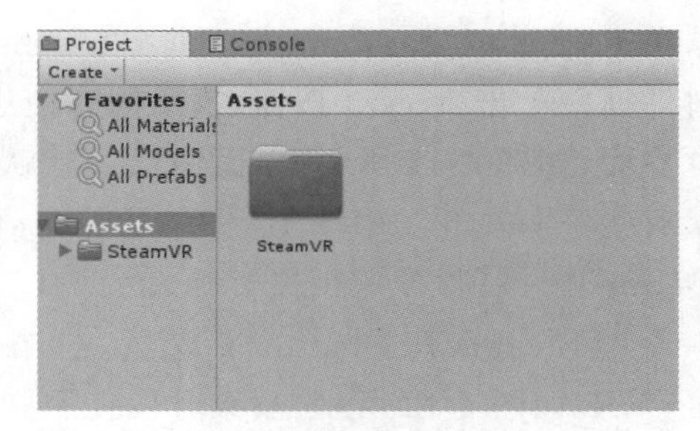

图 4-12　项目视图中生成文件夹 SteamVR

4.2.2　古建筑模型

不管是 Maya 软件还是 3ds Max 软件，都支持导入导出 FBX 格式的模型文件。FBX 格式的模型文件，从模型制作软件中导出时，可选择二进制或 ASCII 的方式进行数据存储。二进制是 FBX 文件的常规格式；ASCII 提供了纯文本版的文件格式，使用这种格式方便搜索文件进行信息检索。

在 Maya 软件(本书中使用的版本为 Autodesk Maya 2016)中创建的古建筑模型，如图 4-13 所示。为了在 Unity 编辑器中使用，需要将模型从 Maya 软件中导出，导出方法为依次选择 file→export selection 命令，弹出“导出当前选择”对话框，选择文件类型为 FBX export，设置导出文件的存储位置，并将导出文件命名为 OldPalace，选择单击“导出当前选择”按钮，如图 4-14 所示，导出文件成功，可在设定的文件存储位置找到该文件 OldPalace.FBX。

图 4-13　在 Maya 软件中创建的古建筑模型

虚拟现实项目的一般开发流程是先在建模软件中建好模型，再导入虚拟现实开发引擎中使用，Maya 和 3ds Max 是 Autodesk 公司提供的两个常用的建模软件，虚拟现实中使用的 FBX 格式文件大多数是从这两个软件中导出的，虚拟现实引擎 Unity3D 和 Unreal Engine4 都支持 FBX 格式文件的导入，FBX 格式文件的导入导出非常方便。

如何将 FBX 格式的文件导入 Unity3D 引擎供项目开发使用呢？

Unity3D 引擎导入 FBX 格式文件的方法有两种：第一种是在项目视图中右击，在弹出快捷菜单中选择 Import New Asset 命令，在弹出的“文件选择”对话框中选择要导入的文件，为了避免导入 FBX 格式文件无贴图的情况，在导入 FBX 格式文件时最好连同贴图文件一起导入；第二种方法最为直接，先在计算机上找到所要导入的文件，单击或框选的方式选择文件，再直接将文件拖入 Unity3D 引擎的项目视图中即可导入。

因为 Maya/3ds Max 与 Unity3D 引擎中的模型度量单位不同，所以在 FBX 格式文件

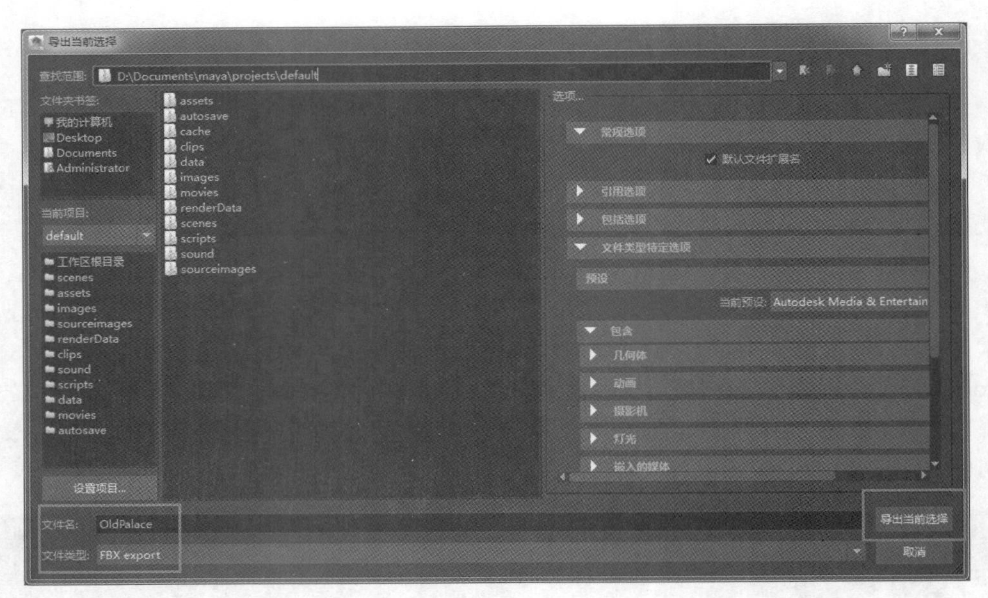

图 4-14　在 Maya 软件中导出 FBX 格式古建筑模型

导入 Unity3D 后需要进行模型大小的调整。FBX 格式文件导入项目视图成功后，在 Unity3D 引擎中单击或框选的方式选择文件，将文件拖入场景视图或层次视图中，将 FBX 格式文件导入虚拟现实场景中。然后修改 FBX 格式文件比例，将 FBX 格式文件的属性面板中 Transform 模块 Scale 的 X、Y 和 Z 3 个参数的值全部设置为 10，将模型的大小放大 10 倍，如图 4-15 所示，放大或缩小的倍数可根据模型大小确定，总之使得模型在场景视图中的显示比例符合要求即可。

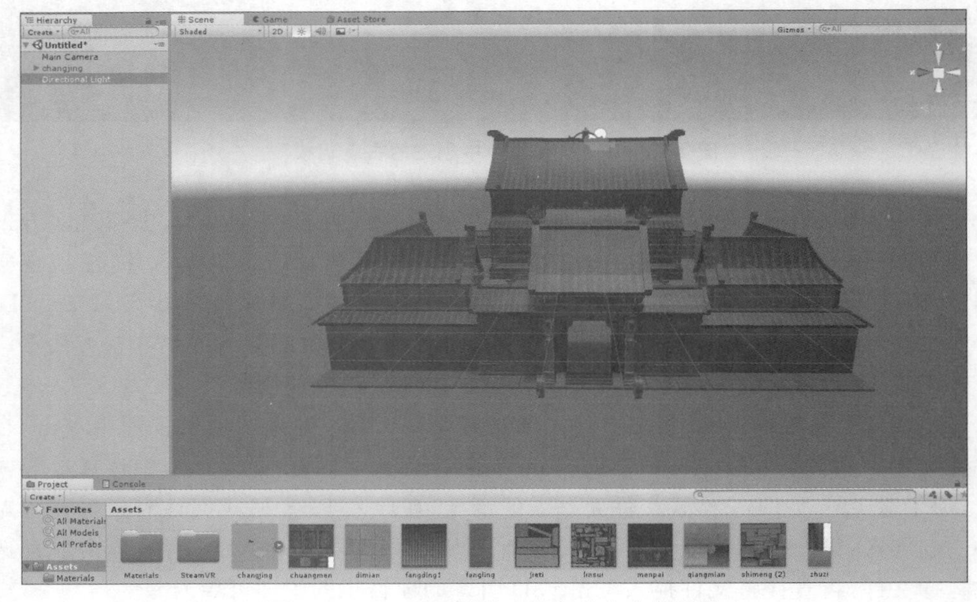

图 4-15　Unity3D 引擎中导入的古建筑模型

4.2.3 SteamVR

在介绍 SteamVR 前，先介绍一下 Steam 平台，它是由被 HTC 公司收购的游戏公司 Valve 所开发的游戏内容平台。相信很多爱玩游戏的用户都接触过 Steam 平台。Valve 公司是一个非常有战略远见的虚拟现实科技公司，将 OpenVR 和 Steam 平台结合在一起开发出了 SteamVR，这是一个非常有远见的战略，未来虚拟现实行业的竞争一定是 VR 内容平台的竞争。

OpenVR 由原来的 SteamWorks 更新而来，是 VR 硬件和软件之间的桥梁，是开发者的应用程序接口（API）。OpenVR 新增了对 HTC VIVE 开发者版本的支持，也包含对 SteamVR 的控制器及定位器设备的支持。

SteamVR 是连接 Unity3D 引擎和 HTC VIVE 虚拟现实设备的桥梁，在 Unity3D 引擎中使用 SteamVR 提供的 Prefabs 可以方便地获取 HTC VIVE 头戴式显示器和两个手柄的信息，方便地对 HTC VIVE 头戴式显示器和两个手柄的参数进行设置。

将 SteamVR Plugin 插件导入 Unity3D 引擎后，会在项目视图中生成 SteamVR 文件夹，它包含 Prefabs、Scenes 等子文件夹，如图 4-16 所示。

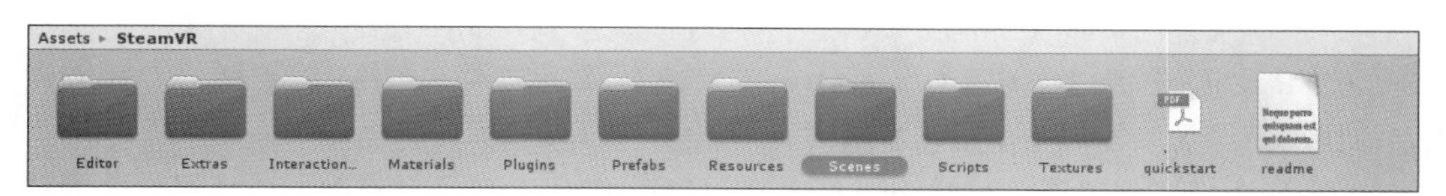

图 4-16　项目视图中 SteamVR 文件夹

在虚拟现实开发中，经常使用的是 Prefabs 文件夹中的预制件文件[CameraRig]，单击或框选的方式选择文件[CameraRig]，将它拖入场景视图或者层次视图中，在场景视图中通过拖曳的方式调整导入文件在场景中的位置，调整到合适的位置即可，如图 4-17 所示。

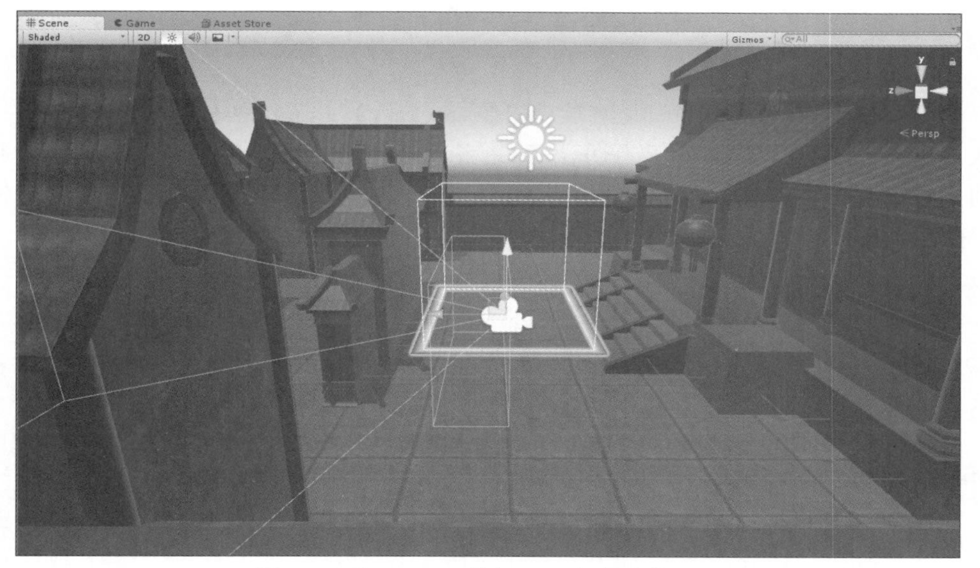

图 4-17　[CameraRig]在 Unity 场景中的位置

在层次视图中，能够看到多了一个[CameraRig]对象，它由3部分组成，分别是Camera (head)对象、Controller (left)和Controller (right)、Camera (head)对象和Camera (head)包含Camera (eye)和Camera (ears)对象。Camera (head)对象负责实时同步用户头部动作(旋转、移动等)，相当于用户在虚拟空间中的虚拟头部形象，但是在运行项目时，它就会变成灰色，意味着运行时被关闭了。Camera (eye)对象相当于用户在虚拟空间中的眼睛，即照相机Camera，负责记录用户在虚拟现实场景中看到的画面，然后输出到显示器上进行渲染。Camera (ears)对象相当于用户在虚拟现实空间中的耳朵。[CameraRig]对象是用户在虚拟现实空间中的化身，包括用户的眼睛、耳朵和双手。

Controller (left)对象是指用户左手手持的手柄控制器，相当于用户在虚拟空间中的左手；Controller (right)对象是指用户右手手持的手柄控制器，相当于用户在虚拟空间中的右手。单击层次视图中的Controller (left)、Controller (right)或Camera (head)对象，可以观察到Unity编辑器右侧属性面板中SteamVR_Tracked Object脚本，表示Controller (left)、Controller (right)或Camera (head)对象挂载了脚本SteamVR_Tracked Object，它的作用是使场景中的物体和控制器的姿态保持一致。它的使用较为灵活，利用索引来管理追踪所有的对象设备。

单击层次视图中的Camera (eye)对象，可以观察到Unity编辑器右侧属性面板中SteamVR_Camera脚本，表示Camera (eye)对象挂载了脚本SteamVR_Camera，这个脚本的作用是给场景添加一个最基本可运行的SteamVR组。

另外，在层次视图中，Controller (left)和Controller (right)对象的下面还有一个子对象Model，Model就是手柄模型，和真实的手柄一模一样，在实际的虚拟现实开发中常常把这个模型替换为人的手模型，这样更有代入感。

最后，在HTC VIVE设备运行状况良好的情况下，单击Unity3D引擎的“播放”按钮，运行项目，戴上HTC VIVE头戴式显示器，就可以在虚拟现实古建筑场景中进行漫游了。

4.3 创建虚拟现实世界

学习了HTC VIVE设备部署和软件安装，SteamVR Plugin插件的安装，古建筑模型导入导出，SteamVR等知识和操作方法后，思考如何创建一个真正的虚拟现实世界，并在里面进行漫游？本节将要学习通过使用Unity编辑器，导入已制作完成的三维古建筑模型，导入SteamVR Plugin插件，基于HTC VIVE创建虚拟现实漫游场景。具体制作步骤如下。

(1) 在Maya软件中创建一个古建筑模型，将模型导出，导出方法为依次选择file→export selection命令，弹出“导出当前选择”对话框，选择文件类型为FBX export，设置导出文件的存储位置，并将导出文件命名为OldPalace，单击“导出当前选择”按钮。

(2) 创建项目文件，将项目命名为VRWorld，设置项目的存储位置为D:\VRProjects，单击Create project按钮创建项目。

(3) 将FBX格式的OldPalace古建筑模型和它的贴图文件一并导入Unity3D编辑器；导入SteamVR Plugin插件，可从Assets Store中获取。

(4) 添加SteamVR。SteamVR能够使Unity项目与HTC VIVE设备连接并驱动，

操作方法：打开项目视图中 SteamVR 文件夹下的 Prefabs 文件夹，选择并将[CameraRig]预制件拖入场景中，调整[CameraRig]文件在场景中的位置，使得场景运行后用户能够处在合适的观察位置，删除项目文件自带照相机 Main Camera 对象，如图 4-18 所示。

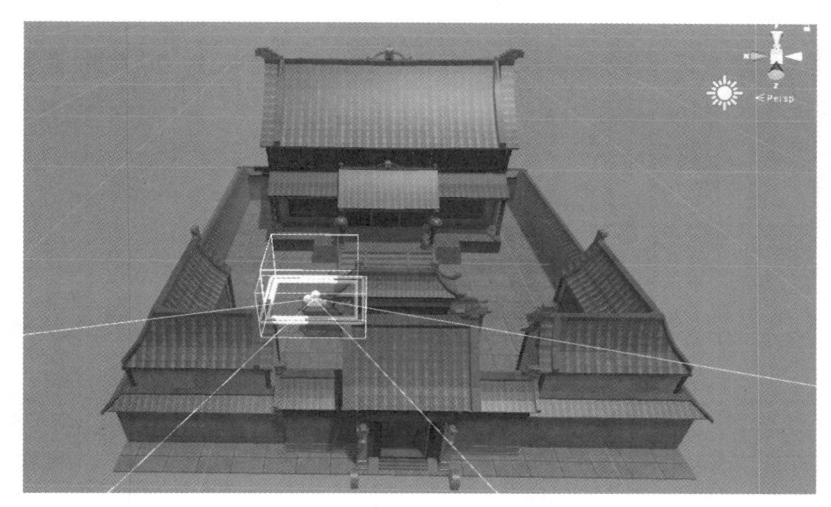

图 4-18　调整[CameraRig]对象到场景中的合适位置

(5) 运行并调试程序。单击工具栏中间位置的黑色三角形按钮，运行项目，戴上头盔，抬头、低头分别能够看到古建筑场景中的天空和地面，慢慢转动身体能够看到古建筑周围的环境。

4.4　本章小结

漫游就是允许用户在虚拟现实场景中随意观看和移动，本章所要介绍的虚拟现实漫游是指允许用户在虚拟现实环境中通过转身、抬头、低头和短距离移动等动作观察周围的环境。由于建模软件 3ds Max 或 Maya 与 Unity3D 引擎的兼容性非常好，利用 3ds Max 或 Maya 制作的模型都可以以 FBX 格式导出，并被 Unity3D 引擎导入，作为资源使用。

目前，HTC VIVE 是体验效果最好的虚拟现实设备之一。基于 HTC VIVE 开发的虚拟现实软件也越来越多，本章要掌握基于 HTC VIVE 虚拟现实设备实现虚拟现实漫游系统的设计与制作方法。

由于 HTC VIVE 的物理空间具有局限性，一般两个基站的距离为 2～5m，相对于较大的虚拟现实场景，用户移动范围较小，很难详细地观察远处的物体。

习题 4

1. 利用第 3 章建立的 3D 虚拟现实奇幻森林世界，在其基础上添加 SteamVR Plugin 插件、[CameraRig]等预制件，创建能够在奇幻森林世界进行虚拟现实漫游的应用。

2. 本章介绍了用户在虚拟现实场景中的转身、抬头、低头和短距离移动等交互方式，那么在虚拟现实场景中,用户可能的交互方式还有哪些?

3. 为了能够体验 HTC VIVE 设备 Viveport 平台上的一款虚拟现实游戏,该做哪些工作?简要说明 HTC VIVE 的硬件部署和软件安装等步骤。

4. FBX 格式是 Unity3D 引擎导入的模型文件最常见的格式之一,向 Unity 编辑器中导入 3D 模型文件,还可以是哪些格式?

5. 在较大的虚拟现实场景中,移动微小的距离很难详细观察到远处的物体,那么应该如何进行漫游?使用什么技术实现远距离漫游?

第5章

导航网格和远距传动系统

本章学习目标

- 理解远距传动的概念及其必要性。
- 掌握导航网格的概念，Unity3D引擎中导航网格、动态行进对象的创建和相关参数设置。
- 熟练掌握Vive-Teleporter远距传动系统的功能、配置、组件和使用方法。
- 理解碰撞体的概念和应用，掌握Unity3D引擎为物体添加碰撞体的方法。
- 熟练掌握基于Vive-Teleporter远距传动系统创建虚拟现实应用的步骤和方法。

虚拟现实设备的交互方式对用户体验的影响巨大。本章详细介绍HTC VIVE设备的抛物线位移系统，即远距传动系统，HTC VIVE本身的SteamVR插件带有漫游系统（见第4章），但是没有远距传动系统，由于HTC VIVE的物理空间具有局限性，一般两个基站的距离为2～5m，超出此范围的空间便不可达，所以开发远距传动系统能够扩展HTC VIVE设备的可达空间。

本章首先介绍远距传动的概念及其必要性；其次介绍如何在Unity创建导航网格和动态行进对象；再次介绍Vive-Teleporter远距传动系统的功能、配置、组件和使用方法；最后介绍碰撞体的概念和使用Unity为物体添加碰撞体的方法。最终通过实例介绍Vive-Teleporter远距传动系统创建虚拟现实应用的方法。

5.1 远距传动及其必要性探讨

本章介绍的远距传动系统是指使用HTC VIVE手柄发射一条抛物线进行跳转路线导航，使用户能够达到目标地点，是一种较为自然的人机交互方式。

5.1.1 远距传动

众所周知，利用 HTC VIVE 的定位系统，用户可以自由地在虚拟场景中行走（见第 4 章），但是如果虚拟现实中的场景比一个房间还要大，就应考虑引进远距传动机制了。例如，当用户走到房间的边缘，已经不能再往前走时，用远距传动可以大幅度改变用户所在位置和朝向，使软件得以继续运行。

远距传动是对用户在短时间内做远距离移动的行为，最简单的远距传动机制是记录手柄指向的位置，当按手柄的 Trigger 键时，将用户移动到这个位置。远距传动是在虚拟空间中通过某种操作，将用户瞬间移动到虚拟空间中用户指定的另一个地方，这个操作类似于 Steam 平台中流行的游戏 *The Lab* 中的位置移动操作。

5.1.2 远距传动的必要性

本章主要介绍远距传动系统的应用。在开始介绍实际的远距传动系统前，先探讨一下为虚拟现实应用设计远距传动系统的必要性。

假设区域 A 为物理空间，B 为虚拟场景空间，C 为经过比例映射虚拟角色可达区域，多数虚拟现实应用中 C 以外的区域是不可达的，为了能够使 C 以外的区域可达，需要使用远距传动操作将虚拟角色的位置移动到 C 以外的区域，远距传动系统就解决了可达区域扩展的问题，如图 5-1 所示。

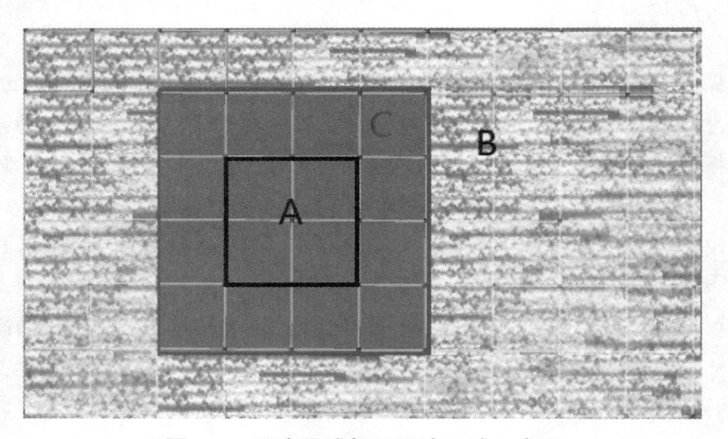

图 5-1　可达区域与不可达区域示意图

5.2 导航网格

要想实现虚拟现实软件的远距传动，需要获取地面的数据信息，导航网格就是建立地面网格数据的一种技术，本节将详细介绍 Unity3D 引擎中的导航网格的相关知识和使用方法。

5.2.1 Unity 中导航网格的概念

导航网格（NavMesh）是虚拟现实世界中用于实现动态物体自动寻路的一种技术，它将虚拟现实中复杂的结构组织关系简化为一张带有一定信息的网格，进而在这些网格的基础上通过一系列计算实现自动寻路。导航时，只需要给导航物体挂载导航组件，导航物体便会自行根据目标点寻找符合条件的路线，并沿着该线路行进到目标点。

5.2.2　创建导航网格

下面通过一个简单的案例介绍 Unity 编辑器中 NavMesh 的应用。具体制作步骤如下。

（1）创建项目文件，将项目命名为 NavigationDemo，设置项目的存储位置为 D:\VRProjects，在 Scene 中新建 3 个 Cube 对象，并将 3 个 Cube 对象分别重命名为 Cube01（平台）、Cube02（斜面）、Cube03（地面），然后利用 Toolbar（工具栏）中的平移、旋转、放缩等工具对 3 个 Cube 对象进行编辑，构造出导航网格场景，如图 5-2 所示。

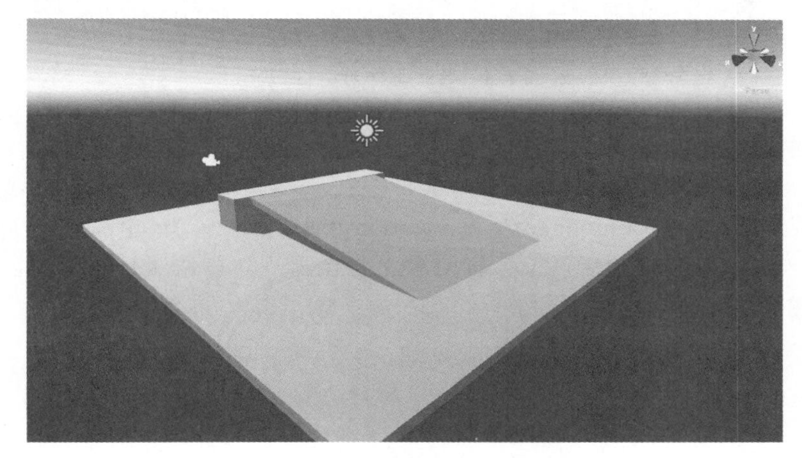

图 5-2　导航网格场景

（2）分别选中步骤（1）中创建的 3 个 Cube 对象，单击属性面板右上角 Static 项右侧的下拉按钮，在弹出的下拉列表中选中 Navigation Static 复选框，为这 3 个 Cube 对象生成导航网格，如图 5-3 所示。

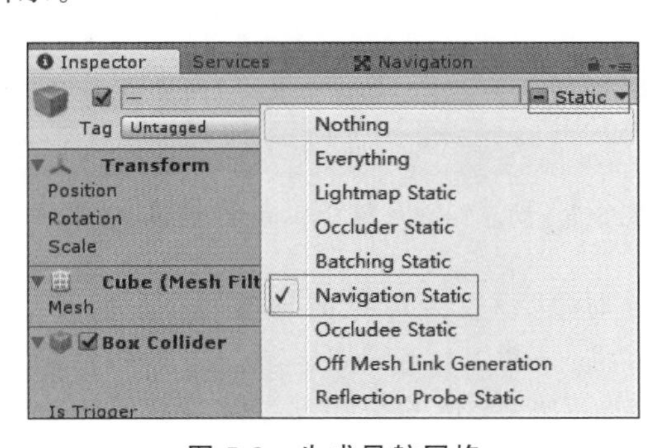

图 5-3　生成导航网格

（3）依次选择导航菜单栏 Window→Navigation 命令，弹出 Navigation 对话框，选中 Bake 选项卡，单击 Bake 按钮生成导航网格，灰色网格便是目标角色在自动寻路时的可达区域,如图 5-4 所示。

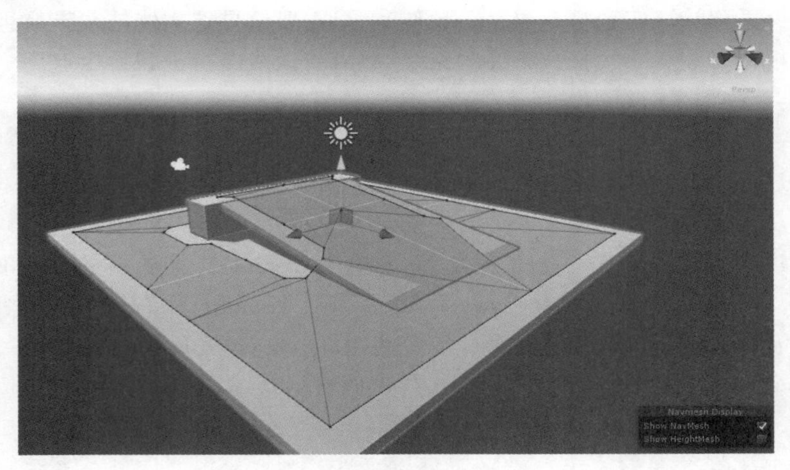

图 5-4　导航网格可达区域

(4) 导航网格生成完毕,接下来为虚拟现实场景添加一个动态行进对象,并为其添加导航组件。新建一个 Capsule(胶囊体)对象并选中,设置其 Scale 参数为(0.2,0.2,0.2),然后依次选择导航菜单栏 Component→Navigation→Nav Mesh Agent 命令,为 Capsule 对象添加导航组件。添加成功后,Capsule 对象上将会出现包围胶囊体框,调整 Capsule 对象位置,如图 5-5 所示。

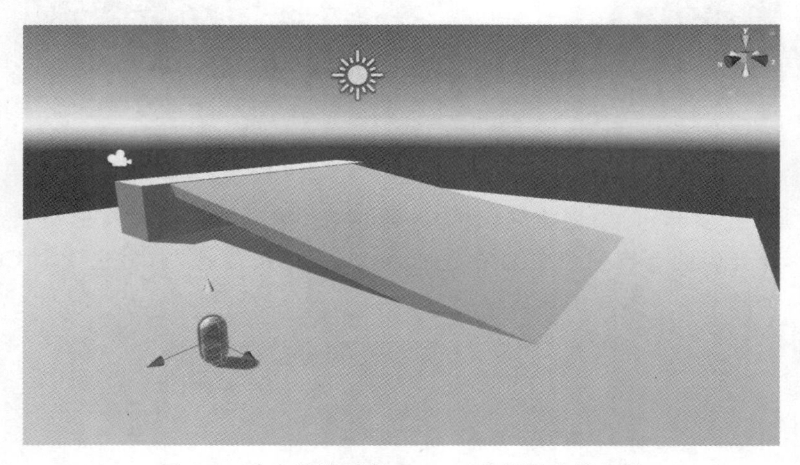

图 5-5　动态行进对象 Capsule 在场景中的位置

(5) 新建一个 Sphere 对象,设置为可见的导航目标。将该目标放置在 Cube01 方块顶部。

(6) 为 Capsule 对象编写脚本,目的是让其自动寻找 Sphere 对象目标点。依次选择导航菜单栏 Assets→Create→C# Script 命令,在项目中创建一个 C# 脚本,将其命名为 RunTest,并添加如下代码:

```
using UnityEngine;
using System.Collections;
```

```
public class RunTest: MonoBehaviour {
    public Transform TargetObject=null;
    /* 先声明一个用来存储目标物体位置、大小等信息的公共变量,在项目运行时可通过拖曳的
       方式将目标物体拖放给属性面板中的 TargetObject 参数,为其赋值 */
     void Start () {
        if(TargetObject !=null)
        {
            GetComponent< NavMeshAgent> ().destination=TargetObject.position;
            //将目标物体的位置信息赋值给 NavMeshAgent,让其以此为目标进行寻路
        }
    }
    void Update () {
        }
}
```

(7) 将该脚本拖曳到 Capsule 对象上,再将其选中,并将 Sphere 对象拖曳到属性面板中 Capsule 物体脚本组件中的 Target Object 属性上,如图 5-6 所示。

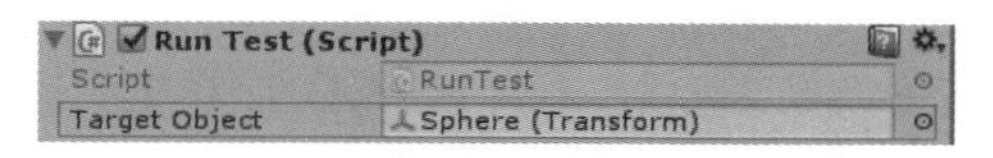

图 5-6　设置 Target Object 参数

(8) 运行并调试程序,单击工具栏中间位置的"播放"按钮,运行项目。

这样一个简单的自动寻路就完成了,如果要更精细的寻路,或要实现上坡、钻桥洞等更高级的功能,可根据下面介绍的相关参数进行调节。

5.2.3　导航网格相关参数

本节介绍 Navigation 组件和 Nav Mesh Agent 组件的相关参数。

1. Navigation

1) Object(物体)参数面板

(1) Navigation Static:是否参与导航网格的烘焙,如果复选框被选择中,表示该对象参与导航网格的烘焙。

(2) Generate OffMeshLinks:复选框被选中后可跳跃导航网格和下落。

2) Bake(烘焙)参数面板

(1) Agent Radius:具有代表性的物体的半径,半径越小生成的网格面积越大。

(2) Agent Height:具有代表性的物体的高度。

(3) Max Slope:斜坡的坡度。

(4) Step Height:台阶高度。

(5) Drop Height:允许最大的下落距离。

(6) Jump Distance:允许最大的跳跃距离。

(7) Min Region Area:网格面积小于该值则不生成导航网格。

(8) Height Mesh:复选框被选中后会保存高度信息,同时会消耗一些性能和存储

空间。

2. Nav Mesh Agent

(1) Speed：物体的行进最大速度。

(2) Augular Speed：行进过程中转向时的角速度。

(3) Acceleration：物体的行进加速度。

(4) Stopping Distance：距离目标多远时停止。

(5) Radius：物体的半径。

(6) Height：物体的高度。

(7) Quality：物体显示质量。

(8) Priority：物体躲避优先级。

(9) Auto Traverse Off Mesh Link：是否采用默认方式自动通过链接路径。

(10) Auto Repath：某些原因行进中断后是否重新开始寻路。

5.3 Vive-Teleporter 远距传动系统

Vive-Teleporter 远距传动系统是针对 HTC VIVE 和 Unity3D 引擎而设计的简单易用的开发框架，它模仿 Valve 公司的基于 HTC VIVE 的游戏 *The Lab*，使得用户可以穿过比游戏区域大的 VR 环境，如图 5-7 所示。

图 5-7 Vive-Teleporter 远距传动系统

5.3.1 Vive-Teleporter 远距传动系统解决的问题

Vive-Teleporter 远距传动系统解决了以下问题。

(1) 计算可导航空间。在虚拟现实应用体验过程中，显然不希望用户传送出边界，或者进入不透明物体内部。为了解决这个问题，Vive-Teleporter 远距传动系统使用了 Unity3D 引擎生成导航网格作为用户可以传送的边界。因为生成导航网格是 Unity3D 引擎的基础工作，所以它很稳定，可将其应用到大多数项目中。为了预加载导航网格数据，只需要在场景的任意位置添加一个 Vive Nav Mesh 组件，并且在属性面板单击 Update

Navmesh Data 按钮，这样无论什么时候更新场景都可以用新的 Navmesh 烘焙来更新 Vive Nav Mesh 组件，如图 5-8 所示。

图 5-8　导航网格数据

（2）选择远距传动目标地点。受 Valve 公司虚拟现实游戏作品 *The Lab* 的启发，Vive-Teleporter 远距传动系统通过简单的运动学方程使用了直观的抛物线选择机制。用户将手柄举到更高的角度时，选择点会生成得更远一些，如果用户将手柄举过 45°（抛物线的最大距离），角度将会锁定在那个距离。

（3）加强游戏区域表现。用户需要知道传送后的位置，所以用户位置的计算是非常有必要的，因此 Vive-Teleporter 远距传动系统实时计算抛物线与地面接触位置，并使用特殊图形和动画表示。

（4）减少不适感。类似于"眨眼"，远距传动时屏幕的淡入淡出可降低用户的疲劳和眩晕感。

为了使 Vive-Teleporter 远距传动系统设置运行需要使用 3 个对象。

（1）Vive Nav Mesh 对象控制 Unity 的 Navmesh 系统到可渲染网格的转换，它还会计算 Navmesh 的边界，所以当用户选择传送位置时可以被显示出来。

（2）Parabolic Pointer 对象生成一个指示网格并从 Vive Nav Mesh 进行采样。

（3）Vive Teleporter 对象控制实际传送机制。它从 Parabolic Pointer 对象找出指示数据，只有找到这些数据，系统才知道将用户传送到哪里。当用户决定传送时它还会平稳地淡入淡出屏幕，以防止突然的位置变化给用户带来的不适感。它还可以与 SteamVR 配合控制按钮单击事件、控制器管理、触觉反馈等，当选择传送位置后还可以显示传送区域边界。

另外，Vive Teleporter 和 Parabolic Pointer 对象都会自动添加一个 Border Renderer 对象，Border Renderer 仅生成并渲染出显示 Vive Nav Mesh 边界的网格和 SteamVR 游戏区域。

5.3.2　配置 Vive-Teleporter 远距传动系统

1. 配置 Vive Nav Mesh 对象

添加 Vive Nav Mesh 对象。可以在 Assets 文件夹中的 Vive-Teleporter/Prefabs/路

径下找到一个名称为 Navmesh 的预制件对象，将这个对象拖曳到层次视图或场景视图中，拖曳到任意位置均可，单击层次视图中的 Navmesh 对象，在 Unity 编辑器右侧观察属性面板，如图 5-9 所示。

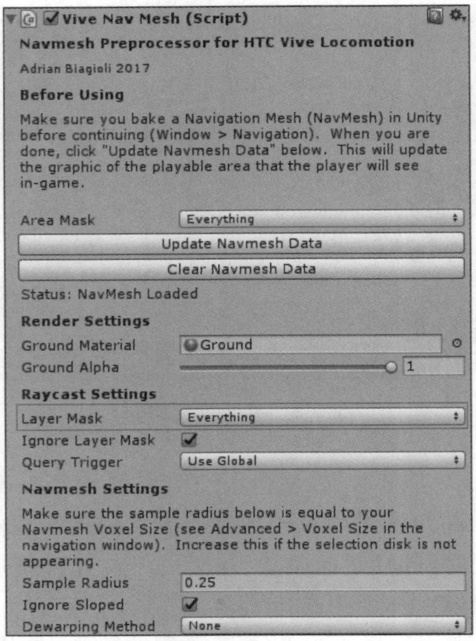

Vive Nav Mesh (Script)
Navmesh Preprocessor for HTC Vive Locomotion
Adrian Biagioli 2017
Before Using
Make sure you bake a Navigation Mesh (NavMesh) in Unity before continuing (Window > Navigation). When you are done, click "Update Navmesh Data" below. This will update the graphic of the playable area that the player will see in-game.
Area Mask　Everything
Update Navmesh Data
Clear Navmesh Data
Status: NavMesh Loaded
Render Settings
Ground Material　Ground
Ground Alpha　1
Raycast Settings
Layer Mask　Everything
Ignore Layer Mask
Query Trigger　Use Global
Navmesh Settings
Make sure the sample radius below is equal to your Navmesh Voxel Size (see Advanced > Voxel Size in the navigation window). Increase this if the selection disk is not appearing.
Sample Radius　0.25
Ignore Sloped
Dewarping Method　None

图 5-9　Vive Nav Mesh 参数设置

接下来需要在 Unity 中烘焙一个导航网格（Navigation），此操作可以在选择导航栏菜单栏 Window→Navigation 命令后的弹出窗口中完成。

这里有以下 3 点需要考虑。

（1）系统自动剔除斜坡导航网格三角形。这意味着任何没有直接面向上的部分的导航网格都会被传送系统忽略。这个现象在 VR 中是合理的，因为用户不能走上斜坡。

（2）必须在所有可传送表面使用物理碰撞体。抛物线的点使用物理射线确定用户指向。因此所有可传送表面必须有碰撞体，包括像墙这种不可传送的表面要有阻止指示。

（3）可以考虑为不可传送区域分配不同的导航区域。这个操作对于系统优化（当用户选择传送位置时系统不需要渲染巨大的预览网格）和游戏平衡（这样用户就不会传送到地图以外了）很有帮助。

烘焙完导航网格后（使用 Navigation 窗口底部的 Bake 按钮），回到之前创建的 Vive Nav Mesh 对象。如果需要确定专用的导航区域，可以通过 Area Mask 属性选择哪些区域是可传送的，再单击属性面板中的 Update Navmesh Data 按钮，就会看到导航网格显示在场景视图中。

关于 Vive Nav Mesh 对象的属性设置。

（1）Area Mask：定义 Vive-Teleporter 远距传动系统的可导航区域 Mask（遮罩），这个设置主要是为了系统优化，一旦场景中的某个物体的 Area Mask 属性设置为 non-teleportable，这个物体区域就变成了非导航区域，在渲染导航网格时就不用再去渲染此物体的导航网格，减少了渲染导航网格的面数。

(2) Render Settings。

① Ground Material：规定了在预览可导航区域时显示的材质。

② Ground Alpha：这是一个动态参数用来改变地面材料的 Alpha(透明度)值。在 Vive Teleporter 脚本设置操作中，使用这个值产生当预览用户选择一个位置进行传送时的动画。

(3) Raycast Settings。

① Layer Mask：用来遮罩被 Vive-Teleporter 远距传动系统识别的碰撞体。这个 Mask 中包含的 layers 不会被类似 Parabolic Pointer 产生的导航网格查询识别，因此，Parabolic Pointer 产生的弧线会穿过被 Layer Mask 标记的碰撞体，在某些情况下这个设置是非常有用的。例如，如果设置好的 Mask 只想让 AI 系统识别，并且不想让 Vive-Teleporter 远距传动系统识别，这种情况下 Layer Mask 设置是非常有用的。

② Ignore Layer Mask：如果设置为真，Layer Mask 中的设置是有效的；如果设置为假，则 Layer Mask 中的设置是无效的。

③ Query Trigger：决定触发碰撞是否被 Vive-Teleporter 远动传距系统识别，设置为 Use Global 表示系统可使用 Physics.queriesHitTriggers 组件。

(4) Navmesh Settings。

① Sample Radius：在使用导航网格时用来设置参数 Navmesh Voxel Size 的值。Navmesh Voxel Size 可在 Navigation 窗口中找到，Navigation 窗口的打开方式为依次选择导航菜单栏 Window→Navigation 命令，在弹出的 Navigation 窗口中选择 Bake 选项卡，再选择 Advanced 属性组，找到参数 Voxel Size。如果此属性值设置得太小，则有可能导致生成的导航网格面不准确。

② Ignore Sloped：如果设置为真，当进行导航时，Vive-Teleporter 远距传动系统会忽略场景中的斜坡，这个现象在 VR 中是合理的，因为用户不能走上斜坡。

③ Dewarping Method：在很多场景案例中，尤其是具有大量几何物体的大场景中，Unity 编辑器的导航网格将不会产生很好的效果，例如，在某些情况下，平坦的表面会出现非平面导航网格。为了避免这个问题，在导航网格预览中，可以使用 Dewarping Method 设置过滤掉 Unity 编辑器的导航网格。Dewarping Method 有 3 个值可选，分别是 None、Round to Voxel Size 和 Raycast Downward。None 表示不使用 Dewarping Method，这对于较小的场景通常是可以的。Round to Voxel Size：将预览网格中每个多边形顶点的 Y 值舍入之前定义的 Sample Radius 值；当处理导航网格时不会有额外开销，但是产生的预览导航网格会浮在地面上，Raycast Downward 是最准确的 Dewarping Method，但是当处理导航网格时会产生额外开销(例如，单击 Update Navmesh Data 按钮)，对于预览网格的每个顶点，Vive-Teleporter 远距传动系统发射一条射线投射向下，以找到每个顶点的准确位置，这种方式确保了导航网格的准确度。

2. 配置 Parabolic Pointer 对象

添加 Parabolic Pointer 对象。可以在 Assets 文件夹中 Vive-Teleporter/Prefabs/路径下找到一个名称为 Pointer 的预制件对象，将这个对象拖曳到层次视图或场景视图中，拖曳到任意位置均可，单击层次视图中的 Pointer 对象，在 Unity 编辑器右侧观察属性面板，如图 5-10 所示。

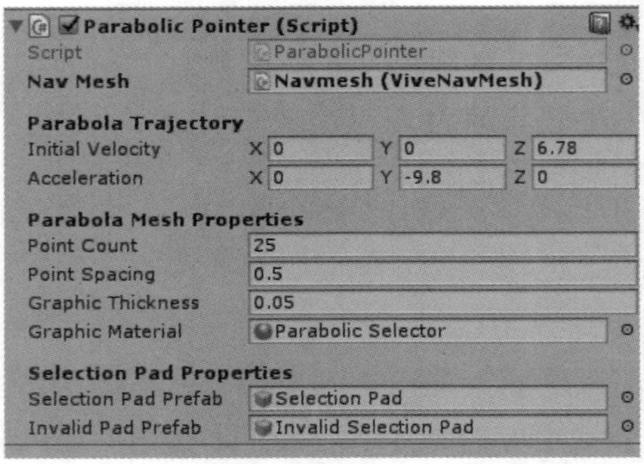

Parabolic Pointer (Script)			
Script	ParabolicPointer		
Nav Mesh	Navmesh (ViveNavMesh)		
Parabola Trajectory			
Initial Velocity	X 0	Y 0	Z 6.78
Acceleration	X 0	Y -9.8	Z 0
Parabola Mesh Properties			
Point Count	25		
Point Spacing	0.5		
Graphic Thickness	0.05		
Graphic Material	Parabolic Selector		
Selection Pad Properties			
Selection Pad Prefab	Selection Pad		
Invalid Pad Prefab	Invalid Selection Pad		

图 5-10　Parabolic Pointer 参数设置

关于 Parabolic Pointer 的属性设置。

(1) Nav Mesh：项目正在使用的导航网格(已设置，此处为层次视图中的 Navmesh 对象，即 ViveNavMesh)。

(2) Parabola Trajectory：使用这些参数设置发射抛物线的形状，增加 Initial Velocity 参数 Z 的值和 Acceleration 参数 Y 的值将会使抛物线所到达的位置更远。

(3) Parabola Mesh Properties。

① Point Count：抛物线最大点数量，增加此值会使抛物线到达更远的距离，但是会增加系统性能或渲染消耗。

② Point Spacing：抛物线上每段小曲线之间的距离。减小此值会使抛物线上小曲线之间的距离变小，使得抛物线更像一条连续的曲线，但是在 Point Count 值变的情况下，会导致抛物线的到达距离减小。

③ Graphic Thickness：抛物线的厚度。

④ Graphic Material：渲染抛物线所使用的材质。抛物线的 UV 自动配置，纹理坐标通常具有 u 和 v 两个坐标轴，它定义了贴图上每个像素点的位置的信息，这些点与抛物线是相互联系的，以决定抛物线表面纹理贴图的位置。

(4) Selection Pad Properties。

① Selection Pad Prefab：决定 Selection Pad 所使用的预制件，当用户发射一条抛物线到可导航网格区域时，会在传送目标地点位置显示 Selection Pad 预制件对象，Vive-Teleporter 远距传动系统预先设置了 Selection Pad 预制件，在项目视图中找到此预制件的路径为依次选择 Vive-Teleporter→Art→Prefabs→Selection Pad 选项。

② Invalid Pad Prefab：当用户发射一条抛物线到不可导航网格区域时，会在传送目标地点位置显示 Invalid Selection Pad 预制件对象，Vive-Teleporter 远距传动系统预先设置了 Invalid Selection Pad 预制件，在项目视图中找到此预制件的路径为依次选择 Vive-Teleporter→Art→Prefabs→ Invalid Selection Pad 选项。

3. 配置 Vive Teleporter 对象

最后需要为 SteamVR Camera 添加一个 Vive Teleporter 脚本(添加方法为依次选择导航菜单栏 Component→Vive Teleporter 命令)，这个对象是用来渲染 HTC VIVE 显示的照相机。如果是使用了 SteamVR 插件中的[CameraRig]预制件，则应该将 Vive Teleporter 脚本添加给那个预制件中的 Camera(eye)对象，参数设置如图 5-11 所示。

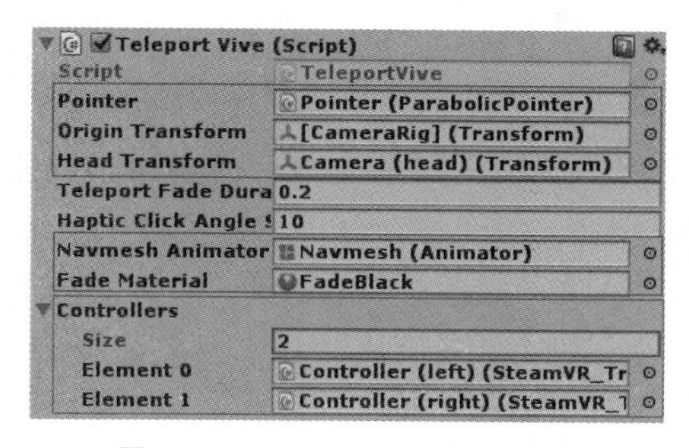

图 5-11　Teleport Vive 参数设置

为对象属性配置以下值。

(1) Pointer：设置为第(2)步创建的 Parabolic Pointer 对象。

(2) Origin Transform：设置为追踪空间的起点。如果使用了 SteamVR 插件，就是[CameraRig]游戏对象，当用户传送时这个对象是实际移动的。

(3) Head Transform：设置为用户的头部。这个应该是 Origin Transform 的子集，如果使用了 SteamVR 插件，这个是 Camera(head)游戏对象。

(4) Navmesh Animator：设置为第(1)步创建的 Vive Nav Mesh 对象的动画。

(5) Fade Material：设置为 Vive-Teleporter/Art/Materials/FadeBlack.mat 中的材质。

(6) Controllers：输入 SteamVR 控制器对象。如果使用了 SteamVR 的[CameraRig]预制件，则应该输入 Controller(left)和 Controller(right)两个对象。

5.4　碰撞体

5.4.1　Unity3D 引擎中碰撞体组件的添加与设置

碰撞体是物理组件中的一类，3D 物理组件和 2D 物理组件有独特的碰撞体组件，它要与刚体一起添加到游戏对象上才能触发碰撞。如果两个刚体相互撞在一起，除非两个对象有碰撞体时物理引擎才会计算碰撞，在物理模拟中，没有碰撞体的刚体会彼此相互穿过。

在 Unity3D 引擎中给物体添加碰撞体的一般方法：首先选中一个游戏对象，然后选择导航菜单栏 Component→Physics 命令，在弹出的菜单中选择不同的碰撞体类型，这样就在该游戏对象上添加了碰撞体组件，如图 5-12 所示。

5.4.2　Unity3D 引擎中的碰撞体种类

Unity3D 引擎为不同的模型设置了不同的碰撞体种类，Unity3D 引擎中可选择 Box Collider(盒碰撞体)、Sphere Collider(球形碰撞体)、Capsule Collider(胶囊碰撞体)、Mesh Collider(网格碰撞体)和 Wheel Collider(车轮碰撞体)等。

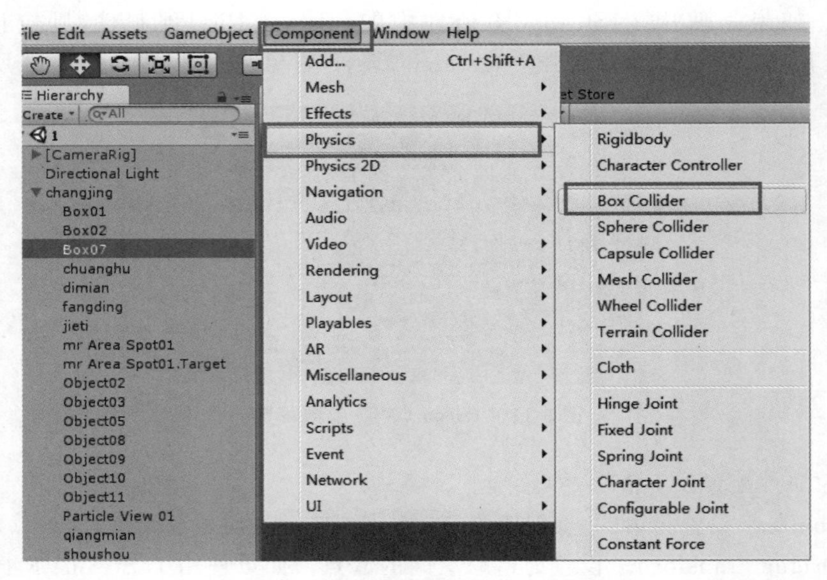

图 5-12　为游戏对象添加碰撞体组件

1. Box Collider

盒碰撞体是一个立方体外形的基本碰撞体。该碰撞体可以调整为不同大小的长方体,可用作门、墙及平台等,也可用于布娃娃的角色躯干或汽车等交通工具的外壳,当然最适合用在盒子或箱子上。

(1) Edit Collider:编辑碰撞体。单击该按钮即可在 Scene 视图中编辑碰撞体。

(2) Is Trigger:触发器。选中该项,则该碰撞体可用于触发事件,同时忽略物理碰撞。

(3) Material:材质。采用不同的物理材质类型决定了碰撞体与其他对象的交互形式,单击其右侧的按钮可弹出“物理材质选择”对话框,可为碰撞体选择一个物理材质。

(4) Center:中心。碰撞体在对象局部坐标中的位置。

(5) Size:大小。碰撞体在坐标轴上的大小。

2. Sphere Collider

球形碰撞体是一个球体外形的基本碰撞体。球形碰撞体的三维大小可以均匀地调节,但不能单独调节某个坐标轴方向的大小,该碰撞体适用于落石、乒乓球等游戏对象。

(1) Edit Collider:编辑碰撞体。单击该按钮即可在 Scene 视图中编辑碰撞体。

(2) Is Trigger:触发器。选中该项,则该碰撞体可用于触发事件,同时忽略物理碰撞。

(3) Material:材质。采用不同的物理材质类型决定了碰撞体与其他对象的交互形式,单击其右侧的按钮可弹出“物理材质选择”对话框,可为碰撞体选择一个物理材质。

(4) Center:中心。碰撞体在对象局部坐标中的位置。

(5) Radius:半径。球体碰撞体的半径。

3. Capsule Collider

胶囊碰撞体由一个圆柱体和与其相连的两个半球体组成，是一个胶囊形状的基本碰撞体。胶囊碰撞体的半径和高度都可以单独调节，可用在角色控制器或与其他不规则形状的碰撞结合使用。Unity3D 引擎中的角色控制器通常内嵌了胶囊碰撞体。

(1) Edit Collider：编辑碰撞体。单击该按钮即可在 Scene 视图中编辑碰撞体。

(2) Is Trigger：触发器。选中该项，则该碰撞体可用于触发事件，同时忽略物理碰撞。

(3) Material：材质。采用不同的物理材质类型决定了碰撞体与其他对象的交互形式，单击其右侧的按钮可弹出“物理材质选择”对话框，可为碰撞体选择物理材质。

(4) Center：中心。碰撞体在对象局部坐标中的位置。

(5) Radius：半径。用于控制碰撞体半圆的半径大小。

(6) Height：高度。用于控制碰撞体中圆柱的高度。

(7) Direction：方向。在对象的局部坐标中胶囊的纵向方向所对应的坐标轴，默认是 Y 轴。

4. Mesh Collider

网格碰撞体通过获取网格对象并在其基础上构建碰撞，与在复杂网格模型上使用基本碰撞体相比，网格碰撞体要更加精细，但会占用更多的系统资源。开启 Convex 参数的网格碰撞体才可以与其他的网格碰撞体发生碰撞。

(1) Edit Collider：编辑碰撞体。单击该按钮即可在 Scene 视图中编辑碰撞体。

(2) Is Trigger：触发器。选中该项，则该碰撞体可用于触发事件，同时忽略物理碰撞。

(3) Material：材质。采用不同的物理材质类型决定了碰撞体与其他对象的交互形式，单击其右侧的按钮可弹出“物理材质选择”对话框，可为碰撞体选择一个物理材质。

(4) Mesh：网格。获取游戏对象的网格并将其作为碰撞体。

网格碰撞体按照所附加对象的 Transform 组件属性来设置碰撞体的位置和大小比例。碰撞网格使用背面效应方式，如果一个对象与一个采用背面效应的网格在视觉上相碰撞，那么它们并不会在物理上发生碰撞。使用网格碰撞体有一些限制的条件：通常两个网格碰撞体之间并不会发生碰撞，但所有的网格碰撞体都可与基本碰撞体发生碰撞。如果碰撞体的 Convex 参数设为开启，则它也会与其他网格碰撞体发生碰撞。需要注意的是，只有当网格碰撞体的三角形数量少于 255 时，Convex 参数才会生效。

5. Wheel Collider

车轮碰撞体是一种针对地面车辆的特殊碰撞体。它有内置的碰撞检测、车轮物理系统及有滑胎摩擦的参考体。除了车轮，该碰撞体也可用于其他游戏对象。

(1) Mass：质量。用于设置车轮碰撞体的质量。

(2) Radius：半径。该于设置车轮碰撞体的半径。

(3) Wheel Damping Rate：车轮的阻尼值。用于设置车轮的阻尼率。

(4) Suspension Distance：悬挂距离。用于设置车轮碰撞体悬挂的最大伸长距离，按照局部坐标计算。悬挂总是通过其局部坐标的 Y 轴延伸。

(5) Force App Point Distance：力应用点的距离。定义车轮力作用点与车轮水平最低点之间的距离。当该参数为 0 时，车轮力将被应用于沿其父物体 Y 轴方向 Wheel Collider 的最低点上，将该点放置略低于车辆质量中心点的位置效果更好。

(6) Center：中心。用于设置车轮碰撞体在对象局部坐标的中心。

(7) Suspension Spring：悬挂弹簧。用于设置车轮碰撞体通过添加弹簧和阻尼外力使悬挂达到目标位置。

① Spring：弹簧。弹簧力度越大，悬挂到达目标位置就越快。

② Damper：阻尼器。控制悬挂的速度，数值越大悬挂弹簧移动速度越慢。

③ Target Position：目标位置。悬挂沿着其方向上静止时的距离。其值为 0 时悬挂为完全伸展状态，值为 1 时悬挂为完全压缩状态，默认值为 0，这与常规的汽车悬挂状态相匹配。

(8) Forward Friction：向前摩擦力。当车轮向前滚动时的摩擦力属性。

① Extremum Slip：滑动极值。

② Extremum Value：极限值。

③ Asymptote Slip：滑动渐进值。

④ Asymptote Value：渐进值。

⑤ Stiffness：刚性因子。极限值与渐近值的乘数(默认值为 1)，刚度变化的摩擦。设置为 0 时将禁用所有车轮摩擦。通常在运行时通过脚本修改刚度模拟各种地面材料。

(9) Sideways Friction：侧向摩擦力。当车轮侧向滚动时的摩擦力属性。

① Extremum Slip：滑动极值。

② Extremum Value：极限值。

③ Asymptote Slip：滑动渐进值。

④ Asymptote Value：渐进值。

⑤ Stiffness：刚性因子。极限值与渐近值的乘数(默认为 1)，刚度变化的摩擦。设置为 0 时将禁用所有的车轮摩擦。通常在运行时通过脚本修改刚度模拟各种地面材料。

车轮的碰撞检测是通过从局部坐标 Y 轴向上投射一条射线实现的。车轮有一个通过悬挂距离向下延伸的半径，可通过脚本中不同的属性值对车辆进行控制。这些属性值有 motorTorque(发动机转矩)、brakeTorque(制动转矩)和 steerAngle(转向角)。车轮碰撞体与物理引擎的其余部分相比，是通过一个基于滑动摩擦力的参考体单独计算摩擦力的。这会产生更真实的互动行为，但是车轮碰撞体就不受物理材质的影响了。

车轮碰撞体的设置：不需要通过调转或滚动带有车轮碰撞体的游戏对象控制车辆，因为绑定了车轮碰撞体的游戏对象相对于汽车本身是固定的。然而，若要调转或滚动车轮，最好的方法就是将车轮碰撞体与可见的车轮分开设置。

碰撞体的几何结构：由于行驶的车辆具有一定的速度，因此创建合理的赛道碰撞集合体就显得尤为重要。特别是组成不可见模型的碰撞网格不应当出现小的凹凸不平现象。一般赛道的碰撞网格可以分开制作，这样会更加平滑。

6. Terrain Collider

地形碰撞体是基于地形构建的碰撞体。

(1) Material：材质。采用不同的物理材质类型决定了碰撞体与其他对象的交互形式，单击其右侧的圆圈按钮可弹出“物理材质选择”对话框，可为碰撞体选择物理材质。

(2) Terrain Data：地形数据。采用不同的地形数据决定了地形的外观，单击其右侧的圆圈按钮可弹出“地形数据选择”对话框，可为碰撞体选择地形数据。

(3) Enable Tree Collider：开启树的碰撞体。该项若开启，将启用树的碰撞体。

5.5　创建远距传动系统应用 1

基于 Vive-Teleporter 插件，通过将远距传送功能加入 Unity3D 引擎中的虚拟现实应用中，实现用户观察位置和视角的瞬间移动，跳转到目标地点，学会使用 Vive-Teleporter 插件实现远距传动的操作方法，锻炼 Unity3D 引擎与开源插件的综合运用能力。实践是检验真理的唯一标准，根据前面学习的远距传动相关知识，下面创建一个远距传动系统应用，具体制作步骤如下。

(1) 创建项目文件，将项目命名为 TeleporterDemo，设置项目的存储位置为 D:\VRProjects，单击 Create project 按钮创建项目，如图 5-13 所示。

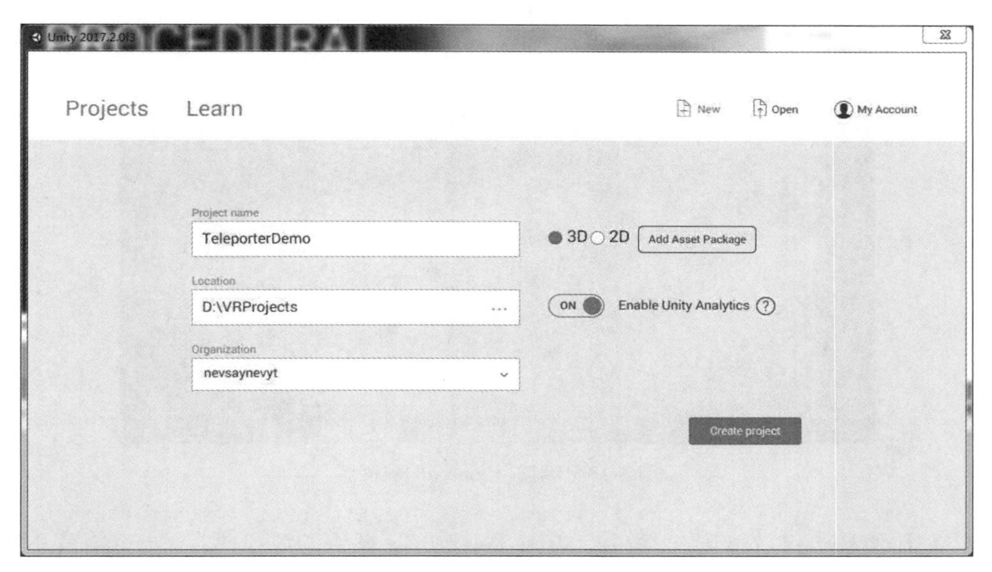

图 5-13　创建 Unity 项目

(2) 导入 SteamVR Plugin 插件到 Unity 编辑器。SteamVR Plugin 插件可从 Assets Store 中获取，在 Unity 编辑器中选择 Asset Store 选项卡，在弹出页面的搜索框中输入 SteamVR 进行搜索，选择搜索结果列表中的第一个插件 SteamVR Plugin，导入 SteamVR Plugin 插件。

(3) 使用 Cube 对象制作地面、墙体等物体，创建 Cube 对象的方法为依次选择导航菜单栏 GameObject→3D Object→Cube 命令，单击其中的三维物体，通过平移、旋转和放缩等操作创建场景，如图 5-14 所示。

(4) 添加 SteamVR。SteamVR 能够使 Unity3D 引擎开发的项目与 HTC VIVE 设备连接并驱动，删除项目文件自带照相机 Main Camera，使用单击或框选的方式选择文件

图 5-14　创建场景

[CameraRig],将它拖入场景视图或者层次视图中,然后在场景视图中通过拖曳的方式调整导入文件在场景中的合适位置,如图 5-15 所示。

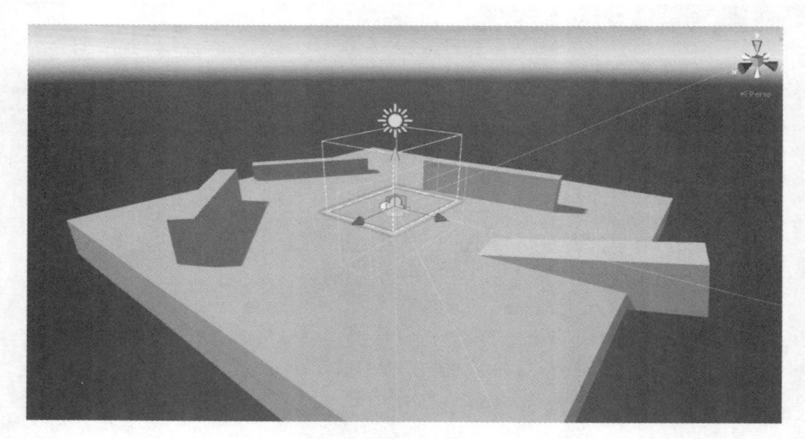

图 5-15　调整[CameraRig]位置

(5) 下载 Vive-Teleporter 插件。Vive-Teleporter 插件的源代码存储于 GitHub 网站上,下载并解压文件,选择 Vive-Teleporter(文件路径为依次选择 Vive-Teleporter-master→Assets→Vive-Teleporter 选项),将其拖入 Unity3D 引擎项目的项目视图,如图 5-16 所示。

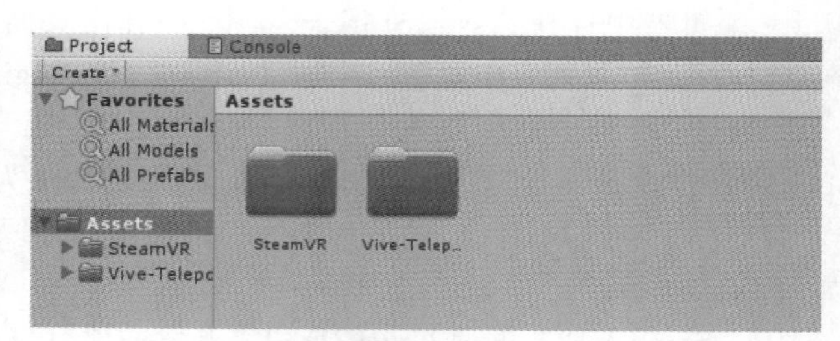

图 5-16　项目视图中的 Vive-Teleporter 插件

(6) 项目视图中，找到 Prefabs 文件夹(路径为依次选择 Vive-Teleporter→Prefabs)，将 Prefabs 文件夹下的 Pointer 和 Navmesh 两个预制件拖入层次视图，如图 5-17 所示。

(7) 项目视图中找到 Scripts 文件夹(路径为依次选择 Vive-Teleporter→Scripts 选项)，将文件夹下的 BorderRenderer 和 TeleportVive 两个脚本文件全部拖曳给 Camera(eye)对象，Camera(eye)的找到方法：在层次视图中依次选择[CameraRig]→Camera(head)→Camera(eye)选项。

(8) 单击 Camera(eye)对象，Unity 编辑器右侧属性面板中注意到拖入后的 TeleportVive 脚本，将层次视图中的 Pointer 赋给 Pointer，将[CameraRig]赋给 Origin Transform，将 Camera(head)赋给 Head Transform，Navmesh 赋给 Navmesh Animater 选项，项目视图中找到 FadeBlack 材质(路径为依次选择 Vive-Teleporter→Art/Materials 选项)，将 FadeBlack 赋给 Fade Material，如图 5-18 所示。

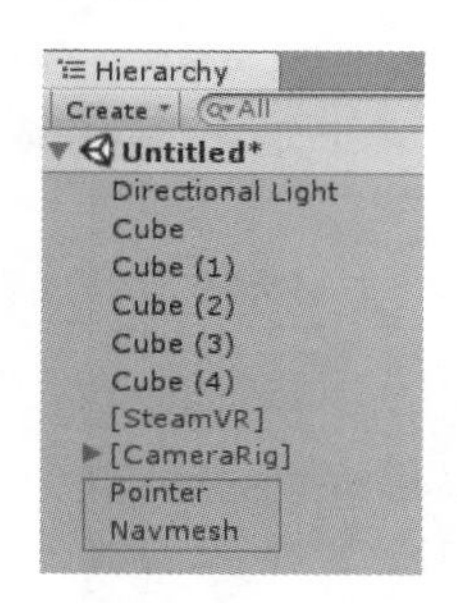

图 5-17　Pointer 和 Navmesh 预制件

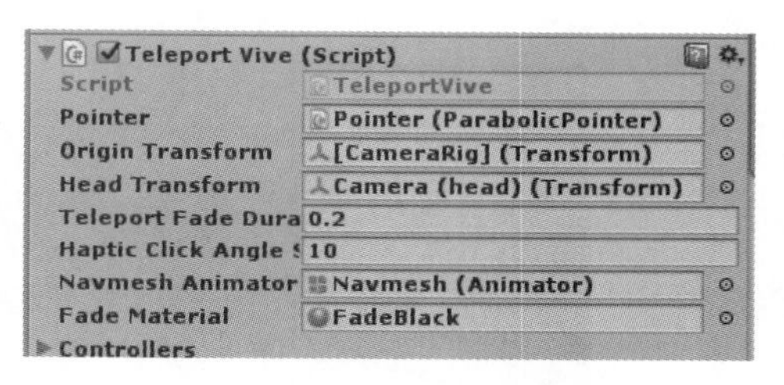

图 5-18　Teleport Vive 脚本参数设置

(9) 单击层次视图中的 Pointer 对象，注意到 Unity 编辑器右侧属性面板，将层次视图中的 Navmesh 对象拖入属性 Nav Mesh，如图 5-19 所示。

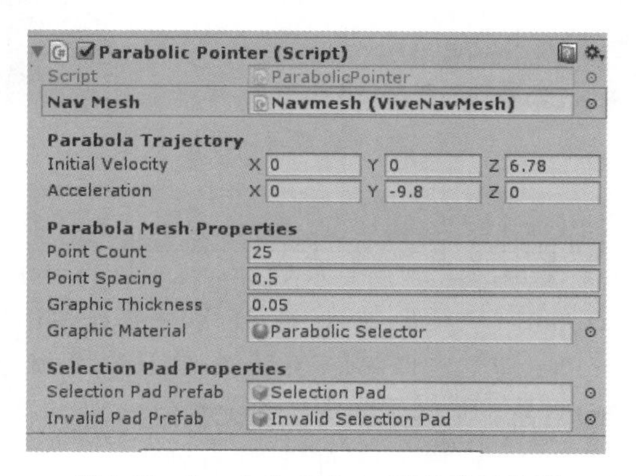

图 5-19　Parabolic Pointer 对象参数设置

(10) 烘焙导航网格。选择场景中的地面对象，在 Navigation 属性面板(依次选择导航菜单栏 Window→Navigation 命令)中的 Object 选项卡中选中 Navigation Static 复选框，如图 5-20 所示，此时弹出“保存场景”对话框，可将场景命名为 TeleporterScene，然后选择保存；在 Bake 选项卡中设置参数，单击 Bake 按钮完成烘焙，如图 5-21 所示，烘焙之后在场景中生成导航网格，如图 5-22 所示。

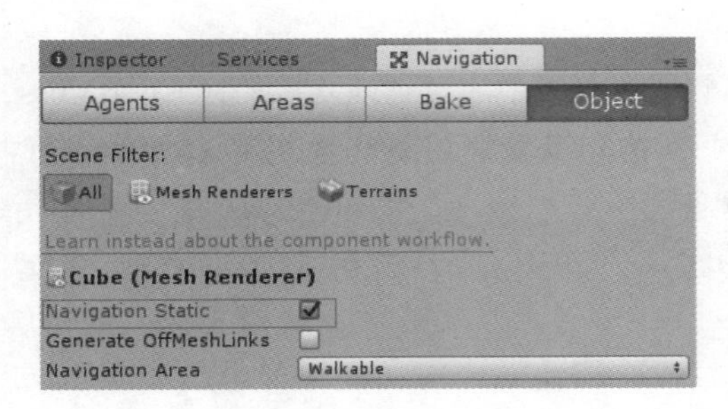

图 5-20　选中 Navigation Static 复选框

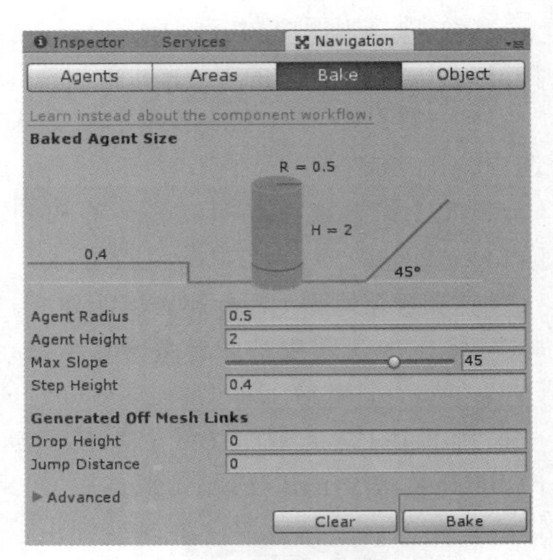

图 5-21　单击 Bake 按钮完成烘焙

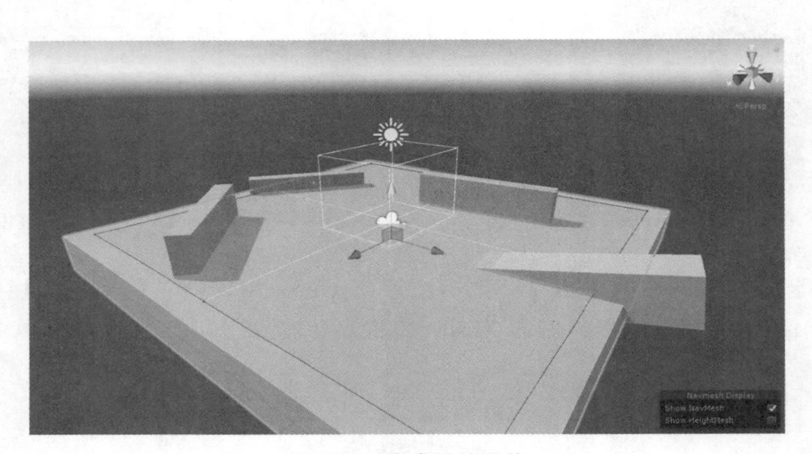

图 5-22　生成导航网格

(11) 将 Steam VR_Tracked Controller 脚本文件分别附加在 Controller(left)和 Controller(right)对象上。单击层次视图中的 Controller(left)对象，在 Unity 编辑器右侧属性面板中单击 Add Component 按钮，输入 Steam VR_Tracked Controller 文件名，选择 Steam VR_Tracked Controller 脚本文件，为 Controller(left)对象添加脚本成功，如图 5-23 所示，为 Controller(right)对象添加脚本的方法与此类似。

(12) 单击层次视图中的 Camera(eye)对象，注意到 Unity 编辑器右侧属性面板上的 Teleport Vive 脚本，设置 Controllers 属性的 Size 为 2，然后将鼠标定位在数值 2 的文本框中，在此位置按 Enter 键，生成两个 Element 对象，分别为 Element0 和 Element1，再分别将 Controller(left)和 Controller(right)对象拖曳给这两个 Element，如图 5-24 所示。

(13) 运行并调试程序。在 HTC VIVE 设备运行状况良好的情况下，单击 Unity3D 引擎的“播放”按钮，运行项目，戴上 HTC VIVE 头盔，拿起手柄，进行虚拟现实远距传动体验，如图 5-25 所示。

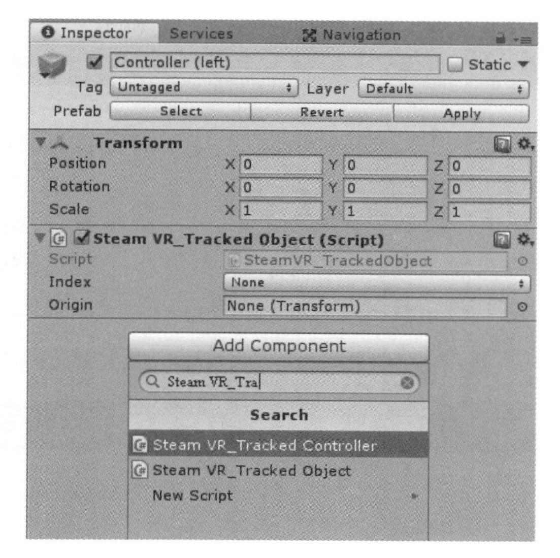

图 5-23　添加 Steam VR_Tracked Controller 脚本

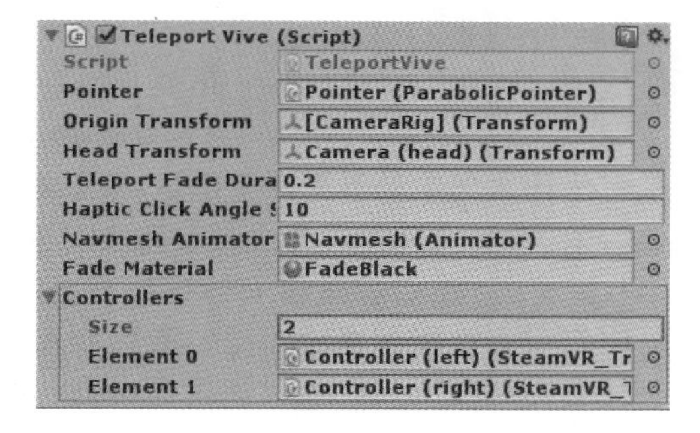

图 5-24　Controllers 属性设置

图 5-25　远距传动系统应用示意图

5.6 创建远距传动系统应用 2

基于第 3 章创建的 VR 奇幻森林世界场景,制作远距传动系统应用,具体步骤如下。

(1) 将 SteamVR Plugin 插件导入 Unity 编辑器。SteamVR Plugin 插件可从 Assets Store 选项卡中获取,在 Unity 编辑器中选择 Asset Store 选项卡,在弹出页面的搜索框中输入 SteamVR 进行搜索,选择搜索结果列表中的第一个插件 SteamVR Plugin,导入 SteamVR Plugin 插件,如图 5-26 所示。

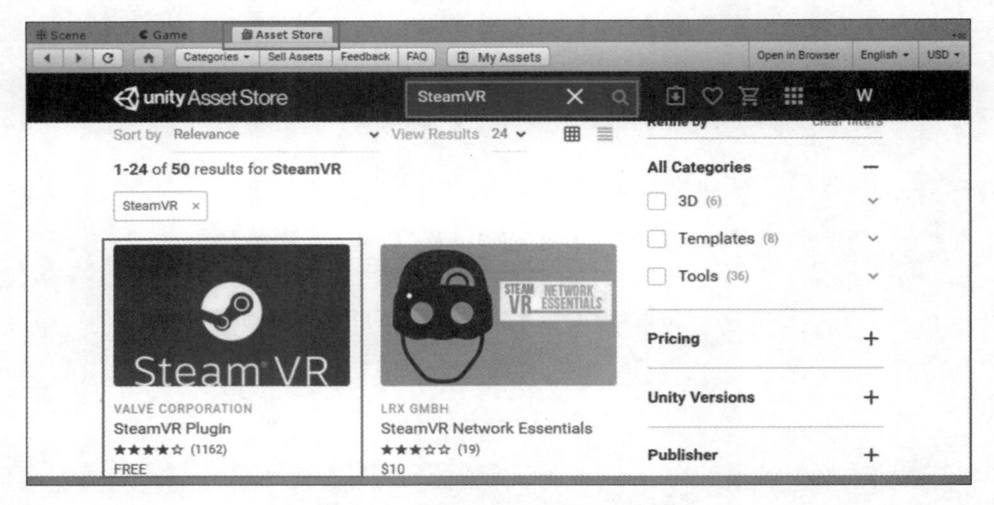

图 5-26 导入 SteamVR Plugin 插件

(2) 添加 SteamVR 插件。SteamVR 插件能够使 Unity3D 引擎开发项目与 HTC VIVE 设备连接并驱动,删除项目文件自带的照相机 Main Camera,使用单击或框选的方式选择文件[CameraRig],将它拖入场景视图或者层次视图中,然后在场景视图中通过拖曳的方式调整导入文件在场景中的合适位置,如图 5-27 所示。

图 5-27 调整[CameraRig]位置

(3) 下载 Vive-Teleporter 插件。Vive-Teleporter 插件源代码存储于 GitHub 网站

上，下载并解压文件，选择 Vive-Teleporter（文件路径为依次选择 Vive-Teleporter-master→Assets→Vive-Teleporter 选项），将其拖入 Unity3D 引擎项目的项目视图中，如图 5-28 所示。

（4）在项目视图中，找到 Prefabs 文件夹（路径为依次选择 Vive-Teleporter→Prefabs 选项），将 Prefabs 文件夹下的 Navmesh 和 Pointer 两个预制件对象拖入层次视图中，如图 5-29 所示。

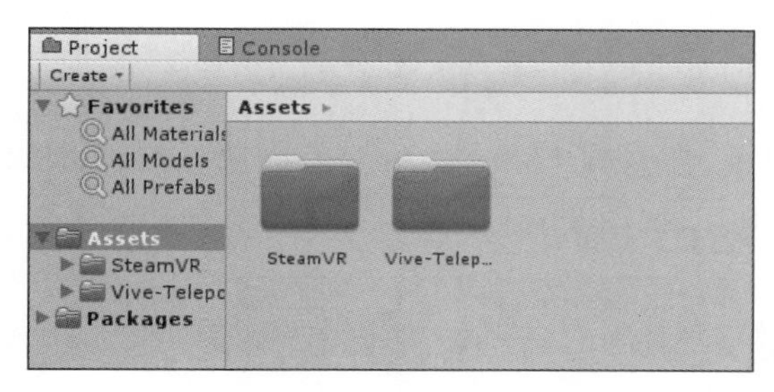

图 5-28　项目视图中的 Vive-Teleporter

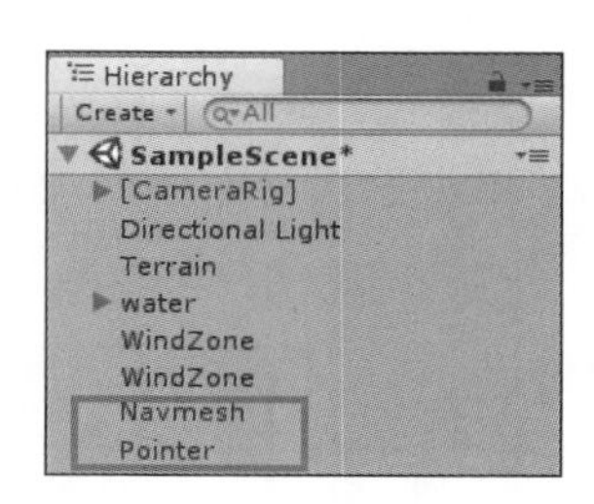

图 5-29　Navmesh 和 Pointer

（5）在项目视图中找到 Scripts 文件夹（路径为 Vive-Teleporter→Scripts），找到文件夹下的 BorderRenderer 和 TeleportVive 两个脚本文件，如图 5-30 所示。将文件夹下的 BorderRenderer 和 TeleportVive 两个脚本文件全部拖曳给 Camera（eye）对象，找到 Camera（eye）对象的方法：在层次视图中依次选择［CameraRig］→Camera（head）→Camera（eye）选项，如图 5-31 所示。

图 5-30　BorderRenderer 和 TeleportVive 脚本文件

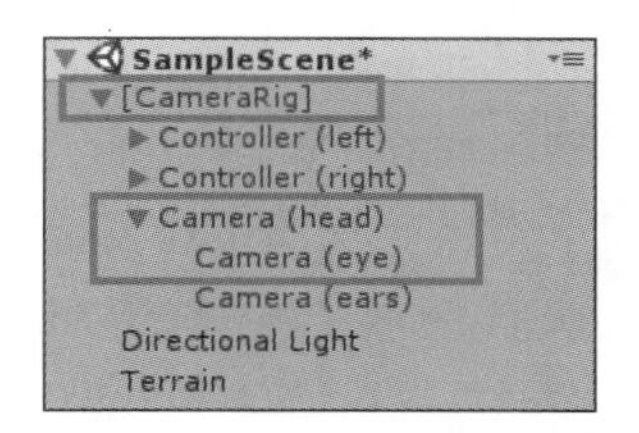

图 5-31　Camera（eye）对象的位置

（6）单击 Camera（eye）对象，Unity 编辑器右侧属性面板中注意到拖入后的 Teleport Vive 脚本，将层次视图中的 Pointer 赋给 Pointer，将［CameraRig］赋给 Origin Transform，将 Camera（head）赋给 Head Transform，Navmesh 赋给 Navmesh Animater，项目视图中找到 FadeBlack 材质（路径为依次选择 Vive-Teleporter→Art/Materials 选

项)，将 FadeBlack 材质赋给 Fade Material，如图 5-32 所示。

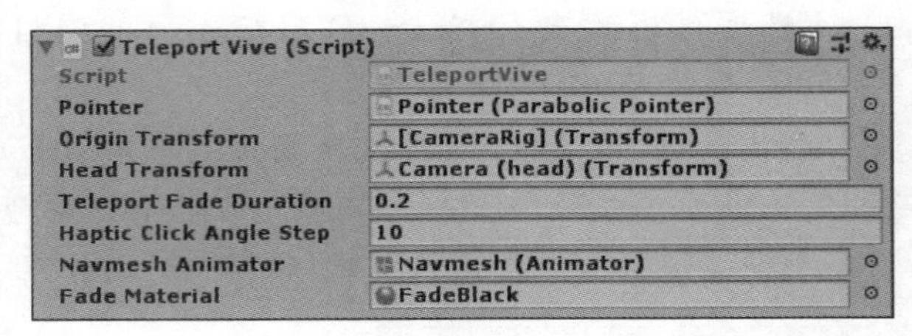

图 5-32　Teleport Vive 脚本参数设置

(7) 单击层次视图中的 Pointer 对象，注意到 Unity 编辑器右侧属性面板，将层次视图中的 Navmesh 对象拖入属性 Nav Mesh，如图 5-33 所示。

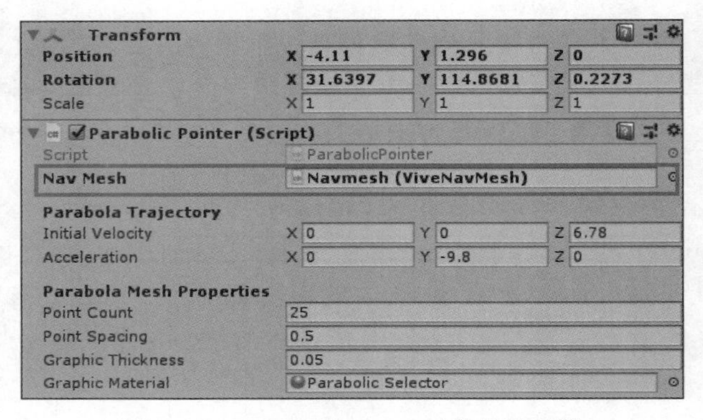

图 5-33　Parabdic Pointer 对象参数设置

(8) 烘焙导航网格。选择场景中的地面对象，在 Navigation 属性面板(依次选择导航菜单栏 Window→Navigation 命令)选择 Bake 选项卡，设置其参数。Agent Radius 表示虚拟对象的半径，Agent Height 表示虚拟对象的高度，Max Slope 表示虚拟对象可以跨越的地面最大倾斜角度，Step Height 表示虚拟对象可以通过的最大阶梯高度。单击 Bake 按钮完成烘焙，如图 5-34 所示。烘焙后在场景中生成导航网格，如图 5-35 所示。

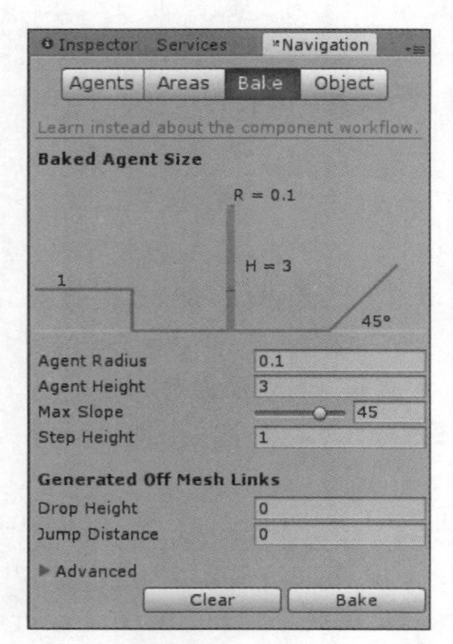

图 5-34　单击 Bake 按钮完成烘焙

(9) 将 Steam VR_Tracked Controller 脚本文件分别附加在 Controller(left)和 Controller(right)对象上。单击层次视图中的 Controller(left)对象，在 Unity 编辑器右侧属性面板中单击 Add Component 按钮，输入 Steam VR_Tracked Controller 文件名，选择 Steam VR_Tracked Controller 脚本文件，为 Controller(left)对象添加脚本成功，如图 5-36 所示，为 Controller(right)对象添加脚本的方法与此类似。

(10) 单击层次视图中的 Camera(eye)对象，注意到 Unity 编辑器右侧属性面板上的 Teleport Vive 脚本，设置 Controllers 属性的 size 为 2，然后将鼠标定位在数值

图 5-35　生成导航网格

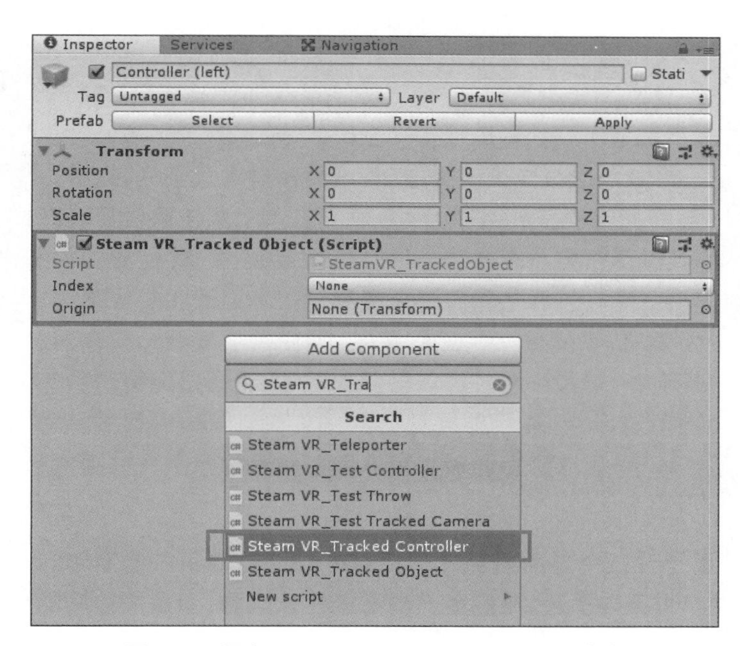

图 5-36　添加 Steam VR_Tracked Controller 脚本

2 的文本框中，在此位置按 Enter 键，生成两个 Element 对象，分别为 Element0 和 Element1，再分别将 Controller(left)和 Controller(right)对象拖曳给这两个 Element 对象，如图 5-37 所示。

(11) 运行并调试程序。在 HTC VIVE 设备运行状况良好的情况下，单击 Unity3D 引擎的“播放”按钮，运行项目，戴上 HTC VIVE 头盔，拿起手柄，进行虚拟现实远距传动体验，如图 5-38 所示。

Teleport Vive (Script)

Script	TeleportVive
Pointer	Pointer (ParabolicPointer)
Origin Transform	[CameraRig] (Transform)
Head Transform	Camera (head) (Transform)
Teleport Fade Duration	0.2
Haptic Click Angle Step	10
Navmesh Animator	Navmesh (Animator)
Fade Material	FadeBlack
Controllers	
Size	2
Element 0	Controller (left) (SteamVR_TrackedObject
Element 1	Controller (right) (SteamVR_TrackedObje

图 5-37　Controllers 属性设置

图 5-38　体验效果

5.7　本章小结

远距传动系统提供了一个解决较大场景虚拟现实漫游方式问题的方案。本章基于 HTC VIVE 设备，利用 Vive-Teleporter 远距传动系统，创建了一个虚拟现实应用，用户使用手柄发射一条抛物线作为交互方式，在较大场景中进行随意漫游。

导航网格是虚拟现实引擎中的一个重要功能，建立导航网格的目的是将地面网格化，产生远距传动系统的地面坐标数据，为计算抛物线与地面接触的地点坐标做好准备，为远距传动系统的使用奠定基础。

学习本章，一定要掌握导航网格的创建方法和动态行进对象的创建方法，理解动态行进对象的行进原理。一定要深刻理解为什么要提出远距传动这个概念，锻炼提出问题的能力；学会使用 Vive-Teleporter 远距传动系统创建虚拟现实应用，锻炼使用外部插件进行虚拟现实软件开发的能力。

习题 5

1. 什么是远距传动系统？远距传动系统解决了什么样的问题？简述远距传动系统在虚拟现实软件中的必要性。

2. 利用第3章建立的3D虚拟现实奇幻森林世界场景，利用 Vive-Teleporter 插件，创建能够在奇幻森林场景进行远距传动的虚拟现实应用，列出操作步骤，并在 Unity 编辑器中进行实践操作。

3. Vive-Teleporter 插件提供的默认指针发出的是一种抛物线，如何将这个抛物线修改为直线？

4. Vive-Teleporter 插件提供的默认指针发出的是一种抛物线，指定了默认抛物线的宽度、颜色、段数等参数，如何修改远距传动系统发出抛物线的宽度、颜色、段数等？

5. 导航网格是一种用于实现自动寻路的网格，详细说明 Unity3D 引擎中导航网格的概念，并阐明在 Unity3D 引擎中如何给一个特定场景创建导航网格。

第6章

光照系统

本章学习目标

- 了解 Unity3D 引擎的 3 种光照技术及其优缺点。
- 了解光照设置窗口和光源浏览器窗口的参数设置。
- 理解点光源、聚光灯、平行光、区域光、自发光材质和环境光的概念和特点，掌握它们在 Unity 编辑器中的设置方法。
- 理解虚拟现实世界产生阴影的原理；掌握 Unity3D 引擎中的阴影映射与斜纹属性，以及阴影相关参数的设置方法。
- 学会在 Unity3D 引擎中选择使用光照模型的方法。
- 理解 Unity3D 引擎中材质的概念；掌握 Unity3D 引擎创建和使用材质的方法，以及材质、着色器相关参数的功能和设置。
- 理解基于物理的渲染的概念，熟练掌握在 Unity3D 引擎中创建金属刀叉的步骤和方法。

光照是增加虚拟现实图像、视频和应用深度的关键所在。本章分为 3 部分，分别是 Unity3D 引擎的光源、阴影和材质。首先介绍 Unity3D 引擎的光源相关概念和设置；其次介绍阴影的产生原理及在 Unity3D 引擎中阴影相关参数的设置；最后介绍材质、渲染的原理和方法。

(1) 光源部分。本章首先介绍 Unity3D 引擎的 3 种光照技术及其优缺点，即实时光照、全局光照技术和预计算实时全局光照技术；其次介绍光照设置窗口和光源浏览器窗口的参数设置；最后介绍了点光源、聚光灯、平行光、区域光、自发光材质和环境光的概念、特点和设置方法。

(2) 阴影部分。本章首先介绍虚拟现实世界产生阴影的原理；其次介绍 Unity3D 引擎中的阴影映射与斜纹属性；最后介绍 Unity3D 引擎中阴影相关参数的设置方法。

(3) 材质部分。本章首先介绍 Unity3D 引擎中材质和基于物理的渲染(Physically Based Rendening,PBR)的概念;其次介绍 Unity3D 引擎中创建和使用材质的方法;最后通过一个实例介绍创建金属材质刀叉的步骤。

6.1 Unity 光照概览

为了计算虚拟物体的阴影,Unity3D 引擎需要知道落在物体上的光的密度、方向和颜色等属性信息,光照示意图如图 6-1 所示。

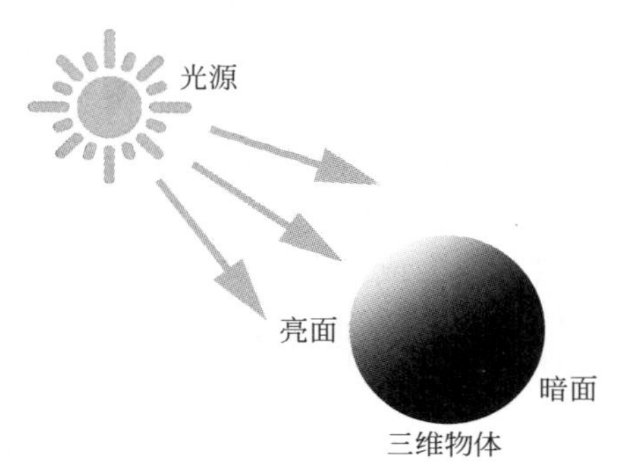

图 6-1　光照示意图

这些属性信息由光源对象产生,不同类型的光源对象以不同的方式发射不同颜色的光,随着物体与光源距离的增大,物体接收到光的强度会衰减,同时物体表面与光的直射角度也会产生相应变化。

根据不同的应用场景,Unity3D 引擎能够以不同的方式计算出复杂的、高级的光照效果。

6.1.1 选择光照技术

广义上说,Unity3D 引擎的光照技术分为实时光照、全局光照和预计算实时全局光照,有时为了生成沉浸效果更好的光照画面,两种技术也会混合使用。

本节给出不同光照技术的适应场景,以及它们的相对优势和各自的性能特征。

1. 实时光照

默认情况下,Unity3D 引擎中的光照为实时光照,分为点光源、聚光灯、平行光和区域光。这些光源为场景产生直接光照效果并且实时更新。一般情况下,由于场景中的光源和三维物体是经常移动的,所以光照情况必须实时计算和更新。光照的变化在 Unity 编辑器的场景视图和游戏视图中能够实时观察到。

考虑到当物体完全不反射光时,它身上的阴影完全是黑色的,所以物体表面处在光照锥形体覆盖范围内时才会受到光照影响。实时光照技术是三维场景中照亮物体的最基础的一种光照技术,并且非常适合应用于对场景中运动的角色模型和其他几何体进行光照处理。然而,由于 Unity3D 引擎中的多个实时光源对它们自己不会产生光照影响,因此,为了产生更加真实的光照,需要使用全局光照技术,启用 Unity3D 引擎的光照预计算方案。

2. 全局光照

Unity3D 引擎能够使用全局光照(Global Illumination,GI)技术计算复杂的静态光照特效,并且将光照特效信息存储在一种纹理贴图中,这种存储光照特效信息的文件就是光照贴图。当烘焙光照贴图时,场景中物体表面的光照效果会被计算,计算结果被记录到贴图文件中,在实际操作过程中,需要将贴图文件覆盖在场景中物体的表面,以产生光照效果。

光照贴图存储照射在物体表面的直接光照信息和从其他物体表面反射到该物体表面的反射光照信息。光照贴图可以通过使用 Shader(着色器)技术与颜色贴图、法线贴图等结合使用,从而形成物体的材质。

光照贴图在虚拟现实软件运行期间无法改变,所以称为静态光照。实时光照生成的光照效果会添加在烘焙光照贴图的表面,从而生成复合光照效果。使用这种方法,不仅能够产生实时光照,还能使用光照贴图生成实时逼真的光照特效。这种方法需要的计算较为复杂,但是也能够应用于较低性能的设备(如移动平台)。

3. 预计算实时全局光照

静态光照不能使光照随着场景光照条件的变化而变化,预计算实时全局光照技术提供了一种交互的实时更新复杂光照的方法。例如,一天当中光照的变化。一天当中光源的位置和强度是实时变化的,传统的烘焙光照贴图方法无法实现这种效果。

为了在每帧中产生以上效果,需要在实时进程中增加大量预计算进程。在 Unity 虚拟现实软件运行过程中增加预计算,带来了大量的计算负担,Unity3D 引擎单独开辟一些计算进程称为离线进程,重点计算这些光照变化。

6.1.2 Unity 光照技术的特点

尽管 Unity3D 引擎已经实现全局光照技术和预计算实时全局光照技术,但是它们都会耗费较多的计算资源,Unity3D 引擎不仅需要存储这些贴图文件,还要在 Shader 文件中解码这些文件,这就要求根据项目实际情况和硬件设备性能进行取舍,以选取一个最优的折中效果。例如,在移动手机上开发的虚拟现实软件选择烘焙全局光照技术较为合适;对于高端台式机,选择预计算实时全局光照技术较为合适。

6.2 光照设置窗口

可以依次选择导航菜单栏 Window→Lighting→Settings 命令打开光照设置窗口,它是 Unity3D 引擎中设置 GI 参数的主要控制面板。

尽管使用 Unity3D 引擎中默认的全局光照设置也会得到一个不错的效果,但是使用光照设置窗口进行光照相关参数的设置能够满足个性化需求,也可以根据虚拟现实软件对运行质量、速度和存储空间等情况进行优化。另外,光照设置窗口也能调节漫反射光、光晕、剪影和雾效等组件和特效。

6.2.1 光照设置窗口参数设置

光照设置窗口由3个控制面板组成，分别是Scene（场景）面板、Global maps（全局贴图）面板和Object maps（对象贴图）面板。

（1）场景面板：场景面板参数设置作用于整个场景，而不是个别物体，这些设置是控制光照效果和最优化设置。

（2）全局贴图面板：显示通过全局光照进程生成的所有光照贴图文件。

（3）对象贴图面板：显示选中物体的全局光照贴图（包括阴影蒙版）预览效果。

光照设置窗口下方有一个Auto Generate复选框，如果选中，则在编辑场景文件的同时，Unity3D引擎会实时更新光照贴图数据，需要注意更新的过程需要几秒时间，而不是立即更新；如果未选中，则会激活Generate Lighting按钮，当需要更新光照数据时单击此按钮，需要注意的是单击Generate Lighting按钮会清除场景的光照烘焙数据，但不会清除全局光照缓存数据。

1. Scene面板参数设置

Scene面板包含Environment、Realtime Lighting、Mixed Lighting、Lightmapping Settings、Other Settings和Debug Settings，如图6-2所示。

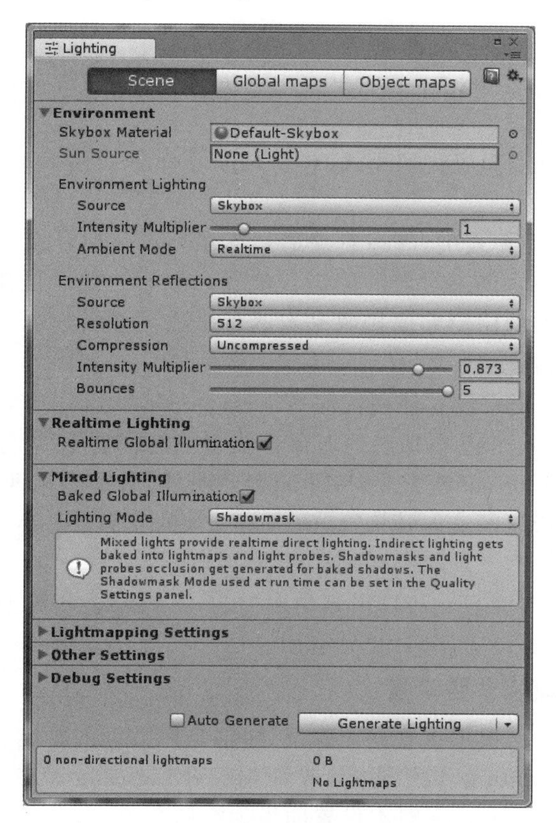

图6-2 Scene面板中的光照参数设置

1）Environment（环境）设置

Environment 光照设置包含天空盒、漫反射光照和环境反射光照。

（1）Skybox material：选择天空盒模型的材质。

（2）Sun Source：选择表示太阳光的光源。

（3）Environment Lighting（环境光照）标签下的参数设置。

① Source：选择和设置漫反射光照的光源。

② Intensity Multiplier：设置漫反射光密度。

③ Ambient Mode：设置漫反射模式。

（4）Environment Reflections（环境反射光照）标签下的参数设置。

① Source：设置环境反射光照的光源。

② Resolution：分辨率。

③ Compression：压缩系数。

④ Intensity Multiplier：设置环境反射光密度。

⑤ Bounces：反弹系数。

2）Realtime Lighting（实时光照）设置

Realtime Global Illumination：如果选中 Realtime Global Illumination 复选框，Unity 会实时计算和更新光照。

3）Mixed Lighting（混合光照）设置

（1）Baked Global Illuminate：如果选中 Baked Global Illuminate 复选框，则启用烘焙全局光照技术。

（2）Lighting Mode：设置光照模式，包含 Shadowmask、Baked Indirect 和 Subtractive 3 种。

① 在 Shadowmask 模式中，静态对象通过 Shadowmask 从其他静态对象接收阴影，不必考虑阴影距离。来自动态对象的阴影仅能通过阴影距离内的阴影贴图获得，并且动态对象通过阴影距离内的阴影贴图接收来自其他动态对象的阴影；来自静态对象的阴影仅能通过光照探针获得。

② Baked Indirect 模式没有使用任何 Shadowmask，所以在这个模式中没有远距离阴影。在阴影距离内，所有静态和动态的对象都投射实时阴影贴图，但超出阴影距离后，就没有阴影。在 Baked Indirect 模式中，除了间接照明外，所有的东西都是实时的。这意味着，实时光照、实时阴影以及实时镜面高光，但是反弹的光照信息是静态的，存储在光照贴图中。

③ Subtractive 模式是 Unity3D 引擎中旧的 Mixed 模式，与其他模式相比它的性能消耗更小，这在开发诸如移动应用时，仍然有用。

2. Global maps 面板参数设置

使用 Global maps 面板可查看光照系统，包括光照贴图的密度、阴影蒙版和直射光贴图等，只有当 Baked Lighting（烘焙光照）或者 Mixed Lighting 被使用时，这些设置才能发生作用，选择 Realtime Lighting 时本设置面板为空白灰色。

3. Object maps 面板参数设置

使用 Object maps 面板可查看当前选中物体的烘焙光照贴图效果。

6.2.2　天空盒的参数设置

天空盒的样式是各式各样的，在不同的项目场景中需要不同风格的天空盒来烘托主题氛围。Unity 软件中的天空盒设置方法如下。

（1）在导航菜单栏下方单击 Asset Store，打开 Unity 资源商店，在搜索框中输入 skybox 关键词，搜索天空盒资源，如图 6-3 所示。

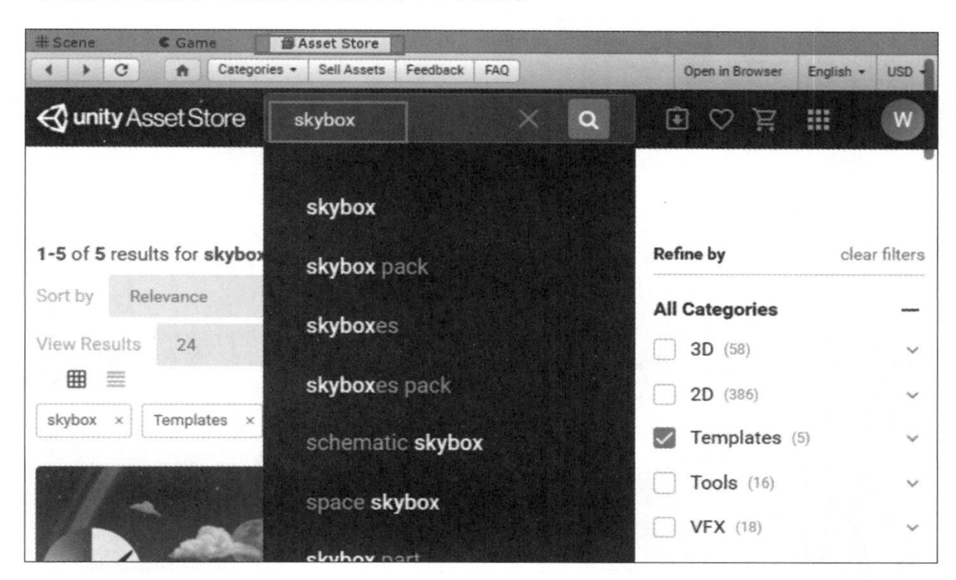

图 6-3　搜索天空盒资源

（2）选择一个合适的天空盒资源，先单击进入下载界面，如图 6-4 所示。再单击 Download 按钮进行下载。单击 Import 进行导入，天空盒的导入界面如图 6-5 所示。

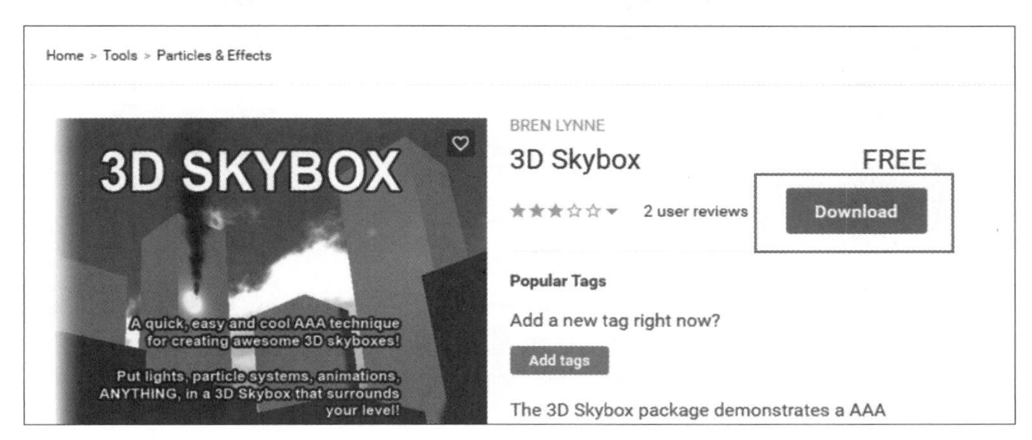

图 6-4　天空盒资源的下载界面

（3）返回项目场景中，依次选择导航菜单栏 Window→Lighting→Settings 命令，打开光照设置窗口，具体操作如图 6-6 所示。

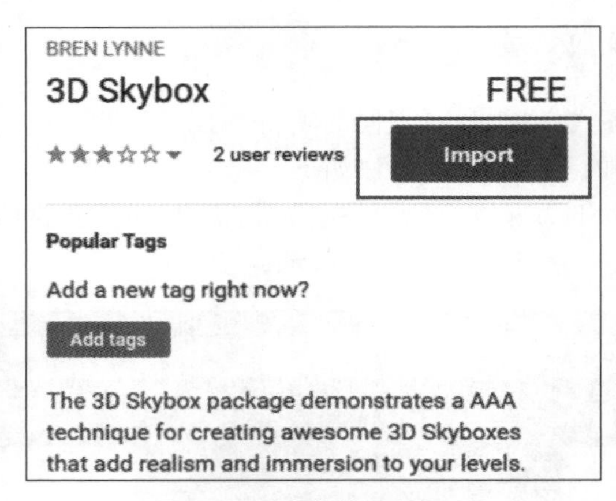

图 6-5　天空盒的导入界面

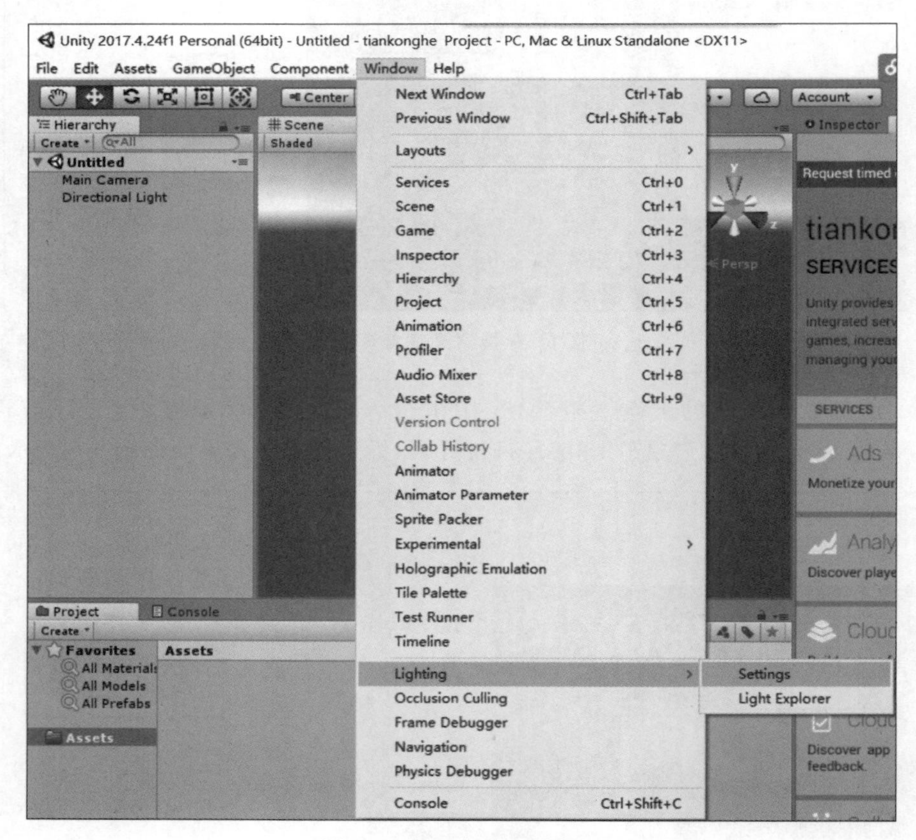

图 6-6　打开光照设置窗口

（4）在光照设置窗口中的 Environment 下点击 Skybox Material 最右边的圆圈按钮，在弹出的 Select Material 窗口中选择刚刚下载的天空盒，如图 6-7 所示。天空盒重新设置后的效果如图 6-8 所示。

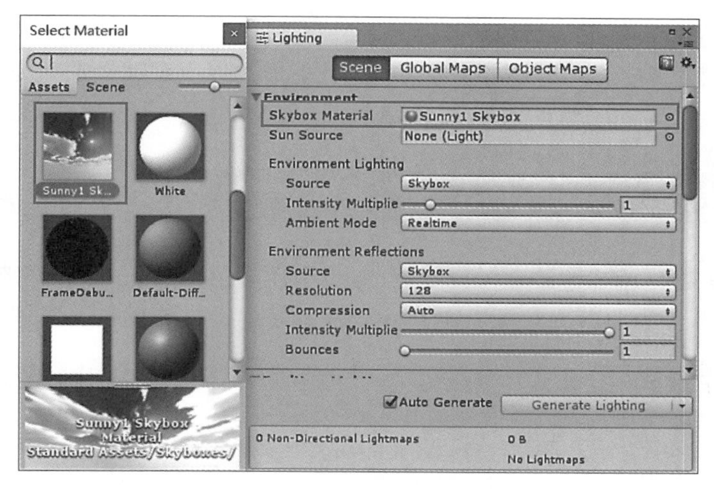

图 6-7　天空盒的选择设置

图 6-8　天空盒重新设置后的效果

6.3　光源浏览器窗口

光源浏览器窗口是用来选择和编辑光源的，可以在导航菜单栏中依次选择 Window→Lighting→Light Explorer 命令打开，如图 6-9 所示。

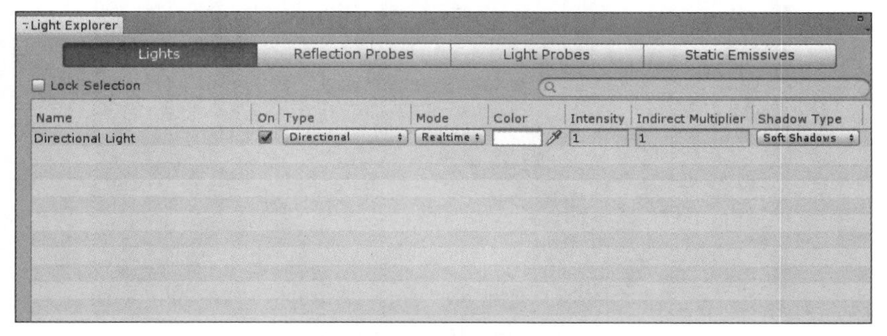

图 6-9　光源浏览器窗口

光源浏览器窗口有 4 个面板，分别为 Lights(光源)、Reflection Probes(反射探头)、Light Probes(光探头)、Static Emissives(静态发射器)，以上可编辑选项为最常用选项，搜索框可以用来搜索需要编辑的选项。

 6.4 光源

Unity3D 引擎中的光源除由发光物体产生外，还有两种发光方式，分别是环境光和自发光材质，3 种产生光源的方式可以在 Unity3D 引擎中进行选择和设置。

6.4.1 光源类型

1. 点光源

点光源位于空间的一个点上，并向各个方向发出同样的光。光在物体表面的方向是从接触点回到光源中心的直线方向。光强度随着光的距离增加而减小，并且在指定的范围内达到 0，如图 6-10 所示。光照强度与光源距离的平方成反比，这就是平方反比定律，类似于光在现实世界中的表现方式。

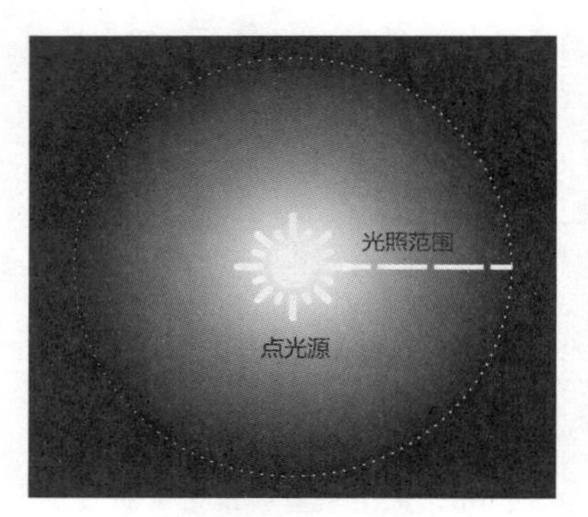

图 6-10 点光源模型

点光源可以用来模拟虚拟现实场景中的灯(包括灯泡、台灯、吊灯、吸顶灯等)，也可以用来模拟火花或爆炸照亮周围环境的效果，如图 6-11 所示。

图 6-11 虚拟现实场景中点光源照亮周围环境效果

2. 聚光灯

聚光灯(类似手电筒)像点光源一样也有一个特定的位置和范围(光线在范围内落下),如图 6-12 所示。然而,聚光灯的光线被限制成一个角度,从而形成一个锥形的照明区域,光的强度随着到达圆锥体的边缘而减弱。加宽角度会增加圆锥体的宽度,并且会增加区域光衰减范围,即半影。虚拟现实场景中的聚光灯效果如图 6-13 所示。

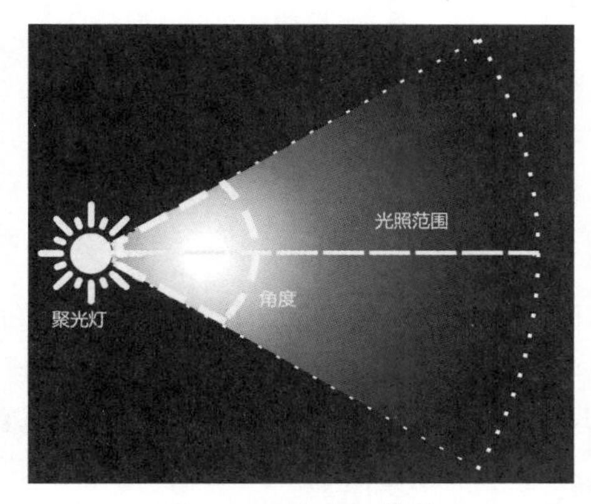

图 6-12　聚光灯模型

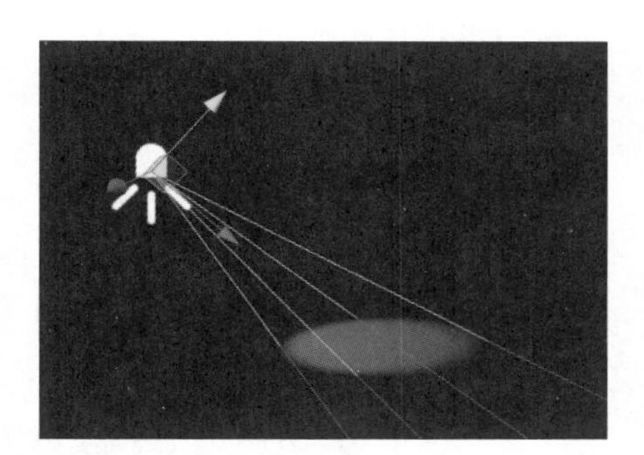

图 6-13　虚拟现实场景中的聚光灯效果

3. 平行光

平行光在场景中非常重要,可用于表现场景中的太阳光。像现实生活中的太阳一样,平行光可以被认为是位于无穷远处的光源。平行光没有任何可识别的光源位置,所以平行光对象可以放在场景中的任何位置。场景中的所有物体都将被照亮,就好像光线总是从同一方向发射出来一样,并且平行光与目标物体的距离没有直接关系,所以随着距离的增加光线不会减弱,平行光示意图如图 6-14 所示。

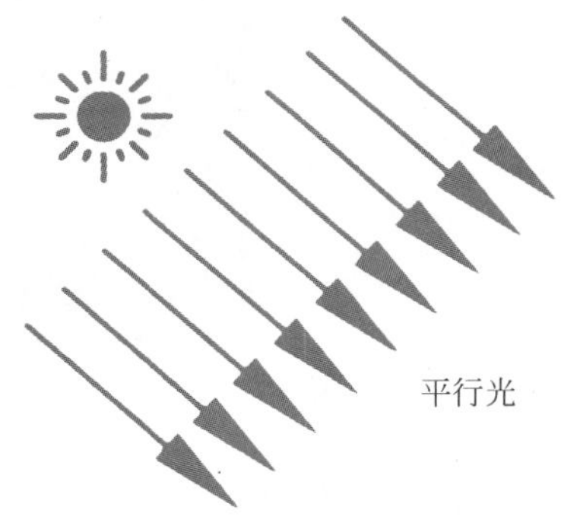

图 6-14　平行光示意图

平行光代表来自场景范围以外位置的大而远的光源。在现实场景中,它们可以用来模拟太阳或月亮。在一个抽象的虚拟世界中,在没有确切地指明光线来自何处的情况下,它们还可以为物体添加令人信服的阴影。

默认情况下,新建一个场景文件都会自动包含平行光对象。Unity3D 引擎在天空盒系统中对平行光进行设置,找到灯光设置面板,方法为依次选择导航菜单栏 Window→Lighting 命令,在弹出的 Lighting 窗口中选择 Scene 面板,单击 Skybox。在此面板中,可以删除天空盒,也可以选择 Sun Source,方法为在 Lighting 窗口中选择 Scene 面板,单击 Environment。另外,也可以在场景空间中对平行光进行移动和旋转,如可以把平行光通过移动和旋转设置为平行地面的光。

4. 区域光

区域光设定于空间中的矩形区域中,矩形区域内光照从矩形的一边均匀地朝四面八

方发射，如图 6-15 所示，对于区域光的范围没有手动设置，但是强度与光源距离的平方成反比。由于光照计算是使用处理器集中计算，区域光在实时渲染情况下不可用，只能用于烘焙到光照贴图中使用。

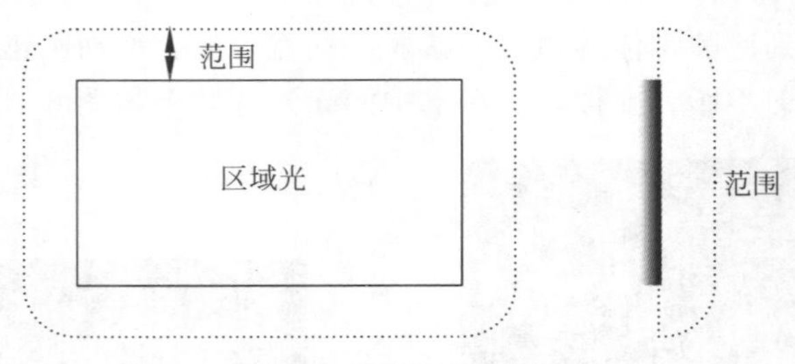

图 6-15　区域光示意图

由于区域光同时从几个不同的方向照射物体，所以阴影往往比其他光线更柔和和微妙，如图 6-16 所示。可以用它来创建逼真的街头灯光或者舞台上靠近观众的一排排灯光。小面积的光可以模拟较小的光源(如室内照明)，比点光源产生的光照效果更加逼真。

图 6-16　发射到物体表面的区域光产生一个具有柔和阴影的漫反射光

5. 自发光材质

与区域光一样，自发光材质在物体表面区域发出光。有助于场景中的反射光的计算，在虚拟现实软件运行过程中可以动态改变颜色和亮度等相关属性。与区域光不同的是，区域光不支持实时渲染，自发光材质支持实时渲染，可以生成柔和的灯光效果，如图 6-17 所示。

“发射”是 Unity 标准着色器的属性，它允许场景中的静态物体发出光。默认情况下，设置“发射”参数的值为零，这意味着使用标准着色器的对象不会发出光。

自发光材质没有范围值，但是其发出光的强度以二次函数的方式下降。自发光材质只能在属性面板中被标记为 Static 或 Lightmap Static(静态光照贴图)。同样，若自发光材质应用于非静态几何物体，则对场景光照没有贡献。

然而，即使它们对场景照明没有贡献，“发射”参数的值在零以上的自发光材质在屏幕

图 6-17　自发光材质与周围物体被照亮效果

上仍会发出明亮的光，这种效果也可以通过从标准着色器的“全局照明”属性中选择 None 来产生，自发光材质是产生霓虹灯等效果的有效方法。

自发光材质直接影响场景中的静态几何物体，如果需要应用于动态的或非静态的几何形状，例如字符，需要从发射材料拾取光，则必须使用 Light Probes(光探头)组件。

6. 环境光

环境光是存在于场景周围的光，并不来自任何特定的光源对象，它可以对场景的整体外观和亮度做出重要贡献。

环境光在许多情况下有重要作用，这取决于所选择的艺术风格。例如，渲染卡通风格画面时，黑暗阴影可能是不可取的。如果不需要调整单个光源，则需要增加环境的整体亮度，环境光也很有用。

环境光设置可以在照明窗口找到，方法为依次选择导航菜单栏 Window→Lighting 命令。

6.4.2　光源属性面板

光照决定一个物体的阴影和它投射的阴影，因此，它们是图形绘制的基本部分。Unity3D 引擎中调出光照参数面板的方法：在层次视图中单击光源对象 Directional Light，注意到 Unity 编辑器右侧属性面板显示 Light 属性组件，如图 6-18 所示。

Light	
Type	Directional
Color	
Mode	Realtime
Intensity	1
Indirect Multiplier	1
Shadow Type	No Shadows
Cookie	None (Texture)
Cookie Size	10
Draw Halo	
Flare	None (Flare)
Render Mode	Auto
Culling Mask	Everything

图 6-18　光源对象参数面板

使用光源属性面板还有很多细节之处，给出以下 3 点，如果在项目实践中需要使用，则还需要更加深入地了解。

（1）如果创建一个带有 Alpha 通道的材质贴图，并且把它设置为光源的 Cookies 变量，由于 Cookies 的 Alpha 蒙版能够调节光的亮度，则可以在虚拟物体表面产生或亮或暗的光斑。这是一个给场景增加复杂性或气氛的好方法。

（2）所有的 Unity 内置着色器能够与任何种类的光源无缝拼接，然而 VertexLit 着色器无法渲染 Cookies 或者阴影。

（3）所有光源都可以人工选择是否产生阴影，如何进行设置呢？选择一个光源，在其属性面板中找到 Shadow Type 属性，选择 Hard Shadows、Soft Shadows 或 No Shadows 进行设置。

为了达到更好的光照效果，使用光源属性设置还需要注意以下 3 点。

（1）使用 Cookies 的区域光能够很好地模拟光线从窗户进入室内的效果。

（2）低密度的点光源能够增加场景的深度感。

（3）为了达到最优性能，应使用 VertexLit 着色器，这种着色器只对每个顶点进行光照渲染，在低端显卡上也能够提供较高性能的计算。

6.4.3 使用光源

Unity3D 引擎中光源创建较为简单，如创建一个点光源的方法为依次选择导航菜单栏 GameObject→ Light→Point Light 命令，并且可以通过在场景视图中单击 ☀ 按钮进行光照效果预览，如图 6-19 所示。

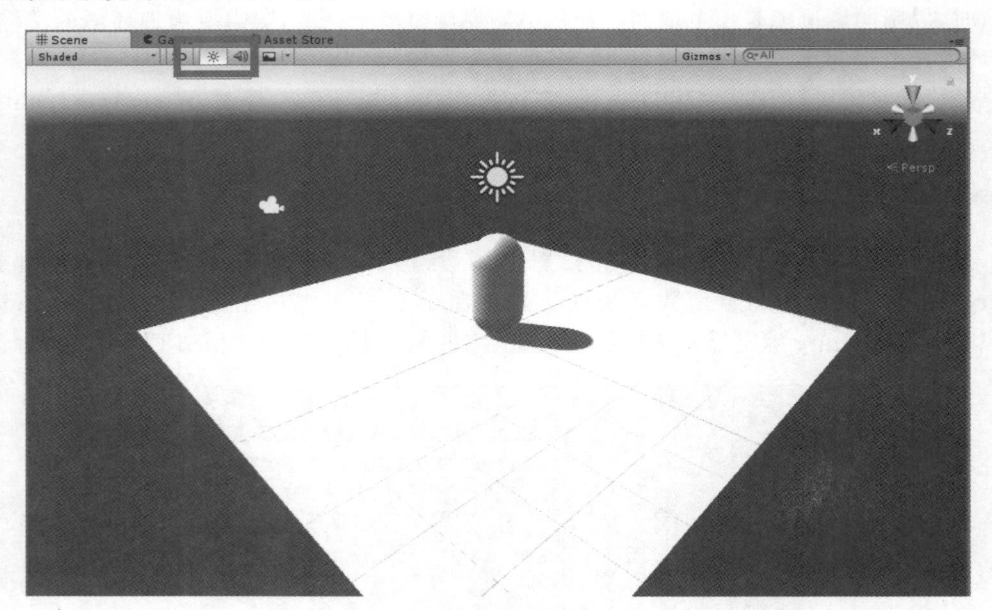

图 6-19　光照效果预览

平行光对象可以被放置在场景中的任意位置（使用 Cookies 时除外）。聚光灯有方向，但是由于它具有范围限制，导致它的位置设定很重要（位置影响光线照亮物体表面的范围)。点光源、聚光灯和区域光的形状参数可以通过场景视图下选择 Gizmos,找到光源属性面板进行设置,如图 6-20 所示。

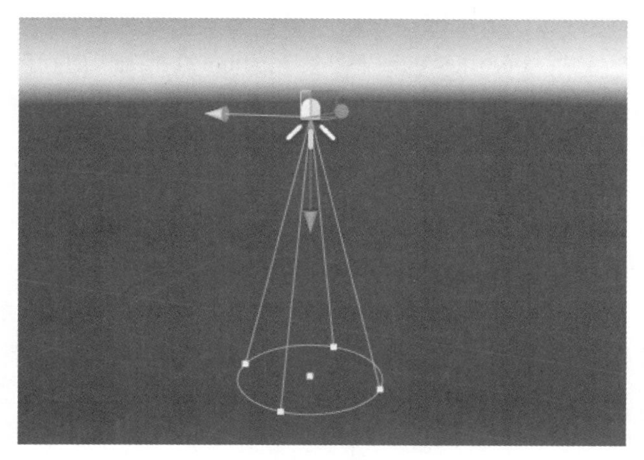

图 6-20 Gizmos 中进行设置后的聚光灯

1. 放置光源规则

平行光通常用来模拟真实生活中的太阳光,它对场景中的光照效果具有非常重要的作用,在使用过程中,应使光线方向偏下,保证它的方向与场景中的主要物体要有夹角,以产生有趣的阴影。例如,一个立方体的阴影,能够使场景更具立体效果。

聚光灯和点光源通常用于展示人工光源(如台灯),并且它们需要被放置在确定位置(如台灯模型放置的位置)。需要注意的是,当聚光灯光源首次被添加到场景中时,光源不显示效果,这是由于所设置的光照范围恰好完全覆盖整个场景。光源是有作用范围的,随着距离的增加,它的亮度从最强减弱到零,如果设置一个聚光灯,那么圆锥体的底部在场景地板上产生的作用范围类似圆形,除非其他物体通过这个区域,否则聚光灯产生的光线对其他物体几乎没有效果。如果想要其他几何物体被照亮,那么应该扩大聚光灯和点光源的作用范围,使它们的作用范围覆盖这些几何物体的位置。

2. 颜色和密度

光源的颜色和密度参数可以在 Unity3D 引擎的属性面板中进行设置,白色和默认的密度能够很好地模拟普通照明,也能对三维物体产生阴影,但是如果想产生特殊效果则需要改变相关属性。例如,汽车大灯(特别是老车)通常有一个轻微的黄色,而不是明亮的白色,这些效果通常使用聚光灯和点光源进行模拟。有些情况下也要改变平行光的颜色,例如,虚拟现实项目场景设定在有一个红色太阳的遥远行星上,此时就需要将平行光的颜色改变为红色。

6.4.4 舞台灯光效果制作

(1) 创建项目文件,将项目命名为 StageDemo,设置项目的存储位置为 D:\VRProjects,单击 Create project 按钮创建项目。

(2) 在层次视图窗口中右击,在弹出的快捷菜单中选择 3D Object→Plane 命令,创建一个 Plane 对象，或依次选择导航菜单栏 GameObject→3D Object→Plane 命令创建，把它当作地面来使用；在层次视图窗口中右击，在弹出的快捷菜单中选择 3D Object→Cube 命令，创建四个 Cube 对象，或依次选择导航菜单栏 GameObject→3D Object→Cube 命令创建，并将其分别命名为 stage1、stage2、stage3、stage4，把它们当作舞台来使用；调整 stage1、stage2、stage3、stage4 物体的位置和大小，在项目视图中右击，在弹出的快捷菜单中选择 Create→Material 命令，或依次选择导航菜单栏 Assets→Create→Material 命令，创建一个默认材质，修改名称为 Stage Material，修改材质的颜色为粉红色，修改材质颜色方法：先单击 Stage Material 参数 Albedo 后的颜色选择框，弹出 Color 对话框，选择合适颜色，如图 6-21 所示。stage 舞台最终摆放效果如图 6-22 所示。

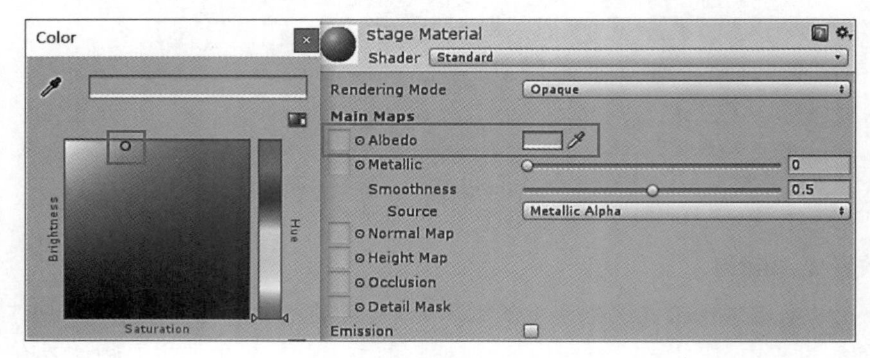

图 6-21 修改材质颜色方法

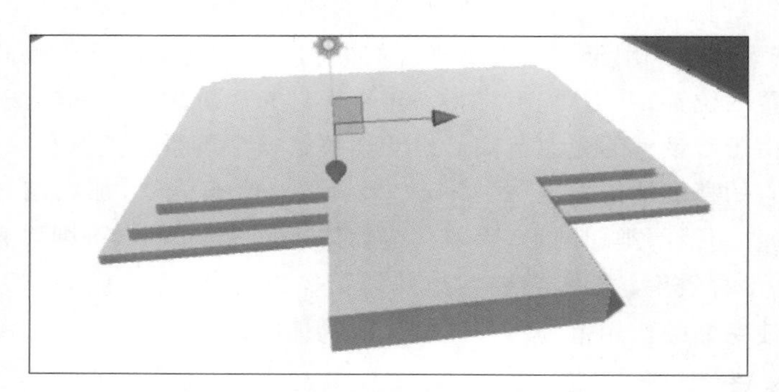

图 6-22 stage 舞台最终摆放效果图

（3）在层次视图窗口中右击，在弹出的快捷菜单中选择 3D Object→Cylinder 命令，创建 8 个 Cylinder 对象，或依次选择导航菜单栏 GameObject→3D Object→Cylinder 命令创建，并将其分别命名为 pillar1、pillar2、…、pillar8，把它当作舞台灯光架来使用。调整 pillar1、pillar2、…、pillar8 物体的位置和大小，创建一个默认材质，修改名称为 Pillar Material，修改材质的颜色为灰色，将 Pillar Material 材质拖曳给舞台灯光架 pillar1、pillar2、…、pillar8，pillar 摆放效果如图 6-23 所示。

（4）添加灯光效果，在层次视图窗口中右击，在弹出的快捷菜单中选择 Light→Spotlight 命令，创建 4 个 Spotlight 对象，将其放置到舞台灯光架上，并调节其灯光颜色（淡蓝色、深蓝色、黄色、红色）和灯光强度，如图 6-24 所示。舞台灯光最终效果如图 6-25 所示。

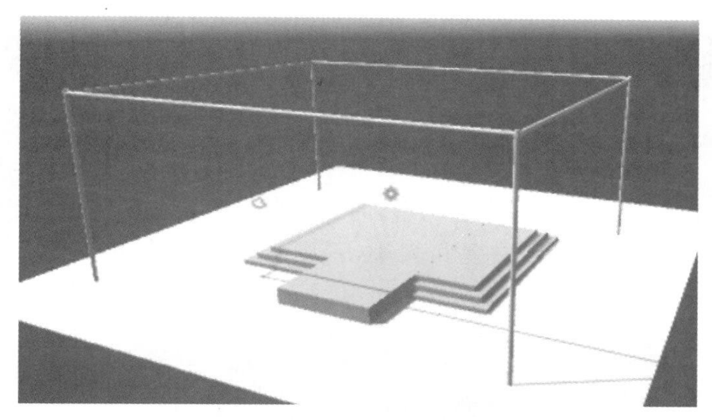

图 6-23　pillar 摆放效果图

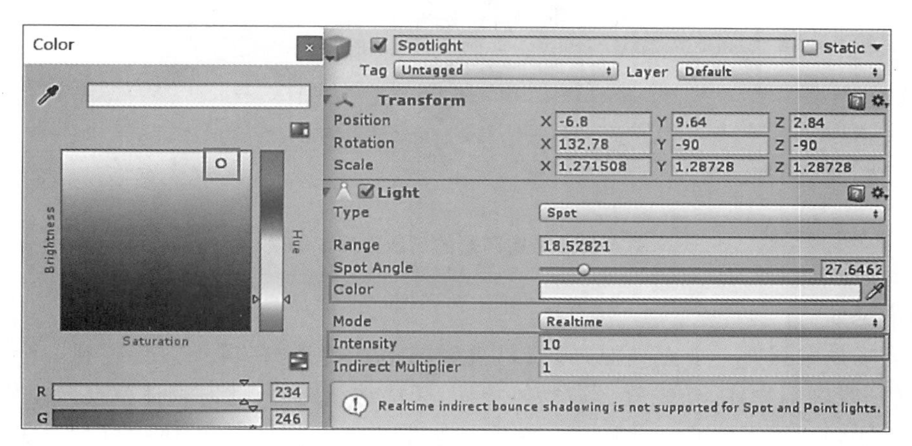

图 6-24　调节灯光颜色和灯光强度

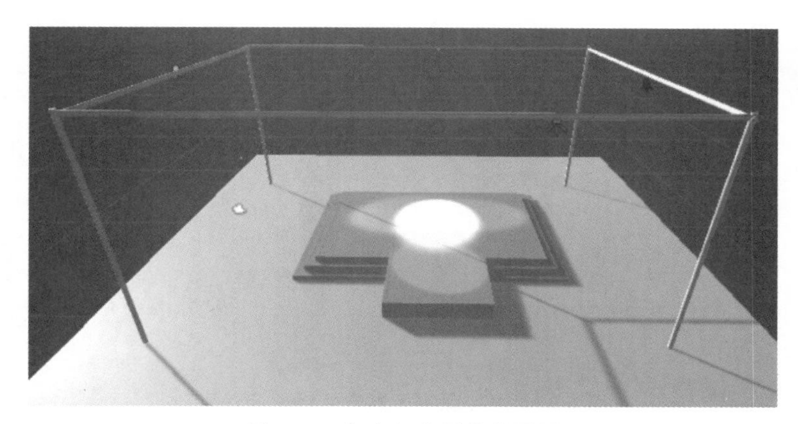

图 6-25　舞台灯光最终效果图

6.5 阴影

6.5.1 Unity 中的阴影

使用光源会使场景中的物体产生阴影，同时阴影会增加场景中的深度感和真实感，因为阴影能够衬托出物体的前后位置和大小，否则物体看起来就会是平面的，如图 6-26 所示。

图 6-26 带有阴影的三维物体和场景

阴影是如何产生的？

假设场景中只有一个点光源，光线以直线的形式传播，在场景中会碰到一个三维物体，一旦光线碰到物体，光线就会被物体挡住，无法继续传播，此时物体就会产生阴影，因为光线无法到达阴影区域，如图 6-27 所示。也可以如此理解，假设照相机的位置与光源在同一位置，照相机看不到的区域就是阴影位置。

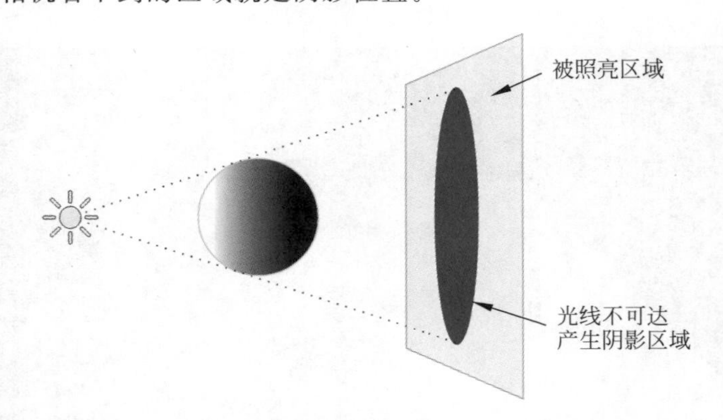

图 6-27 虚拟现实世界产生阴影示意图

事实上，这正是 Unity3D 引擎根据光源产生物体阴影的方式。光源使用与照相机相同的原理，从照相机视角渲染场景。如场景照相机所使用的深度缓冲系统跟踪最接近物体表面的光线；在直线视线与物体表面接触位置接收光照，其他位置都处于阴影中。

6.5.2 使用阴影

在光源属性面板中选择 Type 进行设置，Spot 为聚光灯，Directional 为平行光，Point 为点光源，Area 为区域光，如图 6-28 所示。

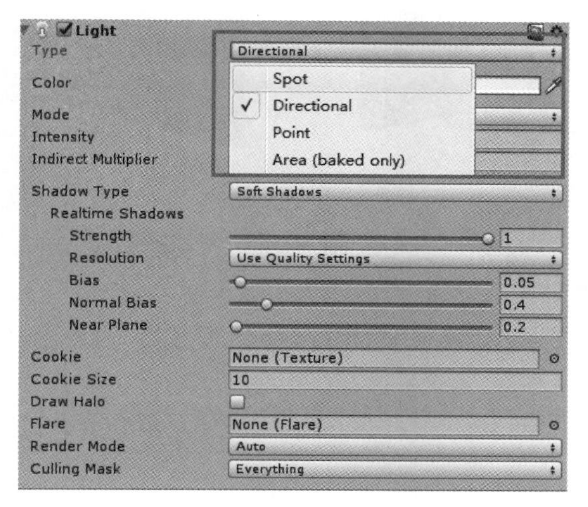

图 6-28 在光源属性面板中选择光源类型

另外，注意到 Unity3D 引擎中每个虚拟物体的属性面板中的 Mesh Renderer 组件，每个 Mesh Renderer 组件都包含 Cast Shadows 和 Receive Shadows 两个属性，这两个属性需要预先打开。通过设置 Cast Shadows 为 On/Off 来打开或关闭 Cast Shadows。如果选择 Two Sided，则物体表面的任意一端都可产生阴影；如果选择 Shadows Only，则只显示阴影，不显示物体，如图 6-29 所示。

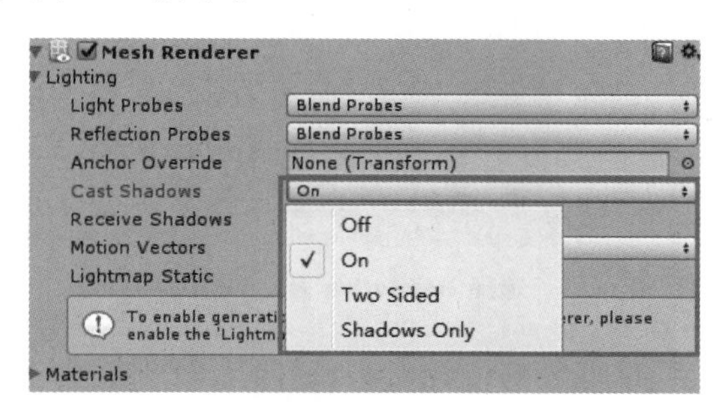

图 6-29 阴影开关

6.5.3 阴影映射与斜纹属性

根据给定光源产生的阴影在最终场景渲染时产生，如图 6-30 所示。当场景被呈现到主照相机视图时，视图中的每个像素位置被转换为光的坐标系统。然后将像素到光源的距离与阴影图中的对应像素进行比较。如果像素比阴影贴图像素远，它可能被另一个三维物体遮挡，其表面无光照。

直接由一个光源照亮单位物体表面有时看起来有阴影。这是因为像素应该正好在阴影贴图中指定的距离，但是有时被计算为更远的距离(这是使用阴影滤波或低分辨率阴影贴图的结果)。其结果是在产生阴影时给人一种被称为“阴影斑”的视觉效果，如图6-31所示。

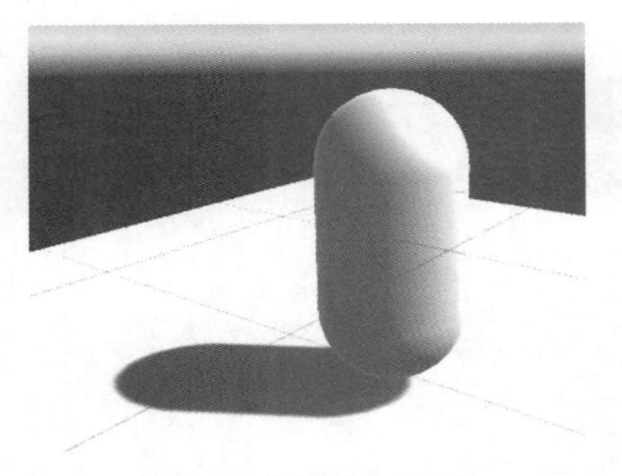

图6-30　正确的光照阴影

图6-31　“阴影斑”的视觉效果

在光源属性面板中，选择Resolution为Low Resolution，则会产生阴影斑效果，如图6-32所示。

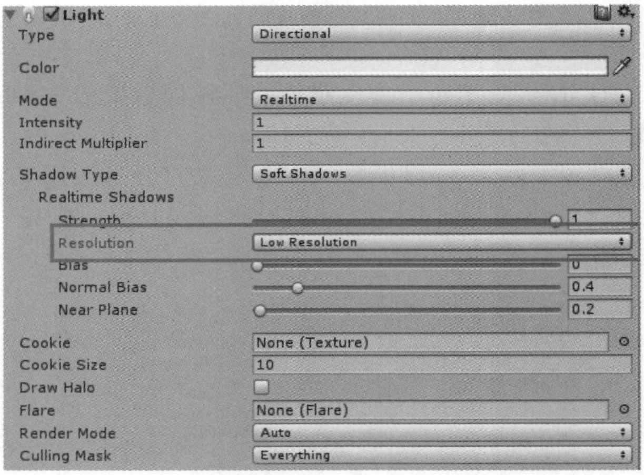

图6-32　选择Resolution为Low Resolution

为了阻止产生阴影斑，可设置参数Bias值，如图6-33所示。参数Bias值可以被添加到阴影贴图的距离中，以确保像素边缘上的计算更加精确，消减阴影锯齿，消除阴影斑效果，如图6-34所示。

需要注意的是，不要将Bias值设置得太高，因为会使阴影面积看起来太小，会使阴影与物体距离太远，使物体看起来好像是在地面上飞行，如图6-35所示。同样，设置参数Normal Bias值太高，就会使物体产生的阴影太窄，设置方法如图6-36所示，效果如图6-37所示。

在很多情况下，Normal Bias值的设置会产生“光渗现象”，导致光从物体边缘穿过，使得本应该产生阴影的区域没有产生。

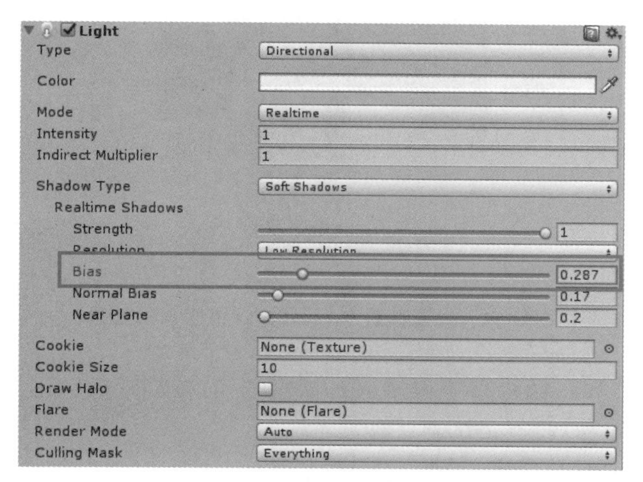

图 6-33　设置参数 Bias 值

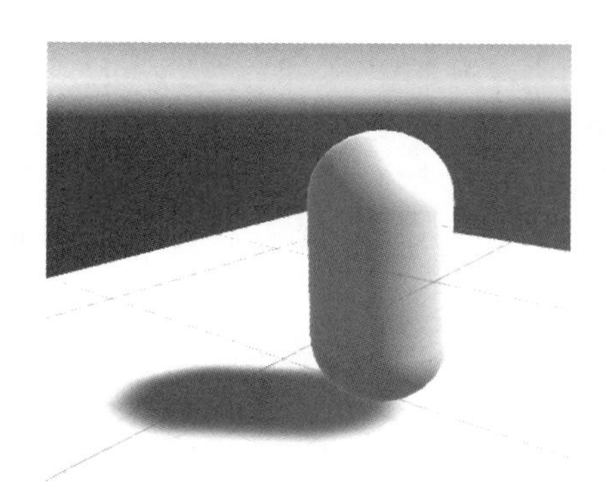

图 6-34　设置参数 Bias 值后的阴影效果(消除阴影斑效果)

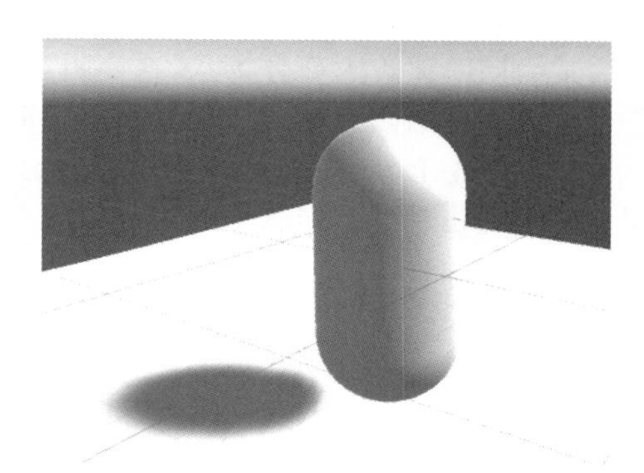

图 6-35　Bias 值设置太高的效果

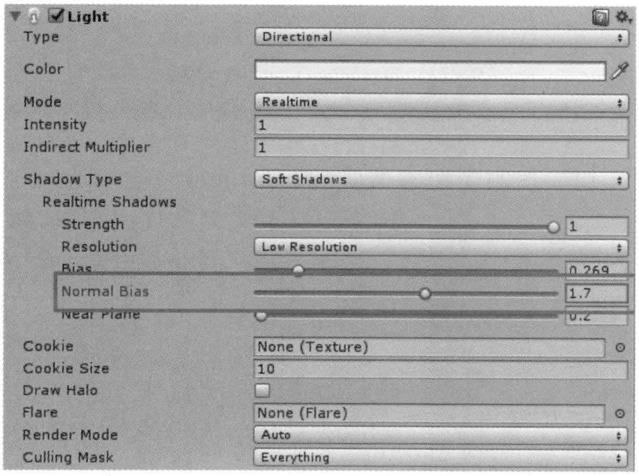

Light
Type　Directional
Color
Mode　Realtime
Intensity　1
Indirect Multiplier　1
Shadow Type　Soft Shadows
Realtime Shadows
Strength　1
Resolution　Low Resolution
Bias　0.269
Normal Bias　1.7
Near Plane　0.2
Cookie　None (Texture)
Cookie Size　10
Draw Halo
Flare　None (Flare)
Render Mode　Auto
Culling Mask　Everything

图 6-36　设置参数 Normal Bias 值

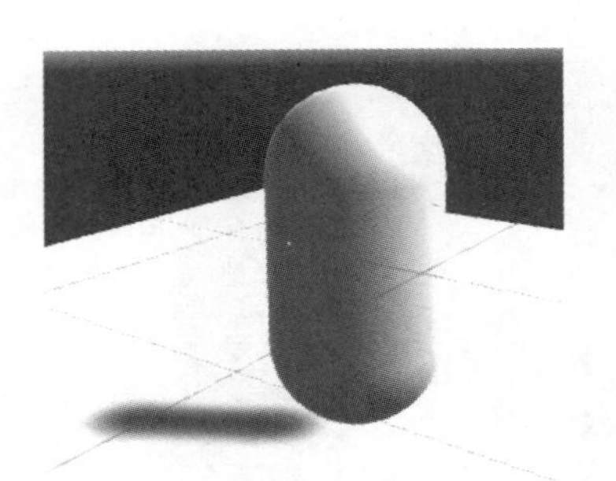

图 6-37　设置参数 Normal Bias 值太高的效果

光源的 Normal Bias 值最好不要修改，以确保“光渗现象”的产生。一般来说，用眼睛判断正确的数值更容易，而不是试图计算它。

6.5.4　平行光阴影

平行光通常用来模拟太阳光，一个单一的光源可以照亮整个场景。这意味着阴影贴图通常会同时覆盖大部分场景，这使阴影很容易产生“透视走样”效果。“透视走样”意味着靠近照相机的阴影贴图像素看起来比那些远处的像素更大、更厚。

在 Unity3D 引擎中，可以通过设置 Shadow Cascades 个数来消除“透视走样”，操作方法为依次选择导航菜单栏 Edit→Project Settings→Quality 命令，在 Shadows 的 Shadow Cascades 选择框中修改，如图 6-38 所示。

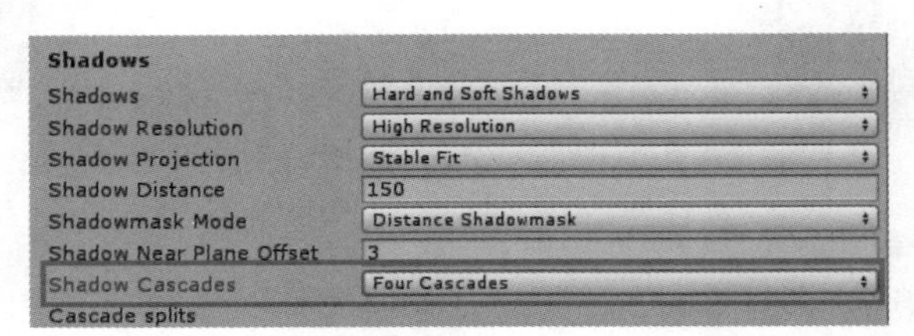

图 6-38　设置 Shadow Cascades 的个数

6.6　光照模型

Unity3D 引擎中，想要控制光照参数，需要在 Light 参数面板中选择光照模型，光照模型定义了光照的使用意图，如图 6-39 所示。

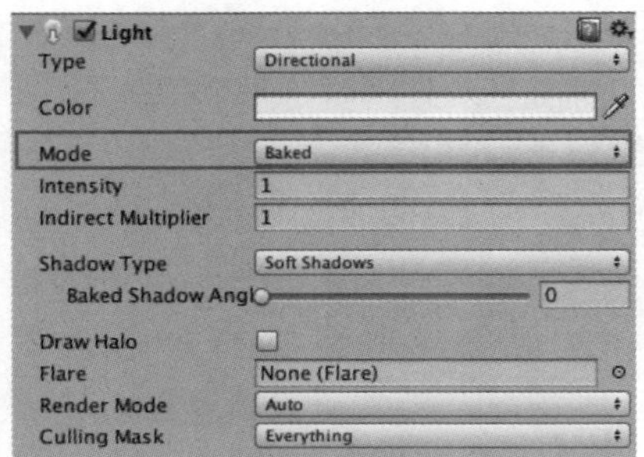

图 6-39　设置光照模型

Unity3D 引擎中包含 3 种光照模型，如图 6-40 所示。

(1) Realtime(实时)光照模型：在虚拟现实软件运行期间，Unity 软件要计算和更新场景每帧的光照效果。

(2) Mixed(混合)光照模型：混合光照模型包含 4 种子模型，分别是直接烘焙、阴影蒙版、距离阴影蒙版和消减。Unity 软件能够在虚拟现实软件运

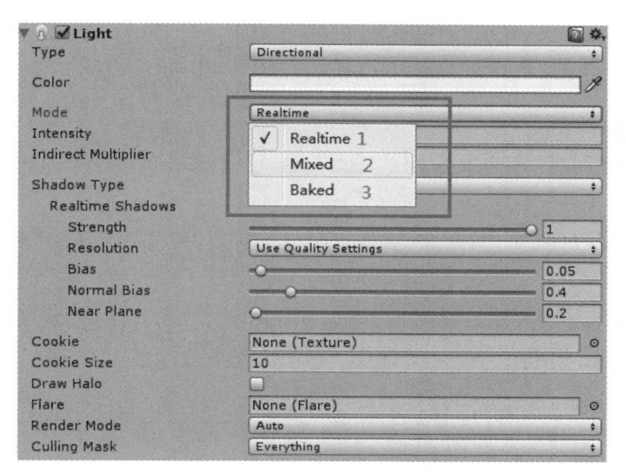

图 6-40　Unity3D 引擎中的 3 种光照模型

行期间计算混合光照，但是计算能力有限，一般不使用实时计算混合光照，而是使用预先计算的方式计算混合光照。

(3) Baked(烘焙)光照模型：在虚拟现实软件运行前，Unity 软件根据光照贴图预先计算光照，运行期间不计算。

每种光源参数面板中的光照模式应与光照设置窗口中的设置(可依次选择导航菜单栏 Window→Lighting→Settings→Scene 命令)相对应，如图 6-41 所示。

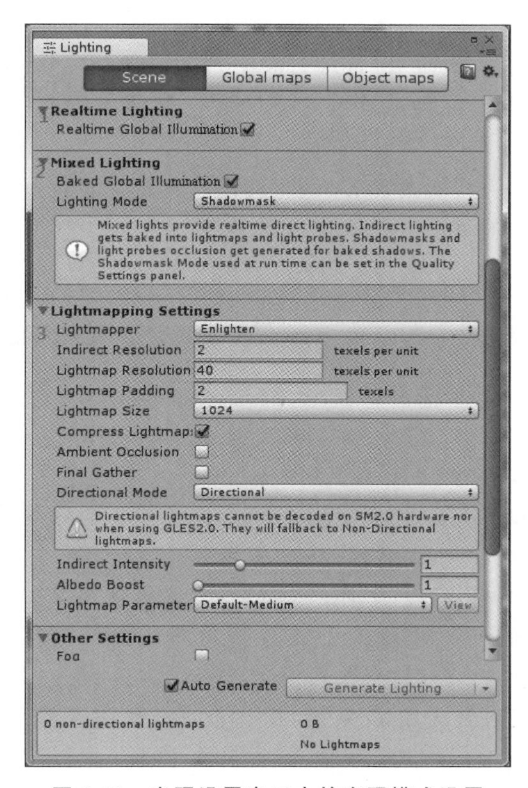

图 6-41　光照设置窗口中的光照模式设置

使用以上设置应对应不同的光照模式，例如，在光照设置窗口，选中 Realtime Global Illumination 复选框，场景中的所有光源应设置为 Realtime 模式。

6.7 材质

在最高抽象层次上，渲染是指使用软件从模型生成图像的过程。模型是用语言或者数据结构进行严格定义的三维物体或虚拟场景的描述，它包括几何、视点、纹理、光照和阴影等信息。图像是数字图像或者位图图像。渲染用于描述计算视频编辑软件中的效果，以生成最终视频的输出过程。渲染操作的应用日趋广泛，包括影视业及游戏业等领域，并逐渐成为创意表达、娱乐及视觉化的前沿阵地。

在 Unity3D 引擎中，渲染通过材质、着色器和纹理完成，材质、着色器和纹理之间的关系非常紧密。材质定义了应该如何渲染表面，包含了对贴图的引用、拼接信息、颜色等。材质的有效选项取决于所使用的着色器。着色器是一些小脚本，包含了计算每个像素渲染颜色的数学计算和算法，基于光照输入和材质配置。纹理是一些位图图像。一个材质可以包含对多个纹理的引用，材质的着色器在计算物体表面颜色时可以使用这些纹理。相对于物体表面的基础颜色(漫反射)，纹理可以表示更多的材质表面细节，如反射率或粗糙度。

一个材质只能使用一个着色器，这个着色器决定了材质中的哪些选项是有效的。一个着色器指定一个或多个希望使用的纹理变量，在材质的参数面板中，可以为这些纹理变量指定纹理资源。

对于大多数渲染，如角色、场景、环境、固体、透明物体、坚硬外表、柔软外表等，标准着色器往往是最佳选择。这是一种可高度定制的着色器，可以非常逼真地渲染很多种外表类型。

而在某些情况下，使用其他内置着色器，甚至是自定义着色器，可能更加合适。例如，液体、植物、玻璃折射、粒子效果或其他艺术效果、特技效果，可使用夜视仪、热成像仪或 X 光透视等。

6.7.1 创建和使用材质

Unity3D 引擎中创建和使用材质是一个较为复杂的工作，创建材质的方法为依次选择导航菜单栏 Assets→Create→Material 命令，也可以在项目视图中右击，在弹出的快捷菜单中创建一个新材质。

默认情况下，新建的材质会自动分配 Unity3D 引擎的标准着色器，并且所有属性均空，如图 6-42 所示。

一旦材质被创建，就可以把它应用到一个对象，并且可在参数面板中修改它的所有属性。如果想把材质应用到一个对象上，只需要把材质从项目视图拖曳到场景视图或层级视图中的相应对象上即可。

创建完材质后，要想得到应用，下一步工作将是根据具体需要设置材质属性，那么如何设置材质属性呢?

为材质选择任意着色器。操作非常简单，在参数面板中展开 Shader(着色器，Unity

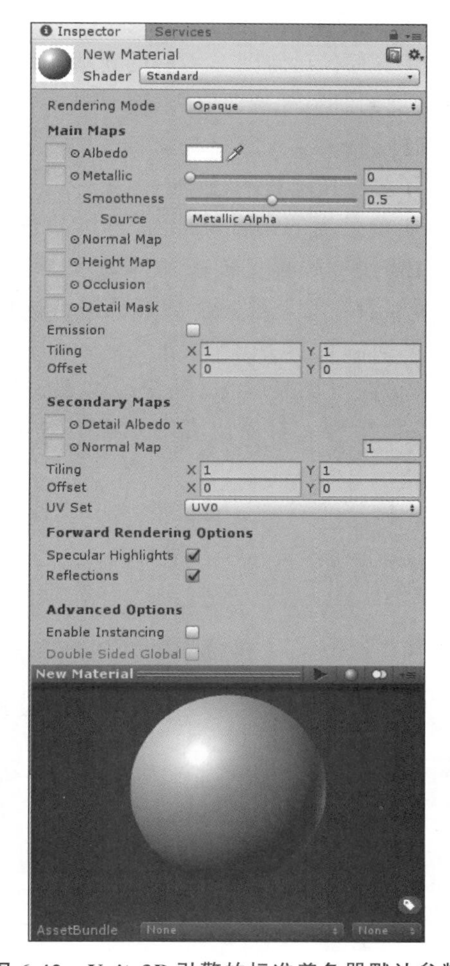

图 6-42　Unity3D 引擎的标准着色器默认参数

默认选择的是 Standard 着色器)下拉菜单，选择新的着色器。所选择的着色器决定了材质可改变的有效属性。属性可以是颜色、滑动器、数值或向量。如果已经把材质应用到了场景视图中的某个激活对象上，那么改变属性也会实时应用到该对象上。

Unity 软件提供了两种方式将纹理应用到某个属性上。

(2) 从项目视图拖曳纹理资源到参数面板的 Albedo 属性上。

(2) 单击参数面板中 Albedo 属性右侧的小圆点按钮进行选择，从弹出的下拉列表中选择纹理资源。

6.7.2　着色器

Unity3D 引擎中除了标准着色器还有许多其他类型的内置着色器，用于不同的用途。

(1) FX：用于光照和玻璃效果。

(2) GUI 和 UI：用于用户图形界面。

(3) Mobile：用于移动设备的高性能着色器。

(4) Nature：用于树木和地形。

（5）Particles：用于粒子系统效果。

（6）Skybox：用于渲染位于所有几何图形之后的背景环境。

（7）Sprites：用于 2D 精灵系统。

（8）Toon：用于渲染卡通风格。

（9）Unlit：用于绕开所有光照和阴影的渲染。

（10）Legacy：大量老版本着色器的集合，已经被标准着色器取代。

要想更好地使用着色器，必须了解着色器技术的细节。着色器是一段包含了数学计算和算法的脚本，用于决定模型表层的外观。标准着色器会执行复杂而逼真的光照计算。其他着色器可能采用简化或不同的计算方式，从而实现不同的结果。任意一个着色器都带有一组可改变的属性，这些属性可能是数值、颜色或纹理，当在 Unity 的属性面板中查看材质时，属性会显示在参数面板中。材质由绑定到虚拟对象的 Renderer 组件使用，用于渲染虚拟对象的网格。

多个不同的材质可以引用同一个纹理。这些材质可以使用相同的着色器，也可以根据需求选择不同的着色器，这完全取决于具体需求。

给出一套设置组合的示例，用到了 3 个材质、2 个着色器和 1 个纹理，如图 6-43 所示。

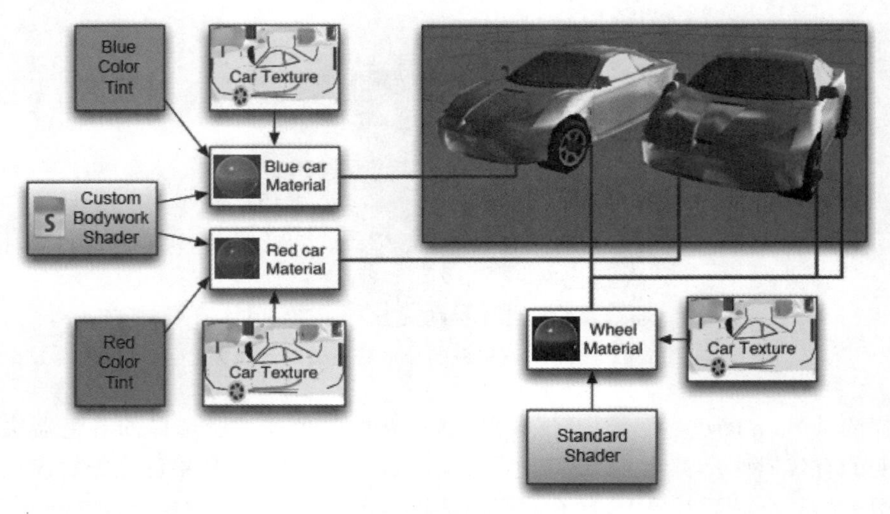

图 6-43　设置组合的示例

在图 6-43 中，有一辆红车和蓝车。两个模型的车身使用不同的材质，分别是红车材质和蓝车材质。两个车身材质使用了同一个自定义着色器，即车身着色器。之所以使用自定义着色器，是因为它可以为汽车提供额外的功能，如渲染金属光斑，可能还会提供自定义的损伤变形功能。两个车身材质都引用了汽车纹理，一张包含了车身所有细节的纹理图，但是其中没有指定绘制颜色。车身着色器还可以接受一个色调，用于为红车和蓝车设置不同的色调，从而让两辆车拥有不同的外观，而此处实际上只使用了一张纹理。车轮使用一个独立的材质，但是两辆车的车轮共享这个材质，因为两辆车的车轮并没有什么不同。车轮材质使用标准着色器，并再次引用汽车纹理。

注意：汽车纹理同时包含了车身和车轮的细节，称为纹理集，纹理贴图的不同部分可以明确地映射到模型的不同部位。

尽管车身材质引用了一个包含车轮图像的纹理，但是车轮不会显示在车身上，因为车轮部分没有被映射到车身结构。

同样的，车轮材质也使用了同一个材质，其中包含了车身细节。但是车身细节不会显示在车轮上，因为只有贴图的车轮细节被映射到了车轮结构。

映射关系由外部3D应用程序制作(如Maya、3ds Max)，称为UV映射。

更具体地说，一个着色器定义了渲染虚拟对象的方法，包括代码和数学计算。数学计算包括光源角度、视角和其他所有相关的计算。着色器也可以基于终端用户的图形硬件采取不同的计算方式。

在材质参数面板中可以自定义参数，如纹理映射、色彩和数值。

总体上来说，一个材质定义了使用哪种着色器来渲染材质，以及该着色器参数的具体值(如纹理映射、色彩值和数值)。

自定义着色器由图形程序员编写。使用ShaderLab语言，非常简单。但是，要让一个着色器在各种各样的图形显卡上都正常运行是一项复杂的工作，并且要求对显卡运行原理有非常全面的了解。

为满足基本的项目开发需要，Unity3D引擎提供了基本的着色器，这些基本着色器能够胜任大部分的应用场景，如有更高级的需求，更多的着色器可以在标准资源库中查找，当然也可以使用ShaderLab语言编写自定义着色器。

6.8 基于物理的渲染

6.8.1 基于物理的渲染的定义

基于物理的渲染(Physically Based Rendering，PBR)是一些在不同程度上都基于与现实世界的物理原理更相符的基本理论所构成的渲染技术的集合。正因为基于物理的渲染目的是使用一种更符合物理学规律的方式来模拟光线，因此这种渲染方式与原来的Phong或者Blinn-Phong光照算法相比，总体上要更真实一些。此外，由于它与物理性质非常接近，因此可以直接以物理参数为依据来编写表面材质，而不必依靠粗劣的修改与调整让光照效果看上去正常。使用基于物理参数的方法来编写材质还有一个更大的好处，就是无论光照条件如何，这些材质看上去都会是正确的，而在非PBR管线当中有些东西就不会那么真实了。

6.8.2 制作金属刀叉

根据前面所掌握的知识，使用Unity3D引擎的材质系统，调整Albedo、Metallic、Smoothness和Emission Color等属性，创建金属刀叉模型。具体制作步骤如下。

(1) 制作模型文件并导出。使用3ds Max或Maya软件制作西餐中常用的刀叉模型，制作完成后，将刀叉模型分别导出为fbx格式的模型文件，分别将其命名为knife.fbx和fork.fbx。

(2) 模型文件导入。将knife.fbx和fork.fbx模型分别导入Unity3D引擎中。可直接将模型文件拖曳到Unity3D引擎的项目视图Assets文件夹中，如图6-44所示，注意导入的模型文件不带有材质。

图6-44　导入Unity编辑器中的刀叉模型

(3) 创建材质。Unity3D引擎中创建材质的方法为依次选择导航菜单栏Assets→Create→Material命令，也可以在项目视图中右击，在弹出的快捷菜单中依次选择Create→Material命令，并将其命名为metalMaterial，刚创建的材质为Unity3D引擎的默认材质，也称为空材质，如图6-45所示。

(4) 设置材质参数。在项目视图中单击刚才创建的材质metalMaterial，注意到Unity编辑器右侧属性面板中的Albedo、Metallic、Smoothness和Emission Color属性，选择Albedo属性前面的圆圈按钮，在弹出的"贴图选择"对话框中选择metalTexture贴图，单击Albedo后面的颜色选择器，选择白色，设置Metallic的值为1；Smoothness的值为0.703，选中Emission复选框，设置Color为灰色，大小为0.47058，参数设置如图6-46所示。最后生成具有金属材质的刀叉效果，如图6-47所示。

图6-45　Unity3D引擎的默认材质

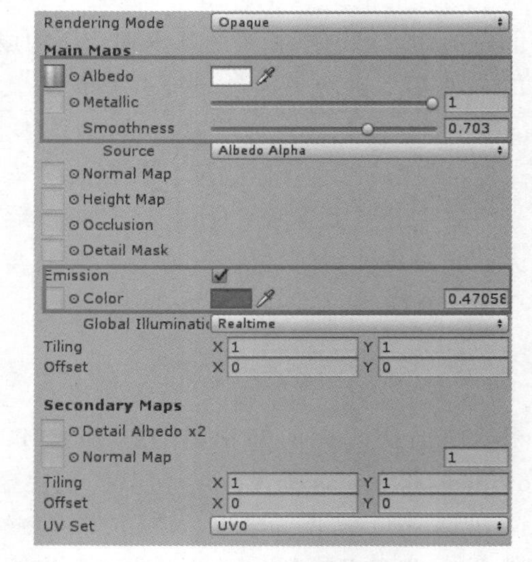

图6-46　金属材质参数设置

图 6-47　具有金属材质的刀叉效果

金属材质的参数调整一般就是设置 Albedo、Metallic、Smoothness 和 Emission Color。Albedo 设置纹理和模型表面的颜色，纹理一般是选择能够描述金属效果的图片，因为西餐中使用的刀叉一般是银色的，所以一般设置模型颜色为灰色；另外，Metallic 表示模型表面的金属性，为了实现金属效果，一般设置 Metallic 值为 0.6～1.0；Smoothness 表示模型表面的光滑度；设置 Emission 值是为了让模型看起来更加细腻有光泽。

6.8.3　制作生锈的金属材质

为了生成质感更好的材质，借助于 B2M(Bitmap2Material)软件，本节以生锈的金属材质为例，介绍制作高级材质的步骤与方法。

(1) 下载高级纹理贴图生成软件 Bitmap2Material 3.0.3，可以在 Substance 官网下载，安装成功后，在计算机上生成快捷图标，如图 6-48 所示。

图 6-48　Bitmap2Material 3.0.3 快捷图标

(2) 打开 Bitmap2Material 软件，在软件界面最右侧功能栏中选择 Main Input 选项，如图 6-49 所示。在弹出的文件选择框中选择提前准备好的贴图文件(JPG 格式的图片，如 tex.jpg)，此时项目视图中的正方体会根据贴图呈现出具有凹凸感的生锈的铁材质效果，如图 6-50 所示。

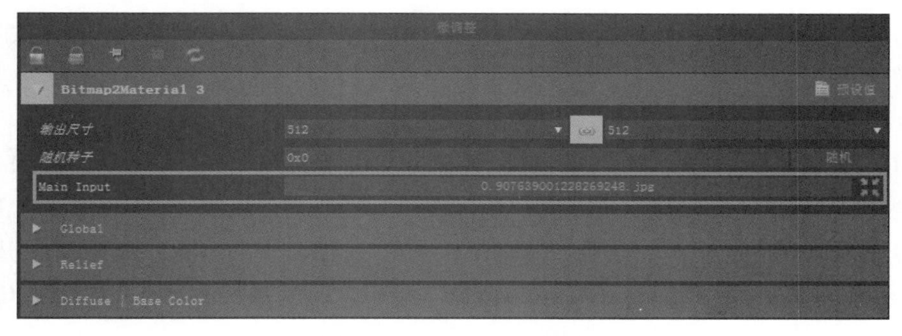

图 6-49　Main Input 选项

图 6-50　生锈的铁材质效果

(3) 在软件界面的上方分别单击选择 Normal 和 Height 选项，在相应的图片上右击，在弹出的快捷菜单中，选择“另存为位图文件”命令，将其保存到贴图文件所在的文件夹中，并将其分别命名为 normalTexture 和 heightTexture，具体操作如图 6-51 所示。最后，将贴图文件、normalTexture 和 heightTexture 拖入 Unity 的项目视图中。

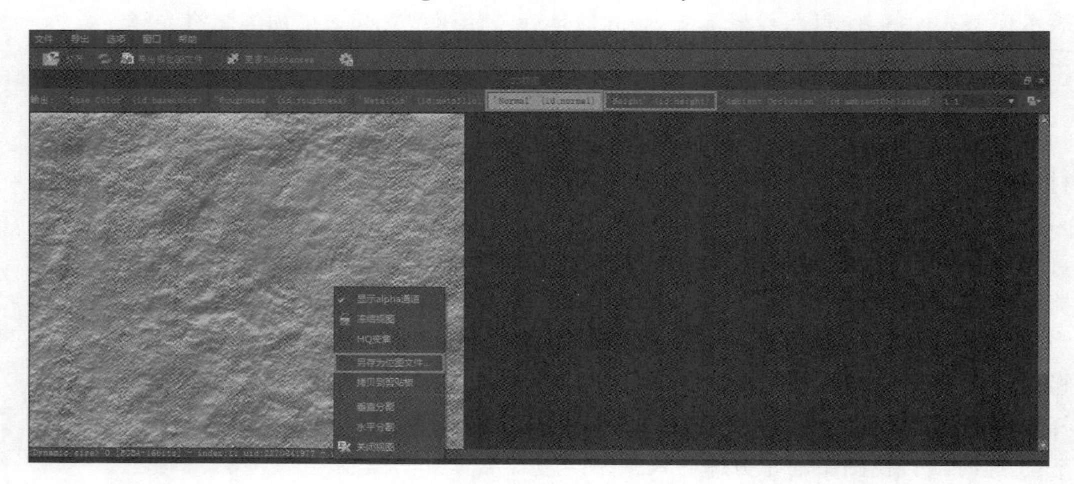

图 6-51　选择 Normal 和 Height 选项

(4) 在场景中创建一个简单的场景，添加 Plane 与 Cube 两个对象，在项目视图中创建一个新的材质。材质创建方法：在项目视图中右击，在弹出的快捷菜单中选择 Create→Material 命令，如图 6-52 所示。

(5) 将材质拖曳给 Cube 对象，在材质的属性面板中选择 Main Maps 中的 Albedo，选择铁锈贴图，如图 6-53 所示。Cube 对象添加铁锈贴图后表面发生变化，如图 6-54 所示。

(6) 在材质的属性面板中选择 Main Maps 中的 Normal Map 和 Height Map 选项，依次选择 normalTexture 和 heightTexture 贴图，如图 6-55 所示。添加完贴图后的 Cube 对象表面会发生变化，产生凹凸感，如图 6-56 所示。

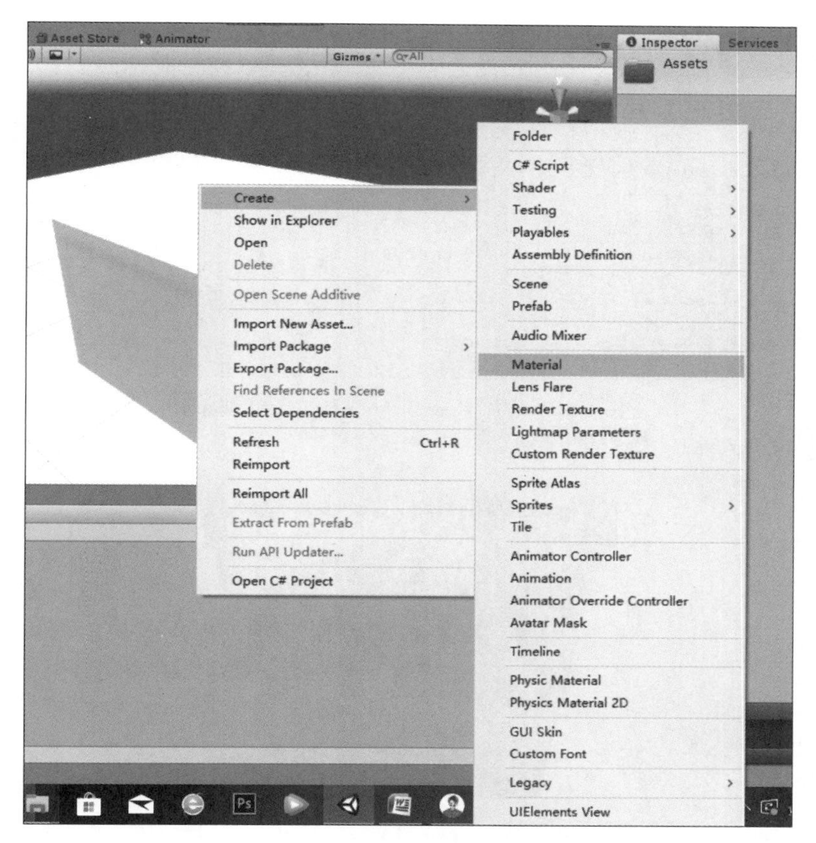

图 6-52　材质创建方法

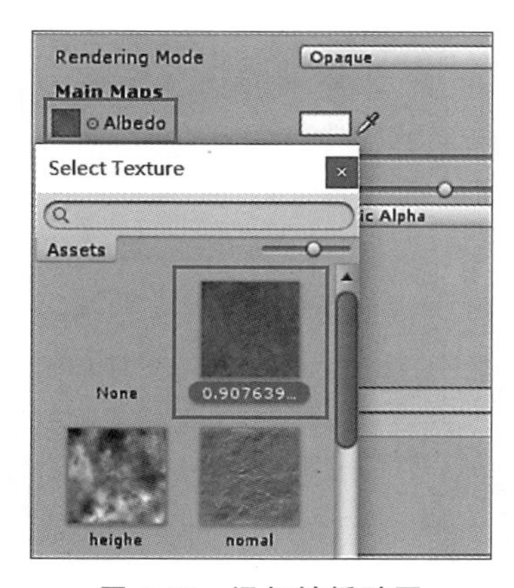

图 6-53　添加铁锈贴图

图 6-54　在 Cube 对象添加铁锈贴图后表面发生变化

（7）调整 Metallic 和 Smoothness 两个参数。Metallic 表示的是材质表面的金属性，Smoothness 表示的物体表面的光滑属性，设置 Metallic 和 Smoothness 两个参数分别为 0.8 和 0.528，因为制作的是金属材质，所以将 Metallic 参数值设置的大一些，使贴图的金属效果更加逼真，如图 6-57 所示。铁锈最终效果如图 6-58 所示。

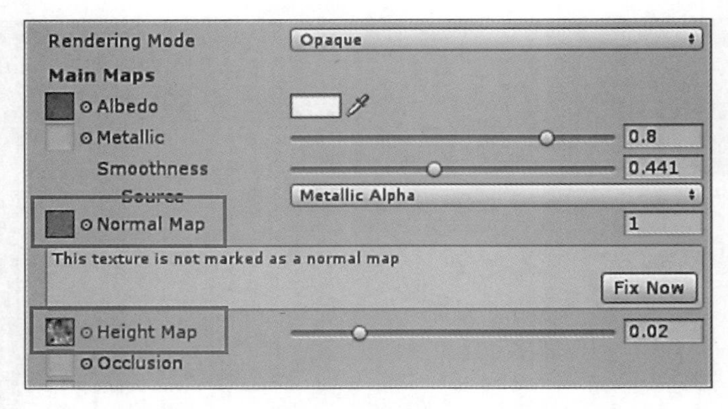

图 6-55　添加 Normal Map 和 Height Map

图 6-56　为 Cube 对象添加 Normal MAP 和 Height Map 后的凹凸感效果

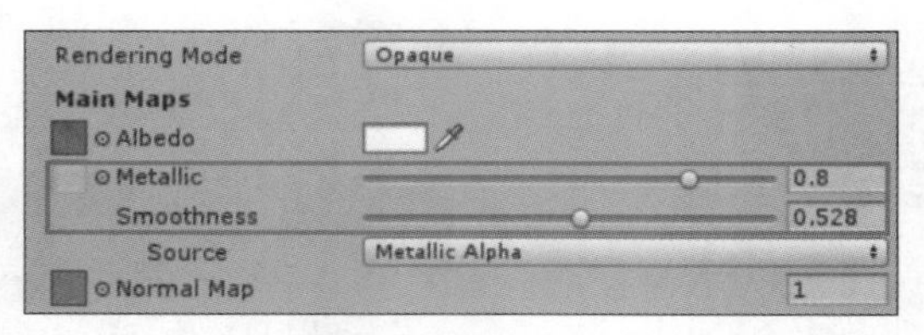

图 6-57　Metallic 和 Smoothness 两个参数设置

图 6-58　铁锈最终效果

6.9　本章小结

光照直接决定了虚拟现实图像、视频和应用的渲染效果。一个虚拟现实游戏或应用的观赏效果好坏与光照的设置有直接关系，为了对Unity3D引擎的光照有深入的了解，本章针对Unity3D引擎的光源、阴影和材质进行了详细介绍。

学习本章，一定要理解光源、阴影和材质渲染的概念，只有真正理解这些基本概念才能创作出体验效果优良的虚拟现实作品。还要掌握Unity编辑器中光源和阴影的相关参数设置，点光源、聚光灯、平行光是虚拟现实中常用的3种灯光，它们各自根据自己的特点有不同的应用，如点光源适合模拟蜡烛或灯泡，聚光灯适合模拟手电筒，平行光适合模拟太阳光。材质效果直接影响了用户的视觉感受，材质效果好，让用户看着舒服自然；材质效果差，容易让用户看着别扭，自然会导致用户对作品的评价低。在高端应用中，Unity3D引擎一般使用基于物理的渲染材质进行真实的物体表面材质模拟，一定要掌握在Unity编辑器中使用基于物理的渲染材质的方法。

习题6

1. 简述Unity3D引擎的光照模型，并说明3种光照模型各自适合应用的情景。

2. Unity3D引擎的材质是由哪几部分组成的？每部分对应的Unity编辑器中的参数设置是什么？

3. 什么是阴影斑效果？如何消除阴影斑？

4. Unity3D引擎中如何制作客厅中常见的吊灯？导入一个吊灯的三维模型，并制作发光的吊灯。

5. 什么是着色器？Unity3D引擎提供了哪些着色器？每种着色器适合应用于哪些情景？

6. 什么是PBR？如何使用PBR材质制作铜制门把手、布料沙发、瓷砖地板、木质地板、皮质沙发？

第7章

动画系统

本章学习目标

- 了解使用 Unity3D 引擎制作的三维动画作品，理解三维动画的概念与原理。
- 理解 Unity3D 引擎的动画系统 Mecanim 的功能、动画制作流程和动画片段相关的基础知识。
- 掌握使用 Mecanim 动画系统制作普通动画的步骤和方法。
- 理解动画事件的概念，掌握为动画添加动画事件的步骤和方法。
- 理解 Animation Curves 的功能，掌握调节 Animation Curves 的步骤和方法，学会使用 Animation Curves 创建旋转弹跳的小球。
- 理解人形动画的概念，学会在 Unity3D 引擎中使用人形动画的步骤和方法。
- 理解动画控制器的概念和工作原理，了解 Animator 组件、Animator Controller 文件、Animation Clip 文件和 Animator 窗口。
- 理解状态机、状态和过渡关系的概念。
- 熟练掌握动画状态机的创建方法。

本章主要介绍 Unity3D 引擎的动画系统 Mecanim。首先介绍三维动画的概念与原理，使用 Unity3D 引擎制作三维动画作品，Unity3D 引擎的动画系统 Mecanim 的功能、制作流程和动画片段等，重点介绍使用 Mecanim 动画系统制作普通动画的步骤和方法；其次介绍 Mecanim 动画系统中动画事件、Animation Curves 的功能和使用方法，通过一个实例演示使用 Animation Curves 创建旋转弹跳的小球的步骤与方法；再次介绍人形动画的概念，如何使用 Mecanim 动画系统制作人形动画，以及动画控制器的概念和工作原理、Animator 组件、Animator Controller 文件、Animation Clip 文件和 Animator 窗口等；最后介绍动画状态机的相关知识及其使用方法。

7.1　三维动画

7.1.1　三维动画的概念

动画是指由许多帧静止的画面，以一定的速度（如每秒16张）连续播放时，人的眼睛因视觉残像产生错觉，而误以为画面活动的作品。动画为什么会动？这是由视觉暂留原理产生的，视觉暂留的典型解释：当人眼看到一连串略有差异的影像时，每个影像都有一个短暂的持续，在影像消失后，影像仍滞留在视网膜上，从而使影像能够与下一个影像平滑地融合。

三维动画也称为3D动画，它是基于3D计算机图形来表现的。有别于二维动画，三维动画提供三维数字空间利用数字模型来制作动画，被广泛应用于现代电影中。3D动画几乎完全依赖于计算机制作，在制作时，渲染效果高度依赖于图形计算机性能。三维动画主要的制作技术有建模、渲染、灯光阴影、纹理材质、动力学、粒子效果、布料效果、毛发效果等。著名的3D动画工作室包括皮克斯、蓝天工作室、梦工厂等。

7.1.2　使用Unity3D引擎制作的三维动画

Unity3D引擎在电影行业中得到了广泛应用，包括Marza Animation Planet制作的*The Gift*，Disney奇幻电影*The Jungle Book*的前期预览，Unity制作的电影短片*Adam*，Soba Productions制作的短片*Sonder*，电影《太空旅客》中所用的可设置式的视频回放工具，以及Tant Mieux Productions制作的*Mr Carton*等。

2016年，Unity官方发布了一个使用Unity3D引擎创作和渲染的动画短片*ADAM*，效果非常震撼，短片中的角色Adam、Guard和Lu都是在Unity中进行创作和渲染的，使用了大量的动画制作技术。基于Unity 2017强大的实时渲染功能，Oats Studios创建出了逼真的图像和数码人类，短片结合了Unity3D引擎先进的高端图形处理能力、带有自定义渲染纹理功能的新材质、先进的摄影测量技术，采用Alembic-streamed动画的面部表情和服饰动作，以及Unity3D引擎的Timeline功能，最终制作出了效果惊人的*ADAM*，如图7-1所示。

(a) 电影中的角色

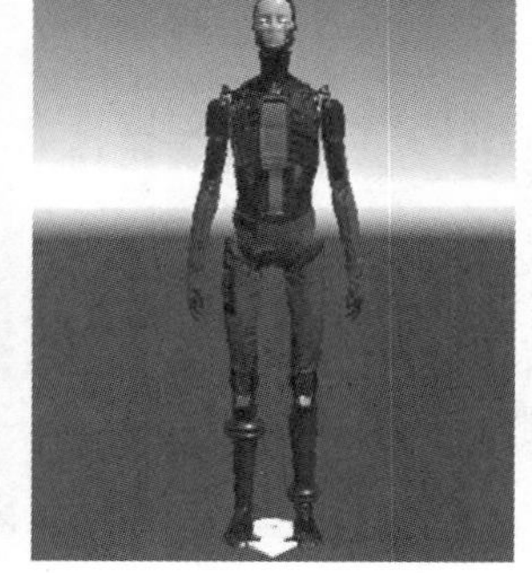

(b) Unity编辑器中的角色

图7-1　电影短片*ADAM*

学习 Mecanim 动画系统是使用 Unity3D 引擎制作动画的基础，只有掌握了基础才能够深入学习高级动画制作，才能够有希望制作出类似 *ADAM* 的动作和视觉效果的电影短片。

 7.2 Unity3D 引擎的动画系统

7.2.1 Unity3D 引擎的动画系统的功能

Mecanim 是 Unity3D 引擎提供的一个丰富而复杂的动画系统，它提供了以下功能。

（1）简单的工作流程，设置动画的所有元素，包括对象、角色和属性。

（2）支持导入外部创建的动画片段和使用内置动画编辑器制作的动画片段。

（3）人形动画重新定位，动画角色的运动控制可以被所有的角色模型共享，即角色的外观（SkinnedMesh）和运动（Animator）是分离的，它们互相组合后形成最终的动画。

（4）用于编辑动画状态的简化工作流程，即动画控制器。

（5）方便预览动画片段，以及片段之间的插值过渡。这使动画师可以独立于程序员工作，在不运行游戏的情况下，可以对原型和预览动画进行预览。

（6）管理动画与可视化编程工具之间的复杂交互。

（7）不同的身体部位可以使用不同的动画逻辑控制。

（8）动画的分层和掩蔽功能。

7.2.2 动画制作流程

在 Unity3D 引擎中制作动画的流程一般分为动画片段制作、动画控制器编辑、片段混合设置、绑定动画与模型、引用关系 5 个步骤，如图 7-2 所示。

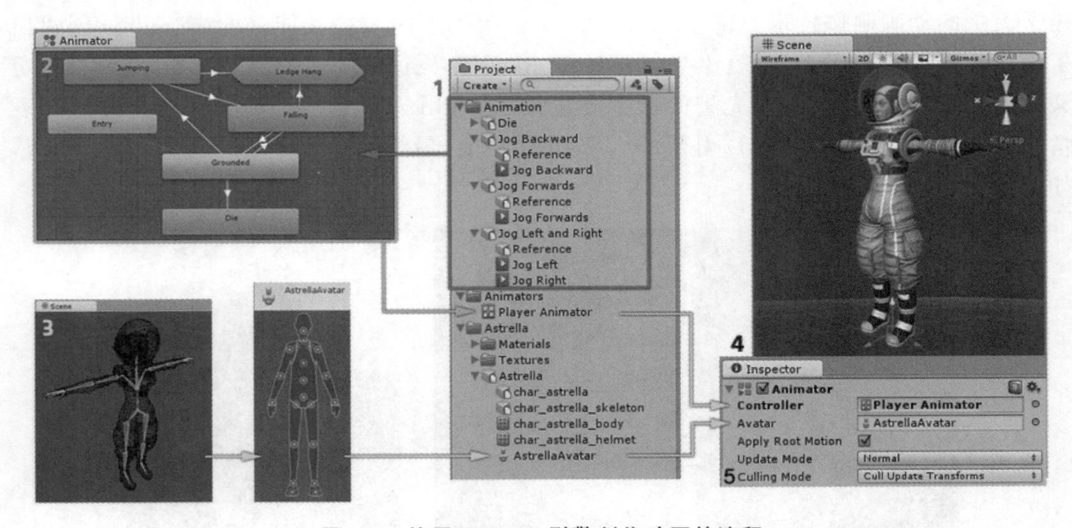

图 7-2　使用 Unity3D 引擎制作动画的流程

（1）动画片段制作：动画片段是 Unity3D 引擎动画系统的基础，片段中包含了对象如何随时间变化其位置、旋转或其他属性信息。每个片段可以看作是一个单一的线性记

录。源于外部的动画片段由第三方工具(如3ds Max或Maya)制作,或来自运动捕捉等。

(2) 动画控制器编辑:使用动画控制器组织动画片段,动画控制器是类似流程图结构的系统,它内部拥有一个“状态机”,用于控制当前动画片段的播放,以及何时进行不同片段之间的切换,包括动画片段间的插值过渡和混合,动画控制器的内容被保存为扩展名为controller的文件。

(3) 片段混合设置:一个非常简单的动画控制器可能只包含一个或两个片段,如控制在正确的时间开门或者关门的动画。更高级的动画控制器可能包含几十种人形动画片段来表现主角的所有动作,同时可以在多个片段之间进行混合,以便为角色在场景中移动时提供流畅的动作。

(4) 绑定动画与模型:Unity3D引擎的动画系统还具有一些特殊功能用以处理人形动画,使读者能够将任意来源(如运动捕捉,Asset Store中下载或其他第三方动画库)的人形动画重新定位到读者自己的角色模型中,同时定义肌肉调整。这些特殊功能由Unity3D引擎的Avatar系统提供,它将人形角色映射到了通用的内部格式。

(5) 引用关系:所有的这些内容——动画片段、动画控制器和Avatar,都通过GameObject上的Animator组件组合在一起。Animator组件具有对动画控制器(Controller)的引用,以及对该模型的Avatar的引用。动画控制器则包含对其使用的动画片段的引用。

7.2.3　动画片段

动画片段(Animation Clip)是Unity3D引擎动画系统的核心元素之一。Unity3D引擎支持从外部源导入动画,另外也提供了一个简易的内置动画编辑器,可以从头开始创建动画片段,目前该动画编辑器不支持人形动画编辑。

源于外部导入的动画片段包括以下内容。

(1) 动作捕捉获得的人形动画。

(2) 在外部3D应用程序(如3ds Max或Maya)中创建的动画。

(3) 来自第三方库的动画集(例如,来自Unity3D引擎的资源商店)。

(4) 对导入的单个动画片段的时间轴进行切割后获得的多个动画片段。

7.2.4　为GameObject添加动画

1. 创建三维物体对象

在Unity3D引擎场景视图中创建三个物体对象,分别是Cube、Sphere和Cylinder,目的是为Cube物体对象添加旋转动画,为Sphere物体对象添加平移动画,为Cylinder物体对象添加放缩动画。创建物体对象后,通过平移调整物体位置,使得物体对象在场景中的摆放如图7-3所示。

2. 为Cube物体对象添加旋转动画

为Cube物体对象添加旋转动画。单击层次视图中的Cube物体对象,依次选择导航菜单栏Window→Animation命令,也可以按Ctrl+6键打开Animation窗口,如图7-4所示。单击Create按钮创建动画,此时会弹出Create New Animation对话框,如图7-5所示,即要求在创建动画前先指定保存这一动画的文件,将其命名为rotation.anim,单击保

图 7-3　创建 Cube、Sphere 和 Cylinder 物体对象

存按钮将其保存。Animation 窗口出现了明显变化，即出现了时间轴，各个操作按钮变为可操作状态，如图 7-6 所示，Animation 窗口右侧的动画进度条上多了很多东西，白色的竖线代表当前时间，可以在上方的时间轴上拖曳白线改变当前动画时间；两行并行的时间线完全是和左侧的属性对应的，每当在特定的时间点改变了属性的值，右侧的时间轴上就会对应地多出一个菱形图标，默认情况下只有开始和结束的时间点有菱形图标。如果觉得显示的时间轴过窄，也可以通过滑动鼠标中键缩放时间轴。默认情况下动画的跨度只有 1s，可以通过改变起点和终点的菱形位置来延长和缩短动画时间。所有属性轴的最上方有一个未命名的时间轴，记录所有属性变化节点的总时间轴。

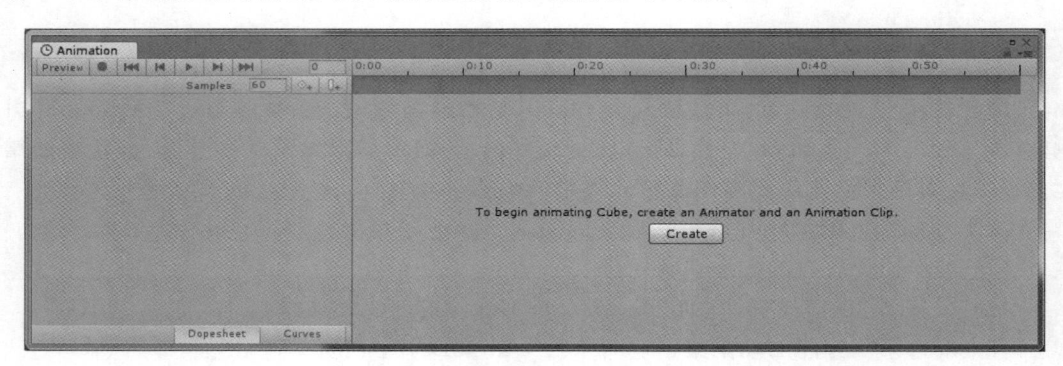

图 7-4　Animation 的窗口

时间轴的默认长度是 1s，如果要求 Cube 物体对象在 1s 的时间内旋转一周，则设定动画在 0.5s 时 Cube 物体对象完成旋转 180°的动画，1s 时 Cube 物体完成旋转 360°的动画。要满足 Cube 物体对象在 1s 的时间内旋转一周的要求，则需要在 Animation 窗口插入一个关键帧，并在 1s 时间点上修改关键帧参数。

添加属性动画，首先在 Animation 编辑面板中单击 Add Property 按钮；其次选择 Transform、Rotation；最后单击 Botaton 右侧的 + 按钮，为 Cube 物体对象创建旋转动画，如图 7-7 所示。

注意观察时间轴，时间轴上的 0:30 并不是指走了 0.3s，而是指经过了 30 个采样点，动画是把连续的图像高速播放，30 个采样点意味着 30 个连续的画面，也可以在 Animation 窗口左侧的 Samples 中修改 1s 包含的采样点数，如果 1s 有 60 个采样点，经过 30 个采样点时就可以近似认为经过了 0.5s。

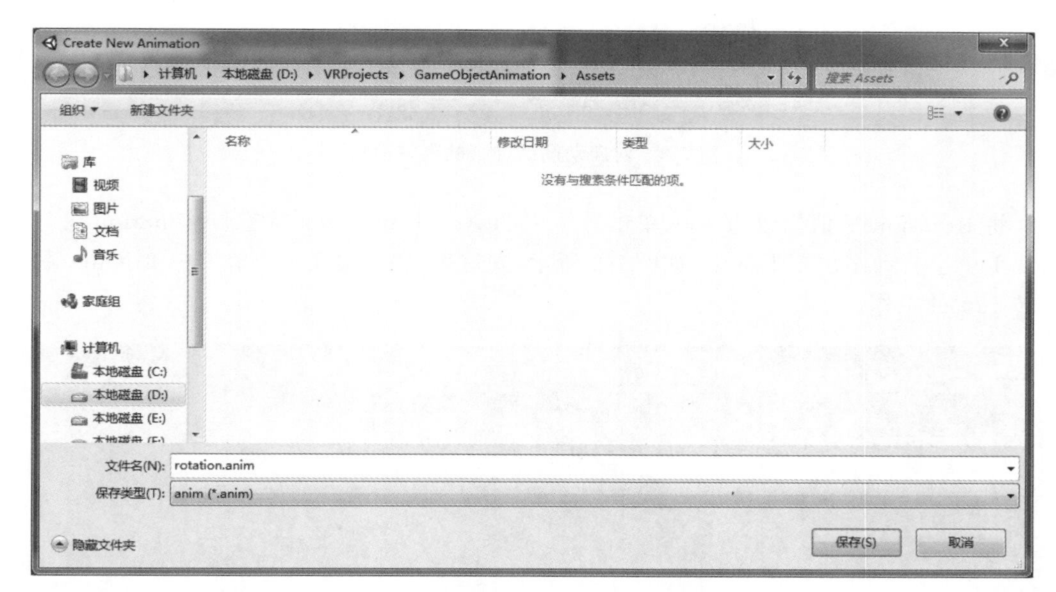

图 7-5　Create New Animation 对话框

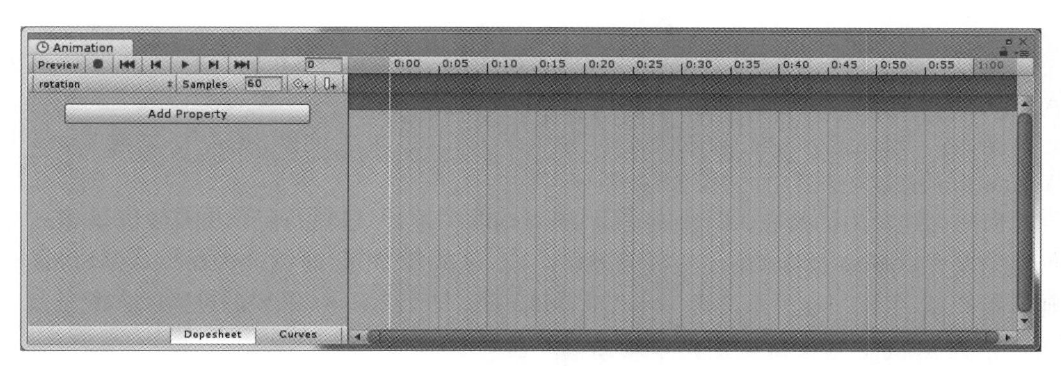

图 7-6　Animation 窗口时间轴

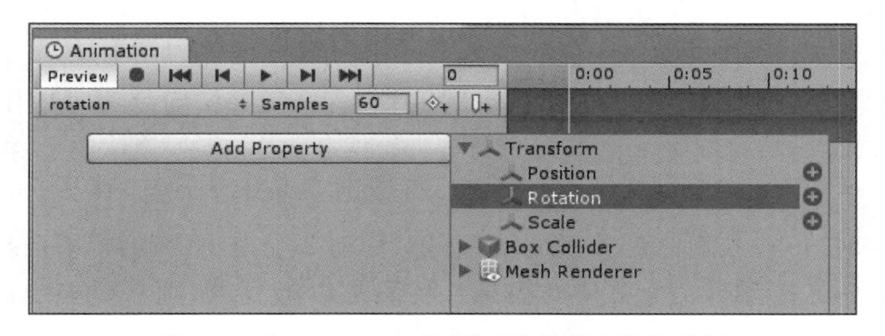

图 7-7　在 Animation 编辑面板中创建旋转动画

按照上面分析的情况，应该在 0:30 处(采样总数为 60 个)添加一个关键帧。如何添加关键帧？一般情况下，拖曳白线到某一位置，即使用白线选中动画中的某一帧进行编辑。第一步显然是移动白线到 0:30 处，这时将活动窗口切换到属性面板，可以观察到 Rotation 属性自动高亮显示了，如图 7-8 所示。

Transform			
Position	X 0	Y 0	Z 0
Rotation	X 0	Y 0	Z 0
Scale	X 1	Y 1	Z 1

图 7-8　对应动画关键帧的属性面板

将 Rotation.Y 值修改为 180，单击方框中的 Add KeyFrame 按钮，Animation 窗口的白线上就会自动多出菱形标记，如图 7-9 所示，到这里，完成设定动画在 0.5s 时 Cube 物体旋转 180°的工作。

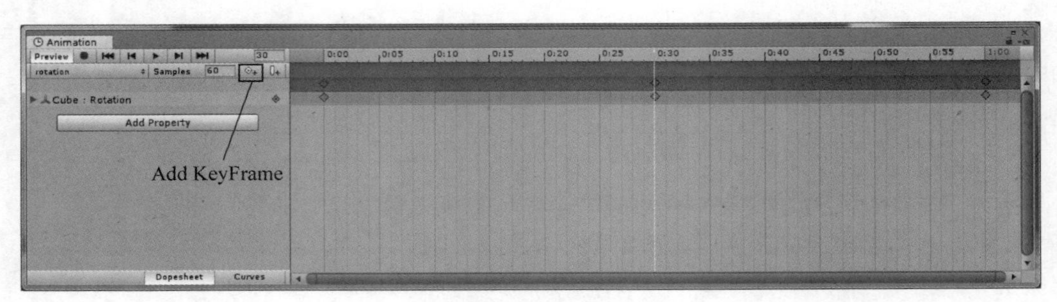

图 7-9　添加动画关键帧

将时间轴上的白线拖曳到 1:00 处，将属性面板中的 Rotation.Y 值修改为 360，单击 Add Frame 按钮，完成设定动画在 1s 时 Cube 物体旋转 360°的工作。

至此，实现了将 Cube 物体绕着 y 轴旋转 360°的动画效果，想要预览效果，单击 Animation 左上角选项中的"播放"按钮即可。

回顾创建动画的过程，不能直接在 GameObject 上加 Animation Clip，所以当该动画创建完以后，Unity 会自动创建一个名称与 GameObject 相同的 Animator Controller（动画控制器）。意识到这一点对进一步理解 Mecanim 动画系统的工作机制非常重要。

3. 为 Sphere 物体对象添加平移动画

为 Sphere 物体对象添加平移动画。单击层次视图中的 Sphere 物体对象，弹出新的 Animation 窗口，单击 Create 按钮为 Sphere 物体对象创建动画，此时会弹出 Create New Animation 对话框，将其命名为 translation.anim，单击"保存"按钮将其保存，观察到 Animation 窗口出现了明显变化，即出现了时间轴，各个操作按钮变为可操作状态。

我们能够观察到，时间轴的默认长度是 1s，如果要求 Sphere 物体对象在 1s 的时间内先垂直向上移动 3 个单位，再水平向右移动 3 个单位，即按照一定的路径进行移动，则设定动画在 0.5s 时 Sphere 物体对象完成垂直向上移动 3 个单位的动画，在 1s 时 Sphere 物体对象完成水平向右移动 3 个单位的动画。要满足以上要求，则需要在 Animation 窗口插入一个关键帧，并在 1s 时间点上修改关键帧参数。

添加属性动画，首先在 Animation 编辑面板中单击 Add Property 按钮；其次选择 Transform→Position；最后单击 Position 右侧的 + 按钮，为 Sphere 物体对象创建平移动画。

拖曳白线到 0:30 处，这时将活动窗口切换到属性面板，可以观察到 Position 属性自动蓝色高亮显示了。将 Position.Y 值修改为 3，单击 Add KeyFrame 按钮，Animation 窗口的白线上就会自动多出菱形标记，到这里，完成设定动画垂直向上移动 3 个单位的工作。

将时间轴上的白线拖曳到 1:00 处，将属性面板中的 Position.Y 值修改为 3，并将 Position.Z 值修改为 4.98，因初始 Position.Z 值为 1.98，则在 Z 方向的正方向上移动 3 个单位后的值应为 4.98，单击 Add Frame 按钮，完成设定动画在 1s 时水平向右移动 3 个单位的工作。

至此，实现了将 Sphere 物体对象按照一定的路径进行移动的动画效果，想要预览效果，可以直接单击 Animation 左上角选项中的“播放”按钮。

4. 为 Cylinder 物体对象添加放缩动画

为 Cylinder 物体对象添加放缩动画。单击层次视图中的 Cylinder 物体对象，弹出新的 Animation 窗口，单击 Create 按钮为 Cylinder 物体对象创建动画，此时会弹出 Create New Animation 对话框，将其命名为 scale.anim，单击“保存”按钮将其保存，观察到 Animation 窗口出现了明显变化，即出现了时间轴，各个操作按钮变为可操作状态。

如果要求 Cylinder 物体对象在 1s 的时间内先在垂直方向上放大 2 倍，再缩小到原来大小，则设定动画在 0.5s 时 Cylinder 物体对象完成在垂直方向上放大 2 倍的动画，1s 时 Cylinder 物体对象完成缩小到原来大小的动画。要满足以上要求，则需要在 Animation 窗口插入一个关键帧，并在 1s 时间点上修改关键帧参数。

添加属性动画，首先在 Animation 编辑面板中单击 Add Property 按钮；其次选择 Transform→Scale；最后单击 Scale 右侧的 + 按钮，为 Cylinder 物体对象创建放缩动画。

拖曳白线到 0:30 处，这时将活动窗口切换到属性面板，可以观察到 Scale 属性自动蓝色高亮显示了。将 Scale.Y 值修改为 2，单击 Add KeyFrame 按钮，Animation 窗口的白线上就会自动多出菱形标记，到这里，完成设定动画在垂直方向上放大 2 倍的工作。

将时间轴上的白线拖曳到 1:00 处，将属性面板中的 Scale.Y 值修改为 1，单击 Add Frame 按钮，完成设定动画在垂直方向上缩小到原来大小的工作。

至此，实现了将 Cylinder 物体对象按照一定的路径进行移动的动画效果，想要预览效果，可以直接单击 Animation 左上角选项中的“播放”按钮。

7.2.5　添加动画事件

动画事件(Animation Event)是一种附属于 Animation Clip 的事件，它们在动画发展到一定程度时触发，从而实现一些特殊的功能。熟悉如何添加动画事件可以省去很多不必要的麻烦，而且它也非常简单。

事件(Event)是一种条件式的函数，当满足某些条件时才会被调用。最简单的例子是单击事件、按键事件等，这些事件在写图形用户界面(GUI)时经常会用到。把事件函数绑定到监听器(Listener)上，等到条件满足时，监听器就会代替执行。

动画事件就是事件的一种，它的触发条件是动画播放到指定的帧。只需要编写事件函数，选择一个 Animation 的具体帧作为触发点，每次动画播放到指定帧时，便会调用一次动画事件。

在 Unity3D 引擎中，只需要关心动画事件的内容(编写脚本)以及选择合适的时间(在

Animation 视图中进行)，其他的都是非常智能的。下面简单地写一个 Unity 脚本，并把它绑定到一个 Animation 上。

如何给指定的 GameObject 添加动画事件呢？

要求 Cube 物体对象的旋转动画执行到 0:30 位置时产生一动画事件，在控制台中输出文本内容 helloworld。

(1) 编写一个专门存放动画事件的脚本。直接在项目视图中右击，在弹出的快捷菜单中选择 Create→C# Script 命令，将脚本命名为 AnimEvents.cs，双击脚本文件后将其打开，修改其内容的代码如下：

```
using System.Collections;
using System.Collections.Generic;
using UnityEngine;
publicclassAnimEvents: MonoBehaviour {
    //Use this for initialization
    void showMsg (string msg) {
        Debug.Log(msg);     //在控制台视图中输出字符串 msg 的内容
    }
}
```

这个脚本定义了一个 showMsg 函数，它负责把接收到的字符串 msg 打印到控制台上。修改完成后只需把脚本拖曳到 Hierarchy 的 Cube 物体对象上，就可以把脚本作为 Cube 物体对象的组件。

需要注意的是，并不是所有的函数都可以被当作动画事件函数，可以被调用的动画事件函数必须满足以下规则：最多只能接收一个参数。参数的类型必须是 int、float、string、object 中的一种。

(2) 打开 Cube 物体对象上的 Animation Clip，将白线拖曳到时间轴位置 0:30 处，单击 Add Event 按钮，添加成功后可以在时间轴的下面看到一个标记，提示动画事件已经添加成功，如图 7-10 所示。这样就会在属性面板中出现选择事件函数面板，如图 7-11 所示。单击 Function 参数后的上下箭头按钮，在弹出的下拉列表中选择需要的事件函数，这时单击事件标记就可以在属性面板中查看可供选择的函数，因为之前已经在 Cube 物体对象上添加了一个 AnimEvents 脚本，所以 AnimEvents 中的函数可以作为动画事件函数被调用。这里选择 showMsg 函数，然后就会发现多出了一个 Parameters String，这是因为之前定义的 showMsg 函数接收一个 string 作为参数，所以我们在属性面板中输入的值会作

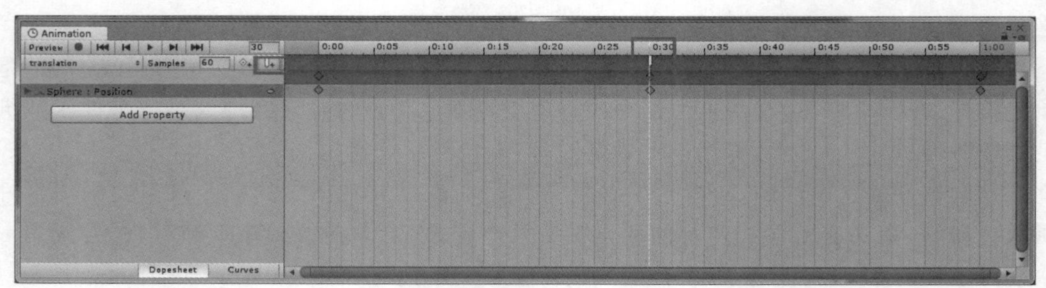

图 7-10　关键帧处添加动画事件

为参数被函数处理，这里在 Parameters String 后的文本框中输入文本 helloworld，动画事件添加完成。

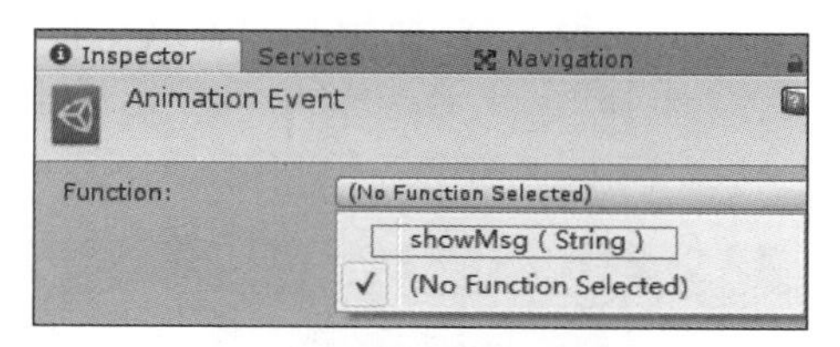

图 7-11　选择事件函数面板

(3) 单击 Unity3D 引擎的“播放”按钮，运行项目，运行过程中能够观察到控制台中不断输出 helloworld 文本信息，如图 7-12 所示。

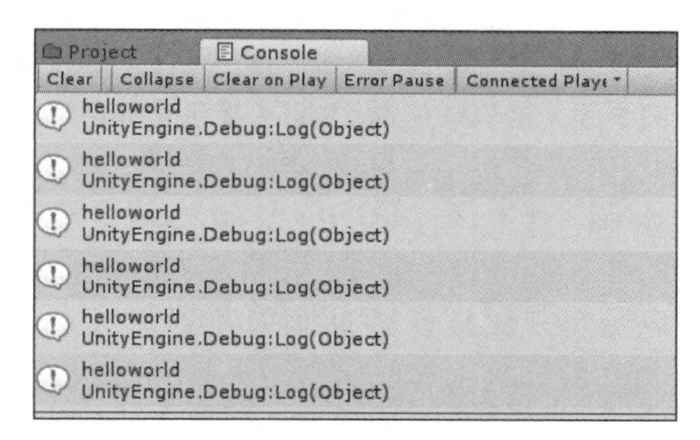

图 7-12　控制台窗口输出事件函数中的文本信息

7.2.6　调节 Animation Curves

7.2.4 节介绍了在 Dopesheet 视图中使用 Unity3D 引擎如何创建 Aniamtion Clip，下面开始介绍 Animation 窗口中的 Curves 视图。

通过 Animation 窗口创建 Animation Clip，其中比较重要的步骤就是设置 KeyFrame(关键帧)。而 Animation 窗口中的 Dopesheet 视图主要就是以时间轴的方式线性显示了 KeyFrame 的位置，效果如图 7-13 所示。

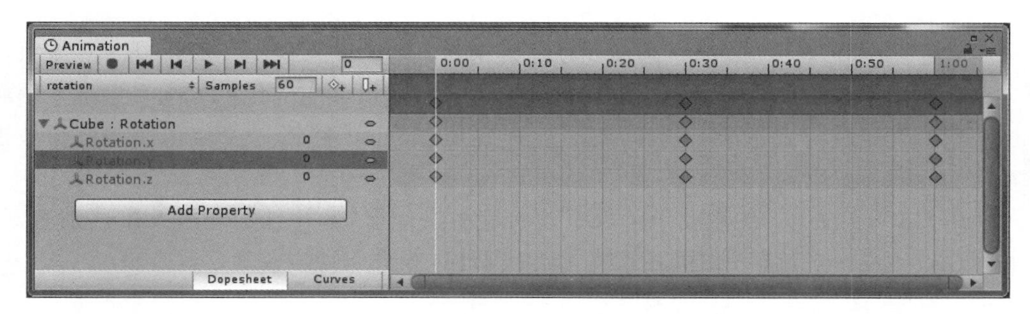

图 7-13　Dopesheet 视图

补充 4 个关于使用 Dopesheet 视图的技巧。

(1) 与 Hierarchical 窗口类似，Dopesheet 左侧的属性也是以层次结构显示的，这意味

着可以改变 GameObject 的子对象的属性。

(2) KeyFrame 的视图可以通过 F 快捷键自适应,从而达到最佳的显示效果;若想放大局部观察,可以使用 Ctrl+鼠标左键平移,使用 Ctrl+鼠标右键缩放。

(3) 可以按住鼠标左键选择一组 KeyFrame 进行操作,当选择完成时,所选 KeyFrame 的左右两侧会生成边界指示,如图 7-14 所示。

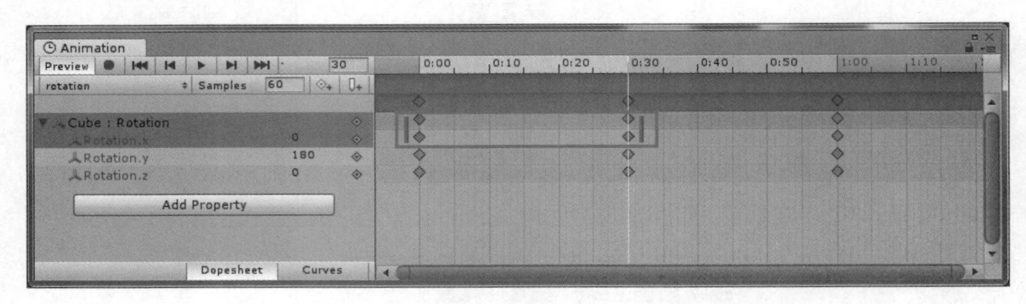

图 7-14 选择一组 KeyFrame 显示边界提示

(4) 单击边界区域并拖曳即可平移一组 KeyFrame,调整选中关键帧的时间。

Dopesheet 视图实现了创建动画的功能,这虽然使 Curves 视图的功能更加强大了,但如果想只使用 Dopesheet 视图实现比较好的动画效果还是比较困难的,因为它并不能直观地反映参数随时间变化的函数。这时可以在 Animation 窗口左下角通过单击的方式将窗口切换到 Curves 视图,具体效果如图 7-15 所示。

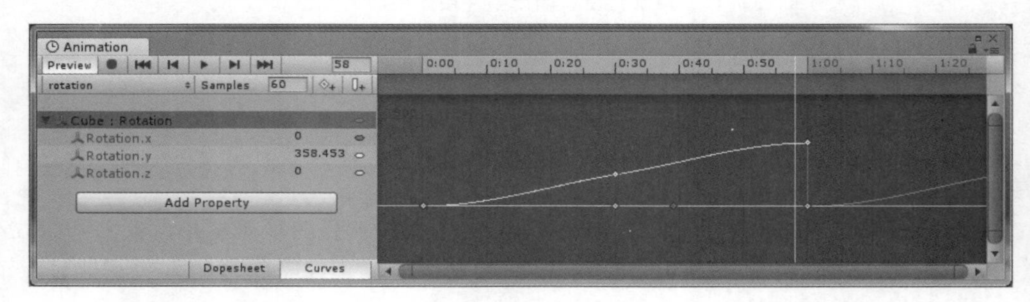

图 7-15 Curves 视图

在 Curves 视图中,所有属性随时间变化的函数都会绘制在同一个坐标轴下。所以一般只需在属性列表中选取希望观察的属性即可。这里可以使用通用的 Ctrl+鼠标左键和 Shift+鼠标左键的方式选取。同样的,想要观察局部,可以在 Curves 视图使用的快捷键基本与 Dopesheet 视图中相同。

使用 Curves 视图的优点在于可以手动控制曲线的形状,并且实现的效果更加直观。下面将通过创建一个旋转弹跳的小球来演示 Curves 视图的使用。

7.2.7 创建旋转弹跳的小球

1. 创建物体

创建一个项目,将其命名为 jumpBall。在层次视图窗口中右击,在弹出的快捷菜单中选择 3D Object→Sphere 命令,创建一个小球物体;在层次视图窗口中右击,在弹出的快捷菜单中依次选择 3D Object→Plane 命令，创建一个地板物体。调整小球与地板的位置，打开 Animation 窗口（按 Ctrl+6 键），在项目视图中即可看到为小球物体创建了一个新的 Animation Clip。

2. 模拟小球的跳动

模拟小球的上下跳动可以通过改变 y 轴方向上的位移实现，有两种处理方法：一种是匀速的上下跳动；另一种是更接近真实运动规律的抛物线式的轨迹。下面分别用 Curves 视图实现这两种效果。

单击 Animation 窗口中的 Create 按钮创建一个 Animator 和附属的 Animation，再单击 Add Property 按钮添加一个 Transform-Position 属性。

注意：Transform 是 Unity3D 引擎预定义的一种组件（Component），在场景视图中的每个物体都会带有一个 Transform 组件，用于管理该物体的位置（Position）、旋转（Rotation）和放缩（Scale）。

单击属性列表右下角的 Curves，将视图切换到 Curves 视图，可以观察到一条水平的直线，这表示 Sphere 物体对象的位置随时间的函数是一个常函数，即不发生任何变化，如图 7-16 所示，当然可以通过添加关键帧修改这条函数曲线。

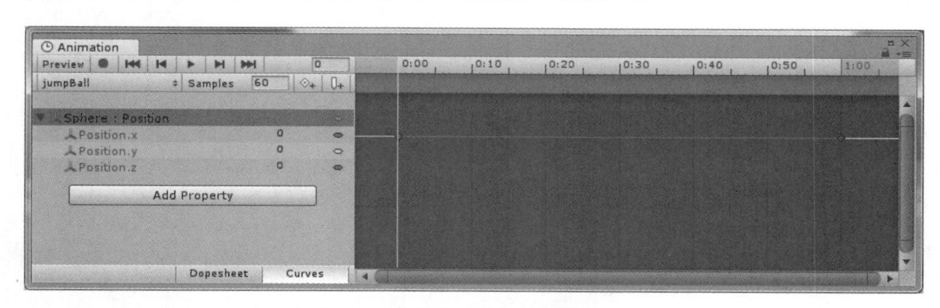

图 7-16　物体位置不发生改变，位置变化曲线应为直线

注意：Position 实际上包含了 3 条函数曲线，由于创建的 Sphere 物体对象位于坐标原点，所以 3 条曲线都是 $y=0$，如果创建的 Sphere 物体对象的 Position 为 (a,b,c)，那么应当看到 3 条曲线，分别是 $y=a$，$y=b$，$y=c$。

通过单击 Animation 窗口左侧 Position 属性左侧的三角，可以展开显示 Position.x、Position.y、Position.z 的属性，也可以选定 3 个属性中的任意一种单独显示。这里只选择 Position.y 进行观察和修改，选中后得到的效果如图 7-17 所示，曲线的颜色与 Position.y 右侧标识符的颜色保持一致。

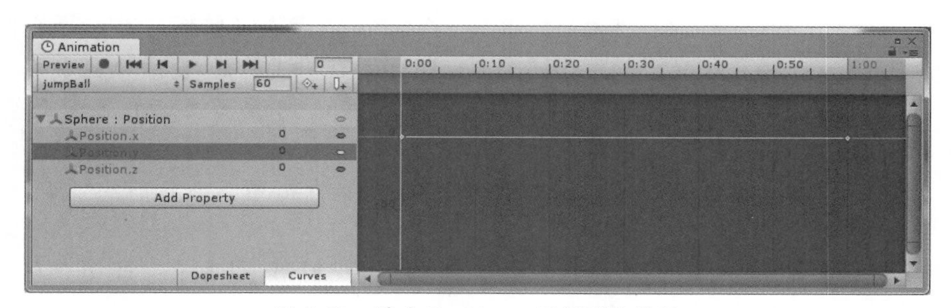

图 7-17　选中 Position.y 后得到的效果

为了模拟小球上下跳动的效果，可以在动画所有采样点的中点处设置一个关键帧，表示弹跳的最高点。先在 0:30 处右击 Add KeyFrame 添加一个关键帧，然后按住鼠标左键并沿 y 轴拖曳来改变该点的 Position.y 的值。

分享两个关于曲线操作的小技巧。

(1) 拖曳改变 KeyFrame 的位置时经常会遇到对不齐理想位置的情况，这时可以在拖曳时按 Ctrl 键来实现离散式拖曳，即只会拖曳到网格点上。

(2) 如果在缩放后曲线变得不好观察了，可以通过按 A 键回到全局最佳观察视图。

设置 Position.y 的值为 1，当然也可以选择其他的值。改变后的视图如图 7-18 所示。

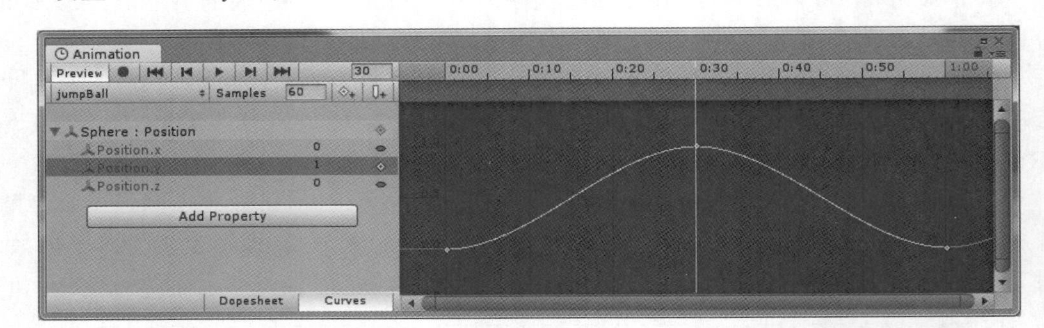

图 7-18　关键帧处设置 Position.y 的值为 1 的曲线

做到这一步其实已经得到了一个类抛物线式的曲线了，当然也可以在最高点和最低点设置一个滞留时间，让动画更加有趣。通过添加关键帧的方式设置小球滞留时间，修改后的曲线如图 7-19 所示。

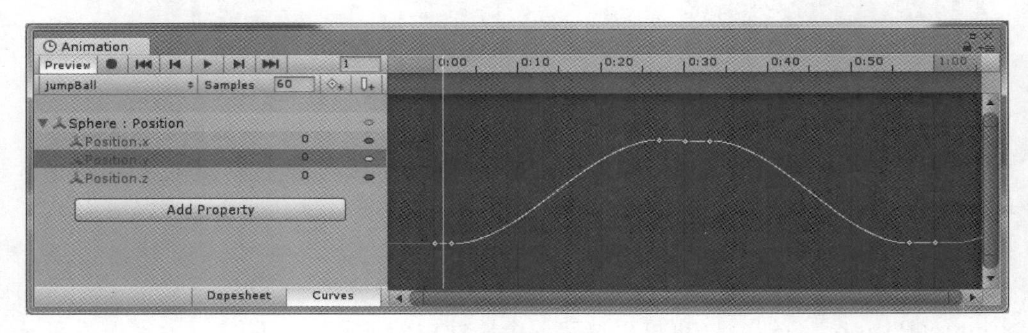

图 7-19　修改小球滞留时间后的曲线

接下来，通过创建另一个 Sphere 物体对象来演示匀速运动如何实现。首先，像上述步骤一样先得到一个平滑曲线，然后在 3 个 KeyFrame 值点通过鼠标右键选择它们的切线类型。在 Curves 中预定义了 5 种不同的 KeyFrame 点切线类型，它们分别如下。

(1) Clamped Auto：Unity 5.x 版本后使用的默认切线类型，可以根据给定的 KeyFrame 生成平滑曲线。

(2) Auto：Unity 5.x 版本前使用的默认切线类型，保留用于兼容前的版本，不建议使用。

(3) Free Smooth：可以手动调节 KeyFrame 点切线斜率，但为了保证切点左右两侧曲线平滑衔接，左右两侧切线固定共线。

(4) Flat：斜率为 0 的切线，可以被看作 Free Smooth 的特殊版本。

(5) Broken：左右两侧切线不共线，生成的曲线大多不平滑，但变化性更加丰富。设置为 Broken 的 KeyFrame 点可以单独设置左右两侧切线的类型，其中就包含了要用到的 Linear。

注意：当改变了 KeyFrame 点左右两侧的 Tangents 类型，KeyFrame 点的类型会自动更改为 Broken。

为了实现匀速直线运动，只需要把每个 KeyFrame 点设置为 Linear（右击，在弹出的快捷菜单中选择 Both Tangents→Linear 命令），这样就可以得到分段的斜率固定的两条曲线，如图 7-20 所示。

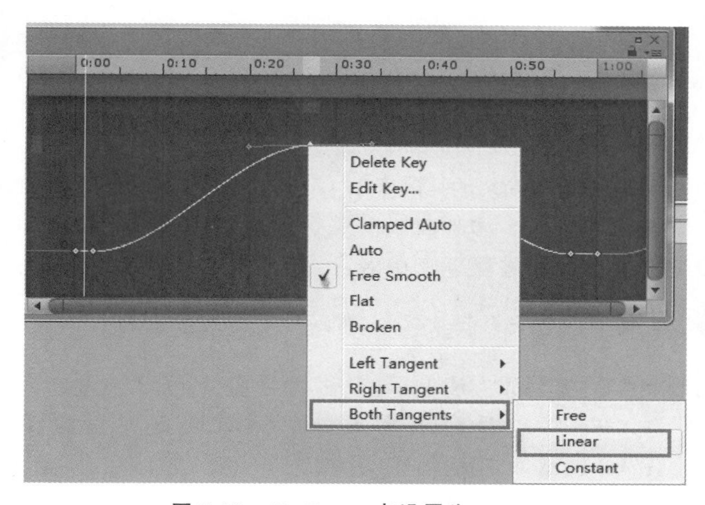

图 7-20　KeyFrame 点设置为 Linear

3. 模拟小球的弹性

如果想给 Sphere 物体对象加上一点弹性，可以让它在最低点和最高点时有一点压缩，在上升和下降的过程中因为惯性有一点拉伸，同样是只针对 y 轴方向上的值。选中 Scale.y 属性，在 0:00、0:30、1:00 处将值设置为 0.8，为压缩状态的样子；在 0:15、0:45 处将值设置为 1.1，为拉伸状态的样子，如图 7-21 所示。

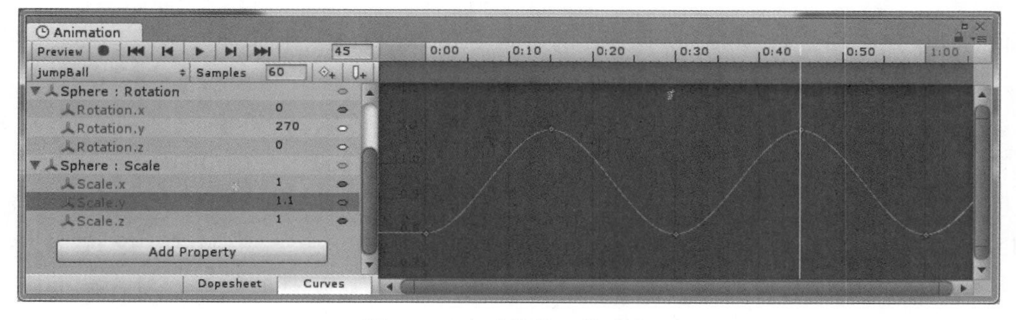

图 7-21　小球拉伸压缩曲线

4. 模拟小球的旋转

小球的旋转使用匀速旋转即可，1s 可以设置为旋转 360°，小球匀速旋转曲线如图 7-22 所示。

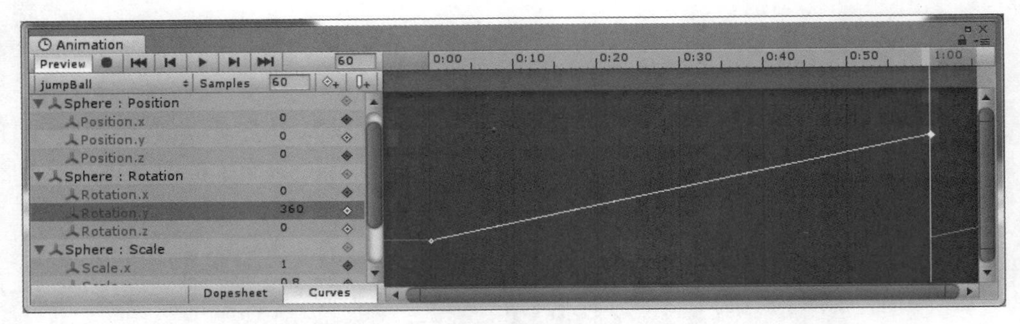

图 7-22　小球匀速旋转曲线

通过本实例，学习了 Animation 窗口中的 Curves 视图，使用这个视图，能够创造出更加多变的动画。修改 Animation 动画曲线的关键在于修改 KeyFrame 点的切线值，灵活地使用一些快捷键也会让开发过程事半功倍。

7.2.8　舞台灯光动画制作

舞台灯光动画制作的步骤和方法如下。

(1) 创建项目文件，将项目命名为 StageDemo，设置项目的存储位置为 D:\VRProjects，单击 Create project 按钮创建项目。

(2) 在层次视图窗口中右击，在弹出的快捷菜单中选择 3D Object→Plane 命令，创建一个 Plane 对象，或依次选择导航菜单栏 GameObject→3D Object→Plane 命令创建，把它当作地面来使用；在层次视图窗口中右击，在弹出的快捷菜单中选择 3D Object→Cube 命令，创建 4 个 Cube 对象，或依次选择导航菜单栏 GameObject→3D Object→Cube 命令创建，并将其分别命名为 stage1、stage2、stage3、stage4，把它们当作舞台来使用；调整 stage1、stage2、stage3、stage4 物体的位置和大小，在项目视图中右击，在弹出的快捷菜单中选择 Create→Material 命令，或者依次选择导航菜单栏 Assets→Create→ Material 命令，创建一个默认材质，修改名称为 Stage Material，修改材质的颜色为粉红色，修改材质颜色方法：先使用单击 Stage Material 的参数 Albedo 后的颜色选择框，弹出 Color 对话框，选择合适的颜色，如图 7-23 所示。stage 舞台最终摆放效果如图 7-24 所示。

(3) 在层次视图窗口中右击，在弹出的快捷菜单中选择 3D Object→Cylinder 命令，创建 8 个 Cylinder 对象，或依次选择导航菜单栏 GameObject→3D Object→Cylinder 命令创建，并将其分别命名为 pillar1、pillar2、…、pillar8，把它当作舞台灯光架来使用。调整 pillar1、pillar2、…、pillar8 物体的位置和大小，创建一个默认材质，修改名称为 PillarMaterial，修改材质的颜色为灰色，将 PillarMaterial 材质拖曳给舞台灯光架 pillar1、pillar2、…、pillar8，pillar 摆放效果如图 7-25 所示。

(4) 添加灯光效果，在层次视图窗口中右击，在弹出的快捷菜单中选择 Light→Spotlight 命令，创建 4 个 Spotlight 对象，将其放置到舞台灯光架上，并调节其灯光颜色

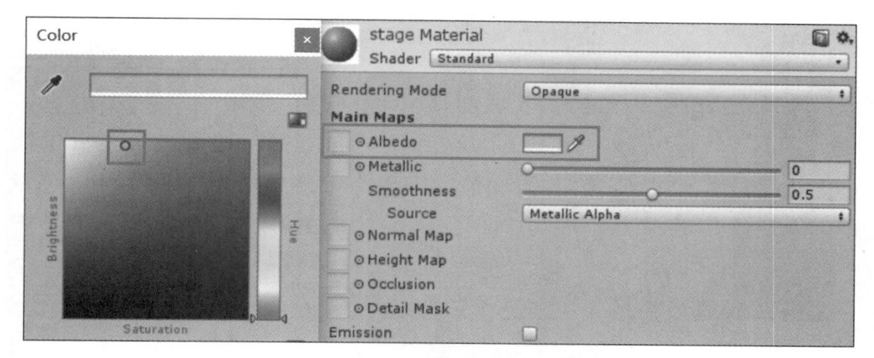

图 7-23 修改材质颜色方法

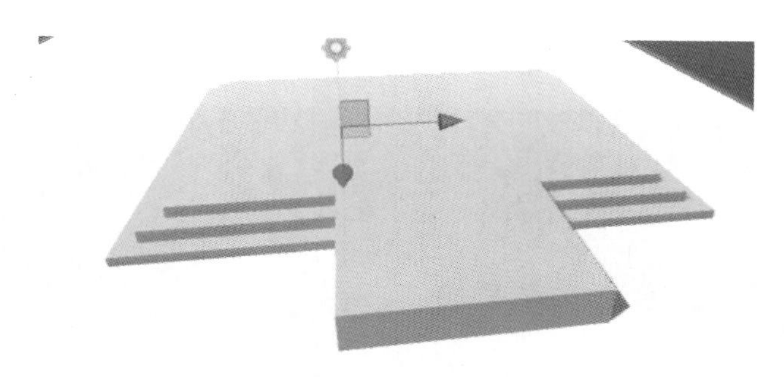

图 7-24 stage 舞台最终摆放效果图

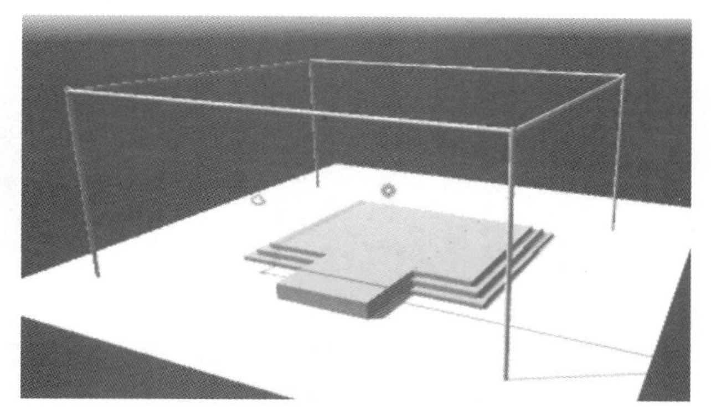

图 7-25 pillar 摆放效果图

(淡蓝色、深蓝色、黄色、红色)和灯光强度,如图 7-26 所示,舞台灯光最终效果如图 7-27 所示。

(5) 单击选中层次视图中的 Spotlight 光源对象,然后依次选择导航菜单栏 Window→Animation 命令,也可使用 Ctrl+6 快捷键打开 Animation 窗口,弹出的动画编辑窗口如图 7-28 所示。

(6) 单击 Create 按钮开始创建动画,此时会弹出 Create New Animaton 对话框,将动画文件命名为 Stage,单击"保存"按钮将其保存,此时的 Animaton 窗口发生明显变化,出现时间轴,如图 7-29 所示。

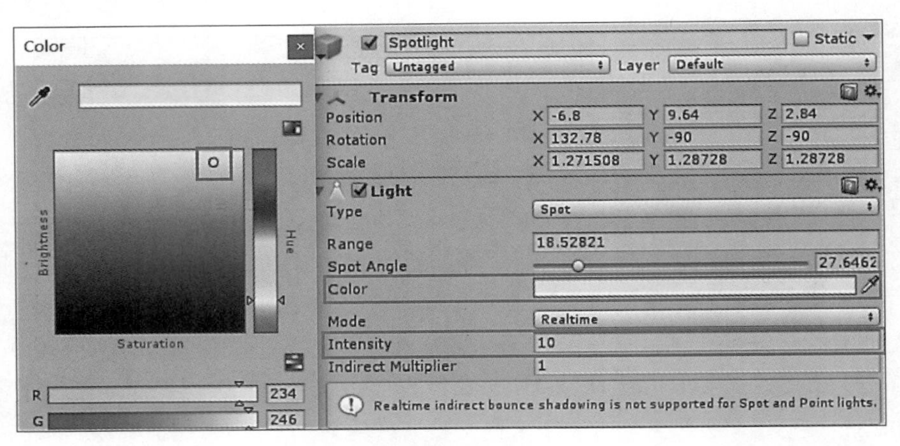

图 7-26　调节灯光颜色和灯光强度

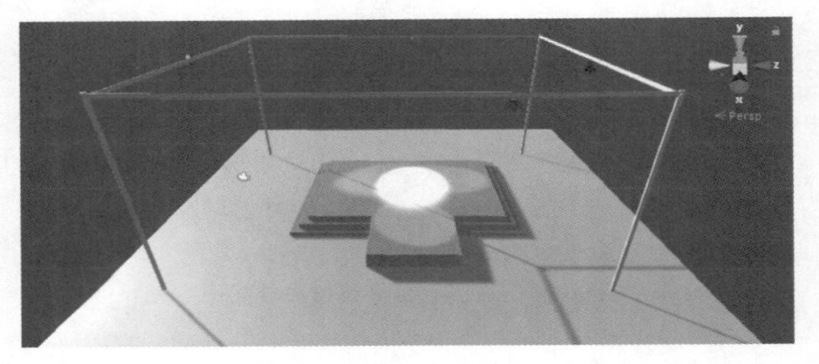

图 7-27　舞台灯光最终效果图

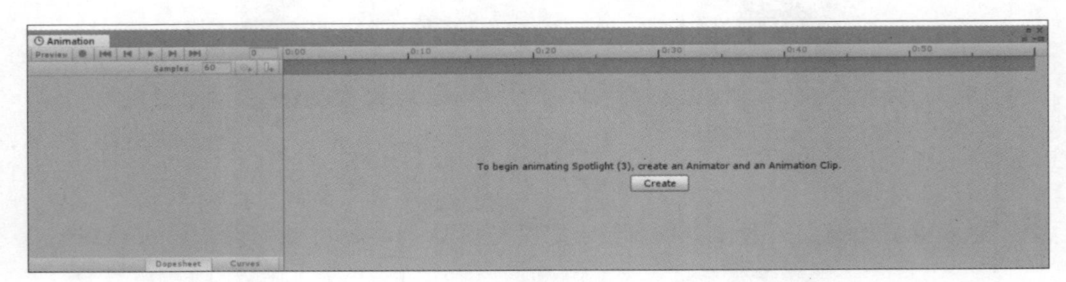

图 7-28　动画编辑窗口

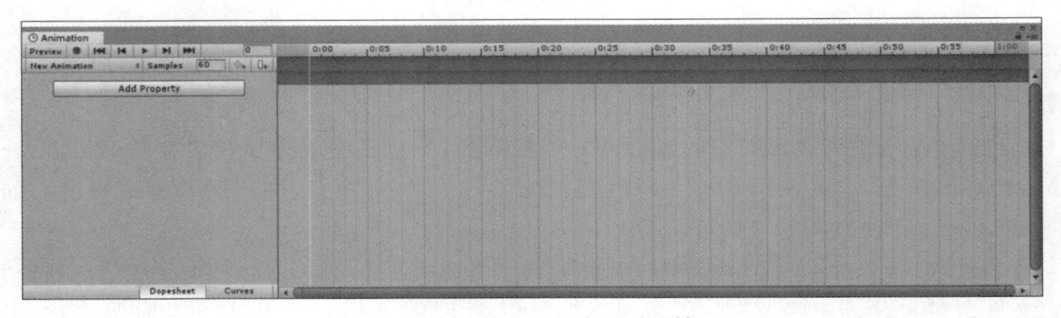

图 7-29　Animation 窗口时间轴

(7) 添加属性动画,首先在 Animation 编辑面板中单击 Add Property 按钮;其次选择 Transform 中的 Rotation 和 Light 中的 Color 属性;最后单击它们右侧的 ⊕ 按钮添加属性动画,如图 7-30 所示。

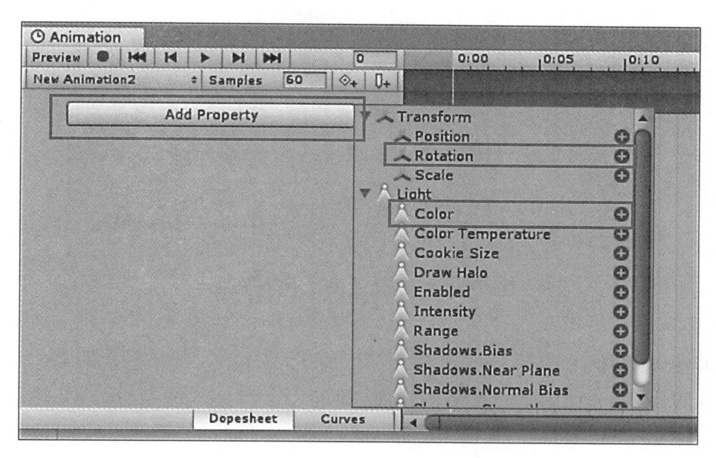

图 7-30　Animation 编辑面板创建旋转和颜色动画

(8) 选中 Animation 编辑面板中的 Rotation 属性,单击控制窗口的菱形加号按钮,Animation 窗口中出现菱形符号,添加初始位置的关键帧,如图 7-31 所示;使用鼠标调节 Animation 窗口中的白线位置,将其调整到需要添加关键帧的标尺刻度位置(如 2:30 位置),在此处改变所选中物体(Spotlight 光源对象)的 Rotation 值(也可以直接在监事视图 Transform 组件中修改 Rotation.X、Rotation.Y 和 Rotation.Z 的值,见图 7-32),再次单击菱形加号按钮,添加动画结束位置的关键帧。单击 Animation 编辑面板中的"播放"按钮查看效果。同样的方法添加 Color 属性改变的动画效果,选中 Animation 编辑面板中的 Color 属性,单击控制窗口的菱形加号按钮,Animation 窗口中出现菱形符号,添加初始位置的关键帧;使用鼠标调节 Animation 窗口中的白线位置,将其调整到需要添加关键帧的标尺刻度位置,在此处改变所选中物体(Spotlight 光源对象)的 Color 值(也可以直接在监事视图 Light 组件中修改 Color 颜色条的值,见图 7-32),再次单击菱形加号按钮,添加动画结束位置的关键帧。单击 Animation 编辑面板中的"播放"按钮查看效果。

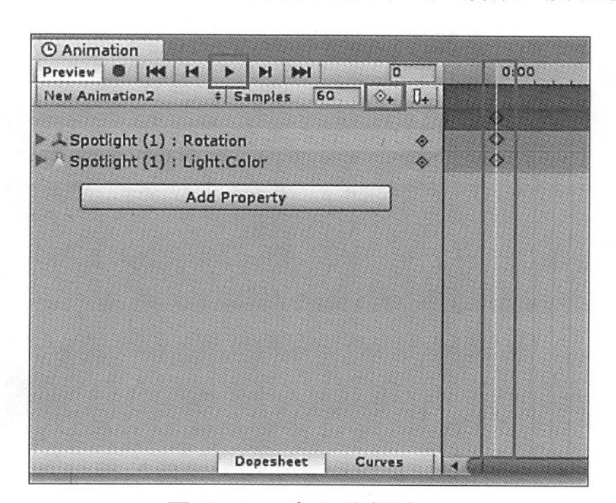

图 7-31　动画编辑窗口

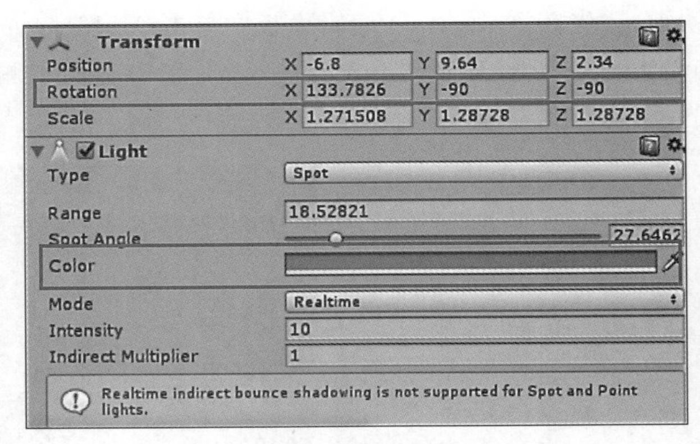

图 7-32　对应动画的属性面板

(9) 为了达到一定的美观要求，可继续在标尺刻度 2:30 内添加多个关键帧，添加方法同步骤(8)，多次调节 Animation 编辑面板中的 Rotation 和 Color 属性，在 0:55 和 1:40 处添加了两个关键帧，如图 7-33 所示。

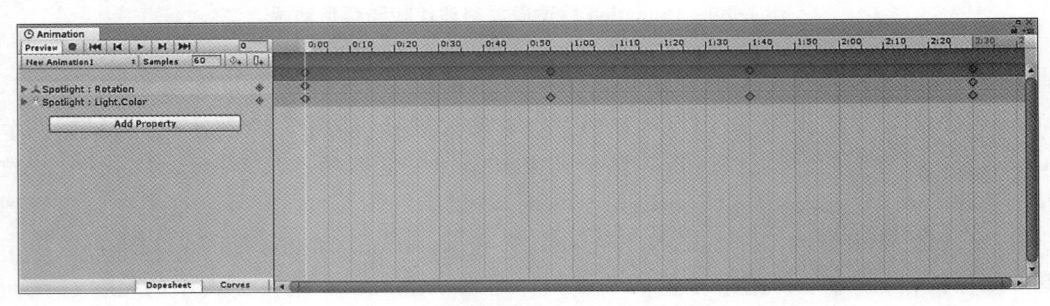

图 7-33　动画编辑窗口中添加关键帧

(10) 确定动画编辑完成后，关闭 Animation 编辑面板，单击“运行”按钮，可以看到舞台灯光运动的动画效果，如图 7-34 所示。

图 7-34　舞台灯光运动的动画效果

7.2.9 人形动画

Mecanim 动画系统特别适合用于类人动物骨骼的动画。由于人形骨骼在游戏中广泛使用，所以 Unity 提供了专门的工作流程，还提供了一个用于人形动画的扩展工具集。由于骨骼结构的相似性，将动画从一个人形骨架映射到另一个人形骨架就成为可能，从而允许重新定位和反向运动学。除了少见的例外情况，类人生物模型可以具有相同的基本肢体结构，其中，连接的身体、头部和四肢代表了主要表达部分。Mecanim 动画系统充分利用了这一想法，简化了动画的装配和控制。创建动画的一个基本步骤是建立 Mecanim 动画系统所能理解的简化人形骨骼结构与骨骼动画中存在的实际骨骼之间的映射，在 Mecanim 动画系统的术语中，这个映射称为 Avatar。本节将重点介绍如何为模型创建 Avatar。

当一个模型文件(FBX 格式)创建完成并且导入后，可以在 Unity3D 引擎的 Rig 面板指定它的导入类型。如果是人形结构，则设置 Animation Type 为 Humanoid，然后单击 Apply 按钮。Mecanim 动画系统将尝试将当前的模型骨骼结构匹配到 Avatar 骨骼结构。大部分情况下，这一步会通过内部分析两个骨骼结构之间的联系而自动完成，如图 7-35 所示。

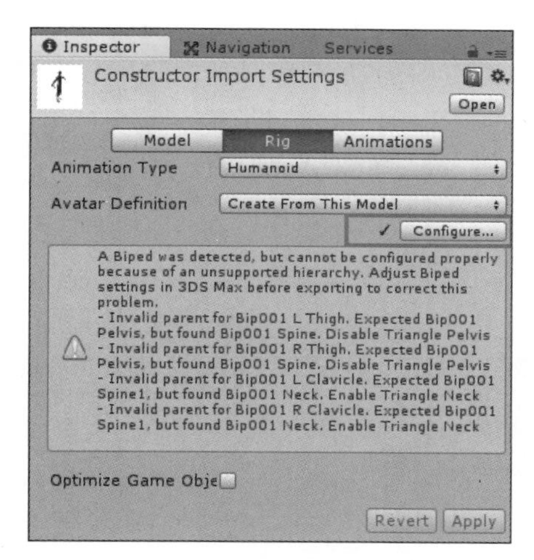

图 7-35　设置 Animation Type 为 Humanoid

如果匹配成功，则将在 Configure 按钮旁边出现一个√标记。

此外，在成功匹配的情况下，将会添加一个 Avatar 子资源到模型资源中，可以在项目视图中看到它，如图 7-36 所示。

图 7-36　名为 Constructor 的动画模型导入成功后项目视图中的显示情况

选择这个 Avatar 子资源，此时将在属性面板出现一个 Configure Avatar 的按钮，单

击这个按钮将会进入 Avatar 的配置模式。如果模型被导入为 Generic 类型，虽然也会产生 Avatar 子资源，但是实际上它是不可以被配置的，出现 Avatar 只是表明它是人形结构，可以连接到其他 Avatar，用作皮肤。

在导入动画角色模型时，如果 Mecanim 动画系统未能成功创建 Avatar，将在 Configure 按钮旁边看到一个×标记，并且不会添加 Avatar 子资源。如果在导入动画角色模型文件时发生这种情况，则需要重新手动配置 Avatar。

7.2.10 Unity3D 引擎中使用人形动画

首先，在 Unity3D 引擎的 Asset Store 选项卡中找到带有动作的蒙皮骨骼动画（Biped），可使用 Move Motion Free Pack 资源包，将其导入场景，包含多个蒙皮骨骼模型和动画文件，选择小熊模型文件，并将其拖入场景视图中，在项目视图中依次选择 Assets→MoveMotionPack→SimpleScene→CharactorFBX→Teddy→Model 选项，选择小熊模型文件，设置 Controller 参数为 Move Motion Free Pack 资源包自带的动画控制器 Controller，如图 7-37 所示，运行程序，观看效果，播放小熊走路的动画效果。

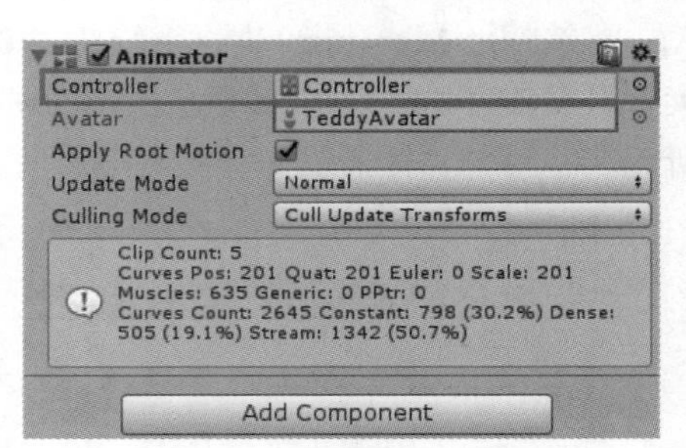

图 7-37　设置 Controller 参数

其次，在网络上下载带有骨骼的蒙皮骨骼动画模型文件（FBX 格式），先将其导入 Unity3D 引擎的项目视图中，单击项目视图中的动画模型文件，在右侧属性面板中的 Rig 面板下设置 Animation Type 参数为 Humanoid，单击 Apply 按钮保存，设置成功后 Configure 按钮旁边显示一个√标记，设置完成后将其导入场景中，如图 7-38 所示。

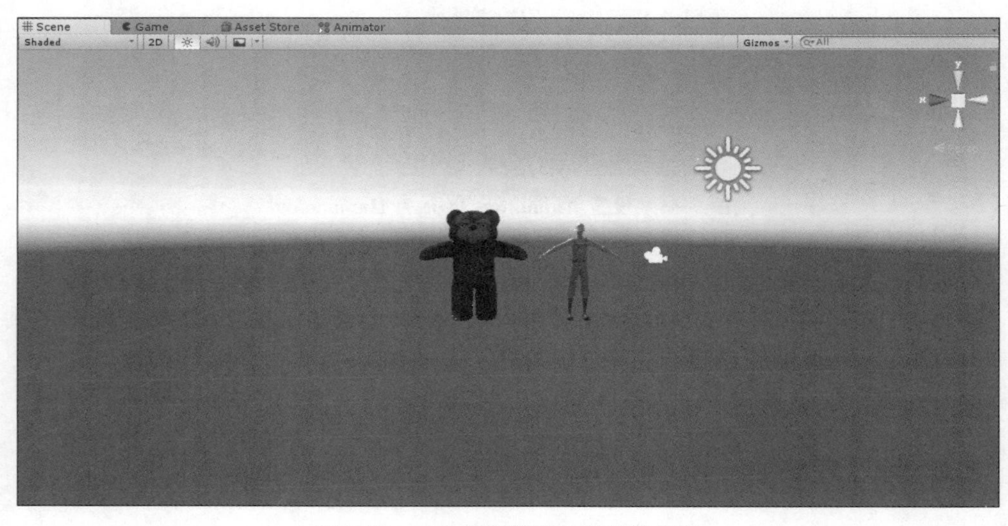

图 7-38　导入动画模型的显示效果图

最后，创建动画控制器，命名为 New AnimController，双击控制器文件将其打开，找到人走路的动画文件 Etc_Walk_Person_01，在项目视图中依次选择 Assets→MoveMotionPack→Res→Animation Clip→Free_Walk 选项，将此动画片段拖入控制器文件，然后回到场景视图，单击场景视图中新导入的动画模型文件，设置 Controller 参数为新创建的动画控制器 New AnimController，运行程序，观看效果，播放小熊走路和人行走的动画效果，如图 7-39 所示。

图 7-39　小熊走路和人行走的动画效果

7.3　动画控制器

在 Unity3D 引擎中，可以自己制作动画效果，也可以使用别人制作好的动画素材，为模型和 UI 赋予活力。然而，通常情况下，一个单独的动画(Animation Clip)可能无法很好地达到人们期望的效果，所以这时动画控制器(Animator Controller)就能发挥其用武之地，在合适的时间触发合适的动画，而不是在一个动画效果上无限循环。

Animator Controller 负责在不同的动画间切换，属于制作动画效果的必备原件。在为一个 GameObject 创建动画时，Unity 会自动生成一个 Animation Clip 和一个 Animator Controller 文件，在项目视图中能够观察到。

7.3.1　Animator 组件

在 Unity3D 引擎中，一个最基本的原则：想要 GameObject 实现某种功能，就要在它上面附加相应的组件。所以为了让一个 GameObject 拥有动画效果，相应的动画组件是必不可少的，在 Unity3D 引擎中，这个称为 Animator 的组件已经被定义好了。所以通过 Animation 窗口中的 Create 按钮创建 Animation 时，一个 Animator 已经悄无声息地出现在了对应的 GameObject 上，如图 7-40 所示。

7.3.2　Animator Controller 文件

大部分情况下，在 Animator 组件上只会用到第一个参数，即 Controller 参数。不出意外，上述方法创建的 Animator 已经被赋值了，可以单击该值，并切换到 Project 窗口下，便会发现这个 Controller 对应的是一个扩展名为 controller 的文件，如图 7-41 所示。

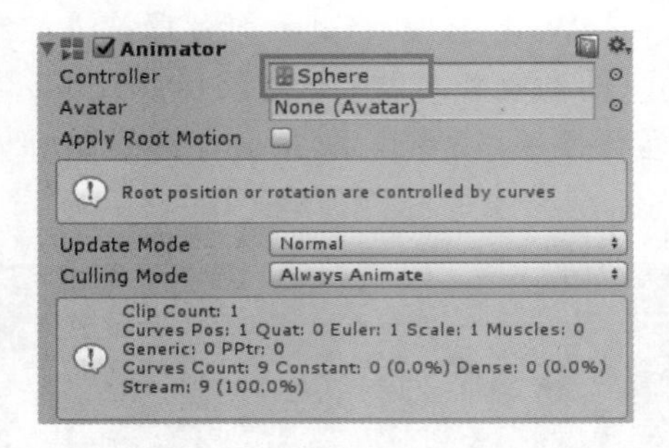

图 7-40　创建 Animation 时自动产生对应的 Animator

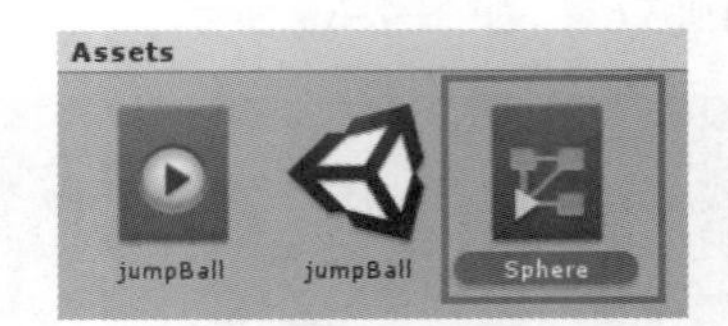

图 7-41　Project 窗口下的 Animator 文件

注意：也可以通过 GameObject 上的 Add Component 添加一个新的 Animator 组件，但是这种情况下 Animator 的 Controller 参数默认为空，所以需要手动将事先准备好的 .controller 文件拖曳到该参数位置，只有这样，动画控制器才能正常工作。

7.3.3　Animation Clip 文件

如何找到 Animation Clip 文件？选择 Controller 文件，单击 Inspector 中的 Open 按钮，也可以通过直接双击.controller 文件的方式打开。一般情况下会弹出一个 Animator 窗口，该窗口中显示的就是动画控制器文件中的所有内容，即使 Animator 窗口没有自动弹出，也可以通过依次选择导航菜单栏 Window→Animator 命令打开，如图 7-42 所示。

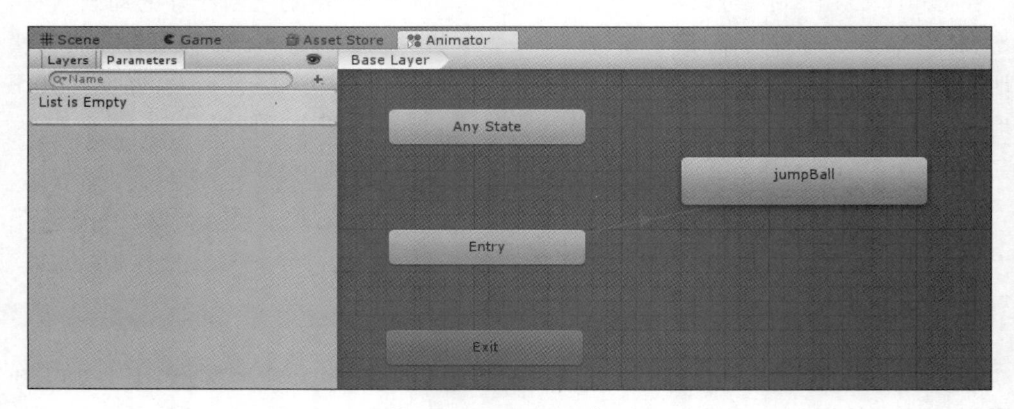

图 7-42　Animator 窗口

在 Animator 窗口中，会看到 4 个颜色不同的矩形区块，它们分别是 Any State，Entry，Exit（该区块藏得比较深，可以通过 Alt＋鼠标左键拖曳区域找到它）以及 jumpBall（该区块的名字根据创建 Animation 时指定的文件名而定）。前 3 个都是 Animator Controller 文件创建时自带的，最后一个则是自己创建的。

Unity3D 引擎中的 Mecanim 动画系统生效的流程了：首先，GameObject 通过绑定 Animator 组件来获得使用动画的能力；其次，可以为 Animator 组件指定 Controller 参数，即定义好的 Animator Controller 文件决定 GameObject 使用的动画效果；最后，每个 Animation Clip 都被放在 Animator Controller 中的一个区块（或理解为容器）中，从而方便在一个控制器中管理多个动画片段。学习 Animator Controller 的目的是了解如何管理每个动画片段，并且让 GameObject 在满足某种条件时跳转到相应的动画片段。

7.3.4 Animator 窗口

Animator 窗口根据布局可以将其分为 3 部分，分别是 Layers/Parameters 面板、Layer 层次导航栏、当前 Layer 状态机，如图 7-43 所示。

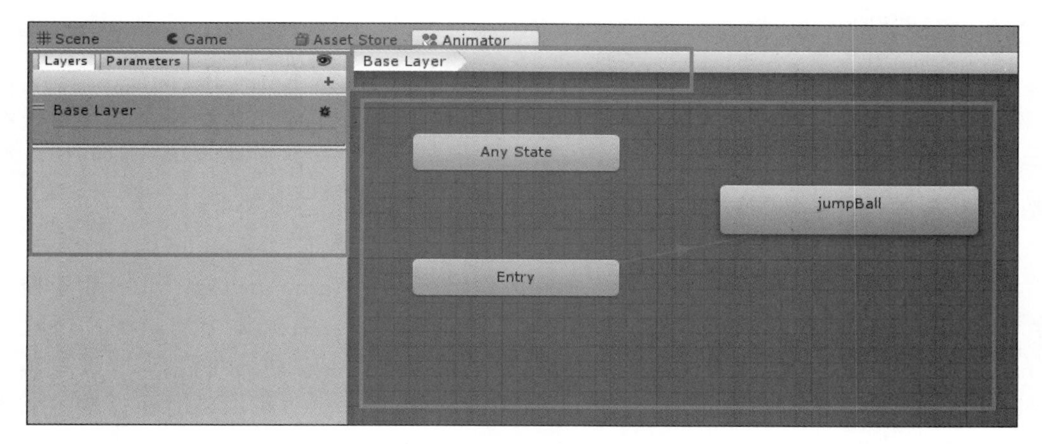

图 7-43 Animator 窗口的 3 部分

1. Layers/Parameters 面板

该区域实际上由两个选项卡构成，分别是 Layers 和 Parameters。Layers 选项卡中的内容在小型项目中基本用不到；Parameters 选项卡中的内容是 Animator 必需的，包含了在 Animator 中使用的所有参数，在拥有多个动画短片的控制器中，正是通过 Parameters 中的参数实现了不同动画间的转变。

切换到 Parameters 选项卡后，可以通过单击 + 按钮，创建 4 种类型的参数，它们分别是 Float、Int、Bool 和 Trigger，如图 7-44 所示。前 3 个都比较好理解，均属于基本数据类型，最后一个 Trigger 类型则是一个与 Bool 类型类似的参数，同样拥有 True 和 False 两种状态，但是不像 Bool 类型在设置为 True 后会一直维持，Trigger 类型在被触发后会迅速重置为未触发状态，这个特性在设置动画转变时非常实用。

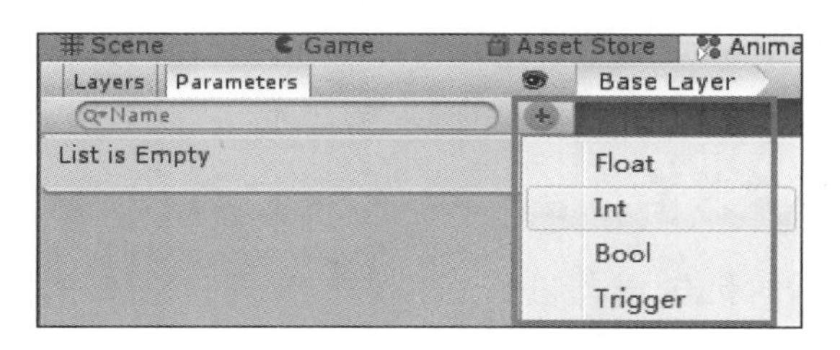

图 7-44 Parameters 选项卡中创建变量

2. Layer 层次导航栏

该区域显示了当前状态机所在的 Layer 层次结构，默认情况下为 Base Layer。其右侧的 Auto Live Link，保持默认值即可，官方文档也没有给出它的明确用途。

3. 当前 Layer 状态机

该区域是 Animator 中最重要的部分，在 Unity3D 引擎中被称为状态机（State Machine）。状态机包含了不同的状态（State）和状态间的过渡关系（Transition），本质上无非是一个特殊的有向图，如图 7-43 所示。

7.3.5 状态机的状态

每个 Animator Controller 都会自带 3 个状态：Any State、Entry 和 Exit。

（1）Any State：任意状态的特殊状态，以蓝色标识。例如，如果希望角色在任何状态下都有可能切换到死亡状态，那么 Any State 就可以做到。当发现某个状态可以从任何状态以相同的条件跳转到时，那么就可以用 Any State 来简化过渡关系。

（2）Entry：状态机的入口状态，以绿色标识。当为某个 GameObject 添加上 Animator 组件时，这个组件就会开始发挥它的作用。一个 Animator Controller 用于控制多个 Animation 的播放，那么默认情况下 Animator 组件会播放哪个动画呢？这就由 Entry 决定。但是 Entry 本身并不包含动画，而是指向某个带有动画的状态，并设置其为默认状态。被设置为默认状态的状态会显示为橘黄色。当然，也可以随时在任意一个状态上右键，在弹出的快捷菜单中选择 Set as Layer Default State 命令来更改默认状态。

注意：Entry 在 Animator 组件被激活后无条件跳转到默认状态，并且每个 Layer 有且仅有一个默认状态。

（3）Exit：状态机的出口状态，以红色标识。如果动画控制器只有一层，那么这个状态可能无用。但是当需要从子状态机中返回上一层（Layer）时，把状态指向 Exi 即可。

除了上述 3 个自带的状态，Animator Controller 的状态还可以是人为添加的各种状态。把这些自定义的状态看作一个盛放动画的容器，它们可以表示一个准备好的动画效果，并且可以在这些 Animation Clip 上“添油加醋”，再做一些只适用于当前动画控制器的处理。创建一个自定义状态可以通过在当前 Layer 状态机中的任何空白区域右击，在弹出的快捷菜单中选择 Create State→Empty 命令来实现。可以选中某个自定义状态，并在 Inspector 窗口下观察它具有的属性，如图 7-45 所示。

图 7-45 中的参数 Motion 是指状态对应的动画，每个状态的基本属性，直接选择已定义好的动画即可；参数 Speed 是指动画播放的速度，创建 Animation Clip 时通过每秒播放的帧（FPS）数控制动画速度，如果希望在状态机中进行快慢的进一步调节，则使用该选项即可。其默认值为 1，表示速度为原动画的 1.0 倍。

7.3.6 状态间的过渡关系

除了包含特定动画的状态，状态机更少不了充当不同状态间的过渡关系，直观上说它们就是连接不同状态的有向箭头。

已经创建了 3 个自定义状态 Idle、Walk 和 Run，并且 Idle 已经被设置为初始状态，如

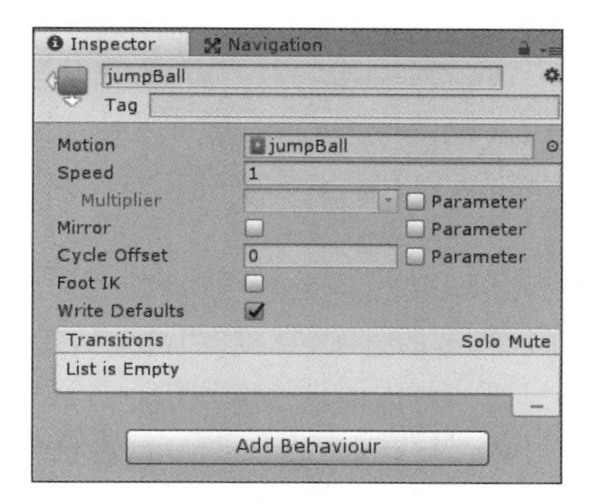

图 7-45　在 Inspector 窗口中自定义状态属性

图 7-46 所示。所以 Animator 组件生效时会一直处于 Idle 状态，如果在 Animation Clip 的属性中选中 Loop Time 复选框，那么该动画就会循环播放，否则播放一次就会停止。这种只有类似于 Idle 的简单动画效果在 GameObject 是大树、花草等不移动背景元素时，能够满足使用，因为它们都不会动，不会产生其他动画。但是场景中的主角大部分情况下还是需要移动的，所以准备好了走路(Walk)和奔跑(Run)两种动画。但是 Unity3D 引擎还没有能够智能到在物体移动的时候自动跳转到名为 Walk 的状态上，所以这个切换的时机还是需要手动控制，结合 Parameters 面板可对状态进行切换设置。

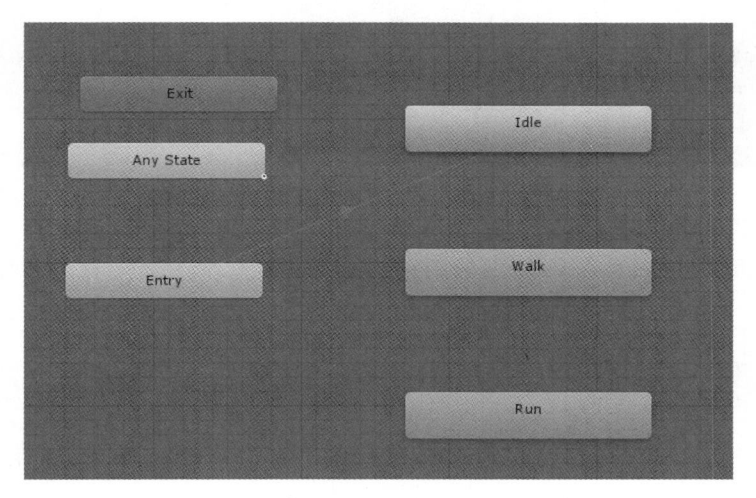

图 7-46　在 Animator 创建自定义状态

假定下面一种方案。

(1) 物体在玩家按方向键时开始步行(Walk)，并且速度会一直上升。

(2) 物体在速度达到 10.0 时会播放奔跑(Run)动画。

(3) 玩家松开方向键后回到静止(Idle)状态。

定义两个 Parameter 模拟过渡条件。

(1) isMove、bool 类型，用于判断用户是否按下按键。

(2) moveSpeed、float 类型，用于判断 GameObject 的速度是否达到 10.0。

状态间的过渡关系有5种。

(1) Idle→Walk,条件为 isMove=true。

(2) Walk→Idle,条件为 isMove=false。

(3) Walk→Run,条件为 moveSpeed>10.0。

(4) Run→Walk,条件为 moveSpeed<10.0。

(5) Run→Idle,条件为 isMove=false。

要创建一个从状态A到状态B的过渡,直接在状态A上右击,在弹出的快捷菜单中选择 Make Transition 命令,并把出现的箭头拖曳到状态B上单击即可。而设置对应于某个过渡关系的过渡条件,直接选中过渡线并在 Inspector 窗口中的 Conditions 属性一栏添加即可(添加的条件为 && 关系,即必须同时满足),如图7-47所示。

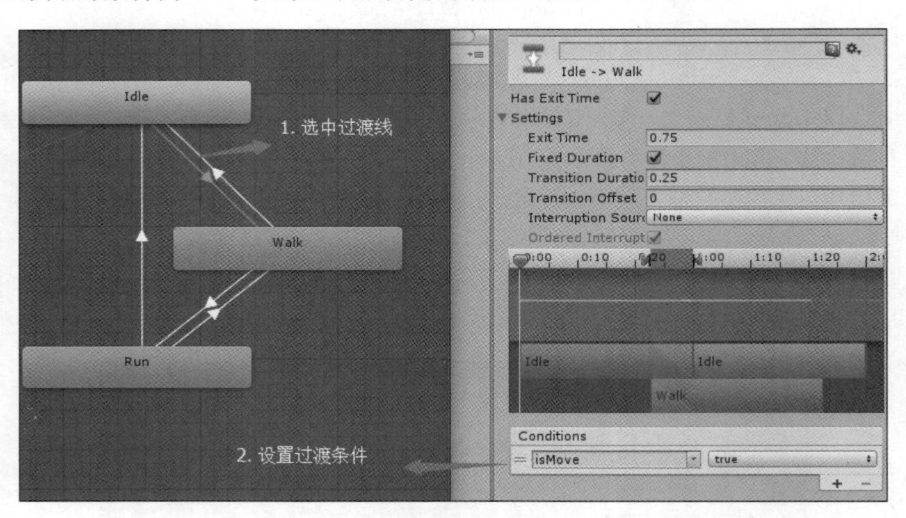

图7-47 Inspector 窗口中的 Conditions 属性

关于 Conditions 的设置必须要注意的是,首先必须在 Parameters 面板中添加了参数才可以在这里查看到,其次添加的条件为与 && 关系,即必须同时满足。

7.4 本章小结

动画使得虚拟现实软件更加丰富多彩,Unity 编辑器自带的动画系统为 Mecanim,它是 Unity 编辑器的新版动画系统。Mecanim 动画系统非常强大,将动作、模型和逻辑控制三者分开,用不同的文件管理和编辑,任意选择动作和模型进行自由组装,然后通过动画状态机进行动作切换的逻辑控制,生成丰富多彩的三维动画。

学习本章,需要理解三维动画的概念与原理,掌握使用 Unity 制作三维动画作品,理解 Unity3D 引擎 Mecanim 动画系统的功能、制作流程和动画片段等,重点掌握使用 Mecanim 动画系统制作普通动画的步骤和方法,灵活利用 Mecanim 动画系统中动画事件、Animation Curves 创建符合动画运动规律的动画。同时,还需要理解人形动画的概念,掌握如何使用 Mecanim 动画系统制作人形动画,理解动画控制器的概念和工作原理,学会制作动画状态机生成自己的动画。

习题 7

1. 调研影视短片 *ADAM*，分析短片的制作过程和可能使用的技术，体会工程师和美术的沟通与协作。

2. 使用 Mecanim 动画系统制作两个小球发生碰撞产生形变的动画，模拟两个小球的碰撞效果，使之符合动画运动规律。

3. Mecanim 动画系统非常适合用于人形角色动画的制作。当导入一个 FBX 的人形模型后，如需要对该模型做人形动画骨骼重定向，则需要将动画类型设置为 Humanoid。除了 Humanoid 格式，还有 Generic、Legacy、Auto 格式，简述这 3 种格式各自的适应情形。

4. 什么是动画控制器？如何创建动画控制器？如何将动画控制器应用到游戏对象上？

5. 在 Parameters 选项卡中，可以通过单击按钮创建哪些类型的参数？

第8章

粒子系统

本章学习目标

- 理解粒子系统的概念及其动态性。
- 掌握 Unity3D 引擎中创建和使用粒子系统的步骤和方法。
- 了解粒子系统相关参数的设置。
- 熟练掌握 Unity3D 引擎中创建水下气泡效果的步骤和方法。

本章首先介绍粒子系统的概念及其动态性;其次介绍 Unity3D 引擎中创建和使用粒子系统的步骤和方法,以及粒子系统相关参数的设置;最后通过 3 个实例介绍 Unity3D 引擎中创建水下气泡效果,使用 Unity 标准资源包中的粒子系统创建引擎喷射效果的步骤和方法,以及制作气泡拖尾效果的步骤和方法。

8.1 粒子系统简介

8.1.1 粒子系统的概念

在一个虚拟现实软件中,一般大部分角色、道具和场景元素都使用网格(Mesh)来表现,2D 元素一般使用精灵(Sprite)来表现。网格和精灵都是较为理想的方式来描述形状被完善定义的固态对象。然而虚拟现实软件里还存在另外的实体,它们是流动的、在自然中难以触及的,因而难以使用网格或精灵来描述。虚拟现实中,对于像流动液体、烟、云和火焰等的效果,被称为粒子效果,使用粒子系统来展示这些粒子效果内在的流动性和能量。

什么是粒子系统?

粒子是被一个粒子系统以巨大数量显示和移动的微小、简单的图像或者网格。每个粒子代表一个流动的或者模糊的实体的一小部分,所有粒子的效果共同形成了完整实体的效果。用一个烟云粒子效果作为例子,每个粒子拥有一个小小的烟纹理,就像在它里面有一个非常微小的云,当许多这样微小的云被一起放在场景的某块区域中,整体效果将会变成一个大体积的云,这个大体积云就形成了烟云效果。

8.1.2 系统的动态性

每个粒子有一个预先已经决定的存在期,通常是若干秒,在这期间它可以经历各种变化。当粒子被它的粒子系统生成或发射时,它就开始了自己的存在期。粒子系统在一个形状像球体、半球体、圆锥体、盒子或者任意网格的空间区域中随机的位置发射粒子,然后粒子被显示,直到它的存在期结束,从而被从粒子系统中移除。系统的发射率(Emission Rate)是指粒子系统中大体上每秒有多少粒子被发射,尽管精确的发射时间也存在轻微的随机性。对发射率和平均粒子存在期的选择,决定了在稳定状态下粒子的数量(此时粒子的发射和消亡速率相同),以及系统要花多长时间达到这个稳定状态。

发射和存在期设置影响了粒子系统的整体行为,但单个粒子也可以随着时间而改变。每个粒子有一个速度向量,决定了在每次帧更新时粒子移动的方向和距离。当受到力或系统自身应用的重力,或当粒子被地形中的风吹拂,速度和方向也可以被改变。每个粒子的颜色、尺寸和旋转也可以在存在期内改变,或者按当前比例改变移动速度。颜色包括了一个 Alpha(透明度)组件,这样一个粒子可以有淡入淡出的存在效果,而不是简单地突然出现和消失。

通过调整各种参数,粒子的动态性可以方便地被用来模拟许多种流体效应。例如,瀑布可以用一个细长的发射器形状模拟,并让水粒子简单地在重力作用下跌落。来自火焰的烟趋于上升、扩散、最后消散,那么粒子系统应当使用一个向上的力作用在烟粒子上,并在存在期内增加它们的尺寸和透明度,直到粒子消失,常见粒子效果如图 8-1 所示。

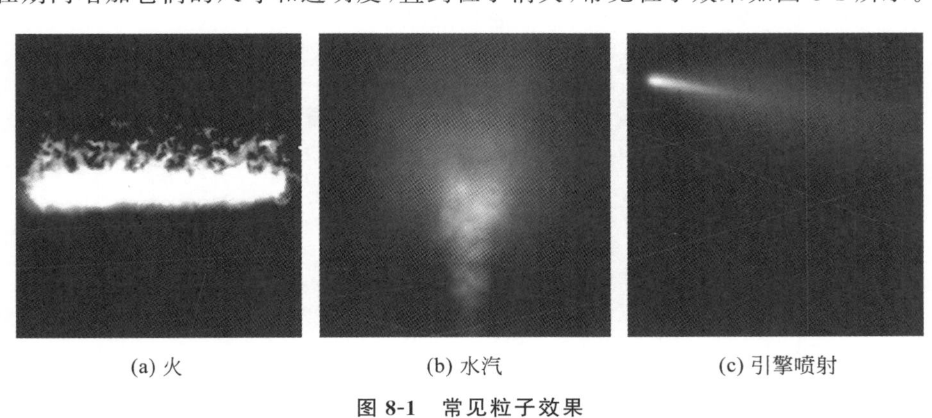

(a) 火　(b) 水汽　(c) 引擎喷射

图 8-1 常见粒子效果

8.2 Unity3D 引擎中的粒子系统

8.2.1 在 Unity3D 引擎中创建粒子系统

Unity3D 引擎中的粒子系统可用于制作特效,如爆炸、技能、碰撞等。Unity3D 引擎用一个组件实现粒子系统，所以在场景中放置一个粒子系统，只要添加一个预制对象（依次选择导航菜单栏 GameObject→Effects→Particle System 命令）或将组件添加到已有对象上（依次选择导航菜单栏 Component→Effects→Particle System 命令），通过这种方式能够创建一个默认粒子系统，如图 8-2 所示。由于这个组件非常复杂，属性面板被分为若干个可以折叠的子区域或模块，它们各自包含了一组相关的属性。另外，通过单击属性面板上的 Open Editor 按钮进入编辑窗口，也可以同时编辑一个或多个粒子系统。粒子系统组件中有大量可用的参数选项，在 8.2.3 节给出了较为详细的描述。

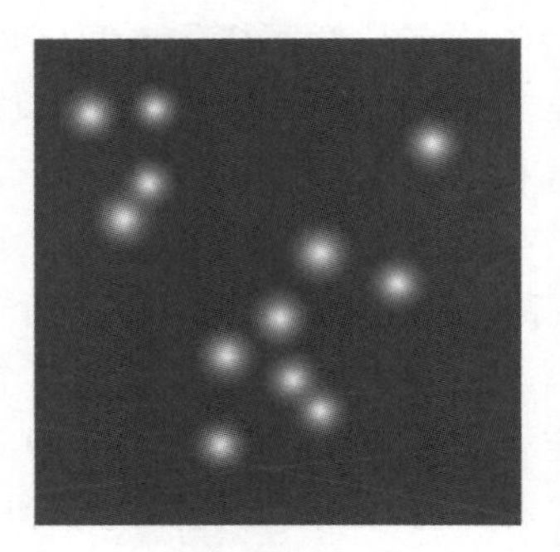

图 8-2　Unity3D 引擎中创建默认粒子系统效果

8.2.2　使用 Unity3D 引擎中的粒子系统

在项目中导入 Unity 标准资源中的 Particle Systems 资源包，依次选择导航菜单栏 Assets→Import Package→Particle Systems 命令，如图 8-3 所示。

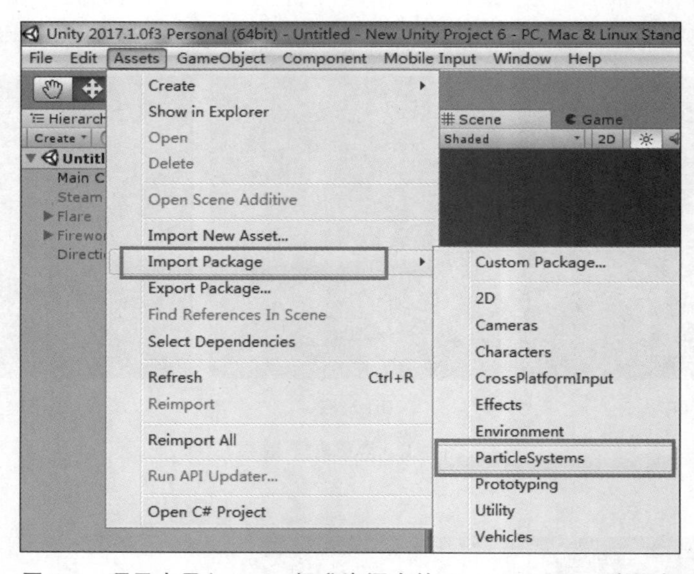

图 8-3　项目中导入 Unity 标准资源中的 Particle Systems 资源包

导入 Particle Systems 资源包后，在项目视图中能够找到资源包中的粒子系统，依次选择 Assets→Standard Assets→Particle Systems→Prefabs 文件夹，此文件目录下包含表示火、水汽、引擎喷射、爆炸、烟等效果的预制件，如图 8-4 所示，场景中使用粒子系统的方法较为简单，选中粒子效果预制件将其拖入场景即可，烟效果如图 8-5 所示。

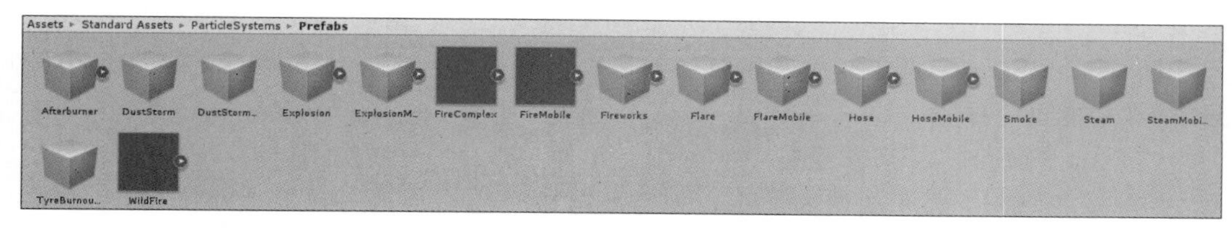

图 8-4　Unity 标准资源包中的粒子效果预制件

图 8-5　烟效果

8.2.3　粒子系统参数详解

当一个带有粒子系统的对象被选中时，场景视图将包含一个有一些简单控制小型粒子效果的面板，有助于查看对粒子系统设置改变的效果，粒子系统属性面板中的参数设置如图 8-6 所示。

了解粒子系统，必须先了解每个属性都代表了什么，然后才能根据这些原理调整出自己满意的效果。

1. 主面板 Particle System

（1）Duration：粒子发射周期。例如，图 8-6 就是在发射 5.00 秒后进入下一个粒子发射周期。如果没有选中 Looping 复选框，5.00 秒后粒子会停止发射。

（2）Looping：粒子按照周期循环发射。

（3）Prewarm：预热系统。例如，有一个空间大小的粒子系统（粒子发射速度有限），如果想在最开始的时候让粒子充满空间，就应该选中 Prewarm 复选框。

（4）Start Delay：粒子延时发射。设置一定数值后，粒子系统将延长一段时间才开始发射。

（5）Start Lifetime：粒子从发生到消失的时间长短。单击 Start Lifetime 属性后面的小三角，在弹出的下拉菜单中有 4 个选项，分别是 Constant、Curve、Random Between Two Constants 和 Random Between Two Curves。其中，

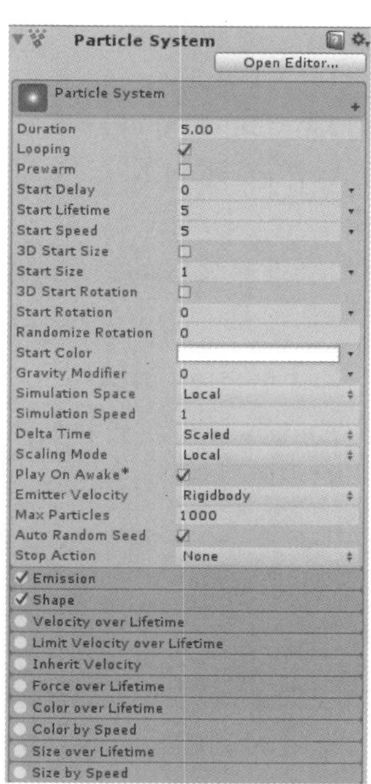

图 8-6　粒子系统属性面板中的参数设置

Constant 表示固定常数，所有生成的粒子的生命周期都是这个数值；Curve 表示曲线周期，粒子的生命周期随曲线变化；Random Between Two Constants 表示在两个常数之间取值；Random Between Two Curves 表示在两个曲线之间取值。

（6）Start Speed：粒子初始发生时候的速度。其后面与粒子生命周期一样有个小三角，基本功能也一样。

（7）3D Start Size：当需要把粒子在某个方向上扩大的时候使用。

（8）Start Size：粒子初始的大小。其后面与粒子生命周期一样有个小三角，基本功也都一样。

（9）3D Start Rotation：需要在一个方向旋转粒子时可以使用。

（10）Start Rotation：粒子初始旋转。

（11）Randomize Rotation：随机旋转粒子方向。对于圆形或球形粒子旋转作用不大。

（12）Start Color：粒子初始颜色，可以调整加上渐变色。单击 Start Color 属性后面的小三角，在弹出的下拉菜单中有 4 个选项，分别是 Color、Gradient、Random Between Two Colors 和 Random Between Two Gradients。其中，Color 表示固定一种颜色；Gradient 表示渐变色；Random Between Two Colors 表示在两种颜色中随机；Random Between Two Gradients 表示在两种渐变色之间随机。

（13）Gravity Modifier：重力修正。

（14）Simulation Space：模拟空间。单击 Simulation Space 的微调控制，有 3 个选项，分别是 Local、World、Custom。其中 Local 表示此时粒子会跟随父级物体移动；World 表示此时粒子不会跟随父级移动；Custom 表示粒子会跟着指定的物体移动。

（15）Simulation Speed：根据 Update 模拟的速度。

（16）Delta Time：一般 Delta Time 都为 1，如果用到 Scaled 是在游戏需要暂停的时候，根据 TimeManager 来定。如果选择 UnScale，就会忽略时间的影响。

（17）Scaling Mode：粒子缩放模式。单击 Scaing Mode 的微调按钮，有 3 个选项，分别是 Local、Hierarchy 和 Shape。其中，Local 表示粒子系统的缩放和自己 Transform 的一样，会忽略父级的缩放；Hierarchy 表示粒子缩放跟随父级；Shape 表示粒子系统跟随初始位置，但是不会影响粒子系统的大小。

2. Emission 模块

Emission 模块参数如图 8-7 所示。

（1）Rate over Time：单位时间生成粒子的数量。

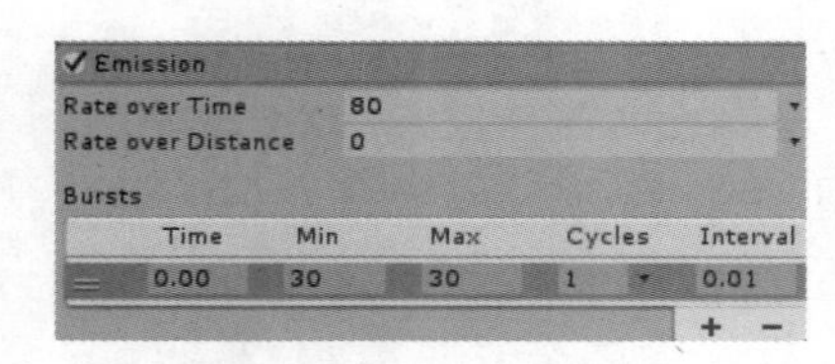

图 8-7 Emission 模块参数

（2）Rate over Distance：随着移动距离产生的粒子数量。只有当粒子系统移动时，才发射粒子。

（3）Bursts：可以设置粒子发射器在 Time 时刻发射最小量为 Min、最大量为 Max 的粒子数。

（4）Cycles：在一个周期中循环的次数。

（5）Interval：两次 Cycles 的间隔时间。

3. 发生器形状(Shape)模块

Shape 模块参数如图 8-8 所示。

(1) Shape：形状，默认是 Cone 圆锥体，还有球体等其他形状可选。

(2) Angle：圆锥体的角度，当角度为 0°时成为柱体。

(3) Radius：圆锥体的圆半径。

(4) Length：锥体长度。如果设置 Emit from 属性为 Base，那么长度项显示为灰色，是不可设置的，此时锥体长度受粒子速度的影响；如果为 Volume 可以设置。

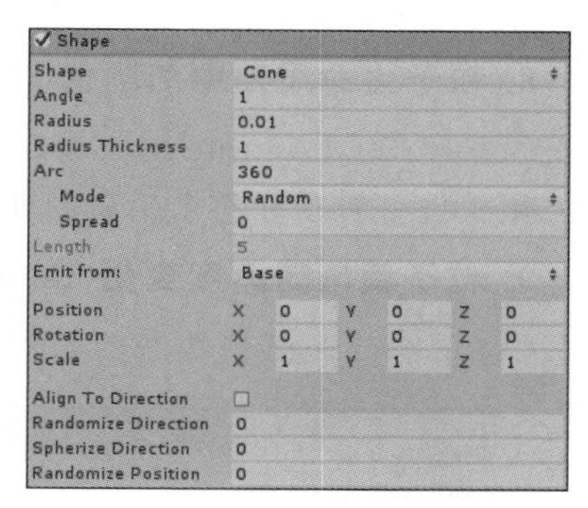

图 8-8　Shape 模块参数

(5) Emit from：粒子发射的位置。单击 Emit From 的微调按钮，有 4 个选项，分别是 Base、Base Shell、Volume 和 Volume Shell。其中，Base 表示从底部随机点发射；Base Shell 表示从底部的圆边向上随机点发射；Volume 表示在锥体内部圆底上方随机点发射；Volume Shell 表示从底部圆边上方延锥面随机点发射。

4. 粒子生命周期中的速度(Velocity over Lifetime)模块

Velocity over Lifetime 模块参数如图 8-9 所示。

(1) X、Y、Z：可设置粒子在 X、Y 和 Z 轴的速度。

(2) Space：坐标系。单击 Space 的微调按钮，有两个选项，分别是 Local 和 World，其中，Local 表示速度按自身的坐标系；World 表示速度按世界坐标系。

5. 限制粒子生命周期中的速度(Limit Velocity over Lifetime)模块

Limit Velocity over Lifetime 模块参数如图 8-10 所示。

图 8-9　Velocity over Lifetime 模块参数

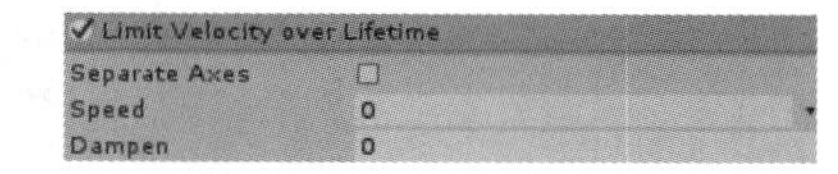

图 8-10　Limit Velocity over Lifetime 模块参数

(1) Separate Axes：是否限制轴的速度。

(2) Speed：粒子的发射速度。

(3) Dampen：阻尼系数，取值为 0～1。

6. 继承速度(Inherit Velocity)模块

Inherit Velocity 模块基本不用。

7. 粒子在生命周期中的受力(Force over Lifetime)模块

Force over Lifetime 模块参数如图 8-11 所示。

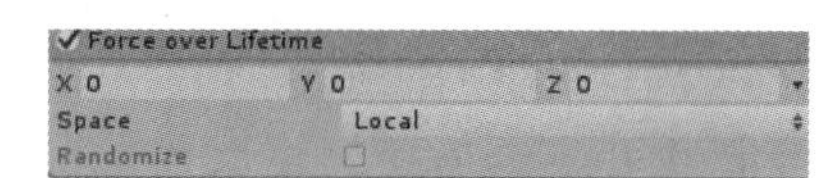

图 8-11　Force over Lifetime 模块参数

(1) X、Y、Z：用于设置粒子在X、Y和Z轴的力。

(2) Space：坐标系。

注意：力是有加速度的，所以粒子的速度不同于 Velocity over Lifetime 模块速度是固定的，而是变化的，所以它可用于模拟风。

8. 粒子生命周期中的颜色(Color over Lifetime)模块

Color over Lifetime 模块参数如图 8-12 所示。

用于设置粒子在整个生命周期中颜色的变化，基本操作与 Start Color 一样。

9. 粒子颜色随速度变化(Color by Speed)模块

Color by Speed 模块参数如图 8-13 所示。

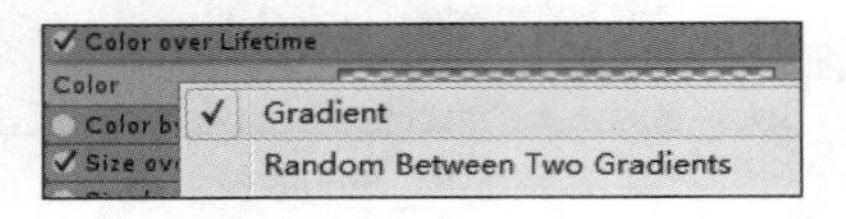

图 8-12 Color over Lifetime 模块参数

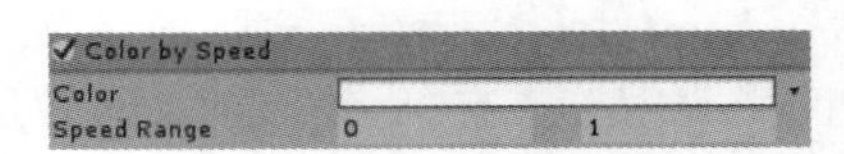

图 8-13 Color by Speed 模块参数

(1) Color：设置颜色。

(2) SpeedRange：速度的取值范围。在这个区间里的速度分别对应上面的颜色。

注意：Size over Lifetime 模块、Size by Speed 模块、Rotation over Lifetime 模块、Rotation by Speed 模块的操作方式与 Color(颜色)模块操作方式一致。

10. 外部作用力(External Forces)模块

External Forces 模块可控制风域的倍增系数。

11. 粒子碰撞(Collision)模块

Collision 模块参数如图 8-14 所示。

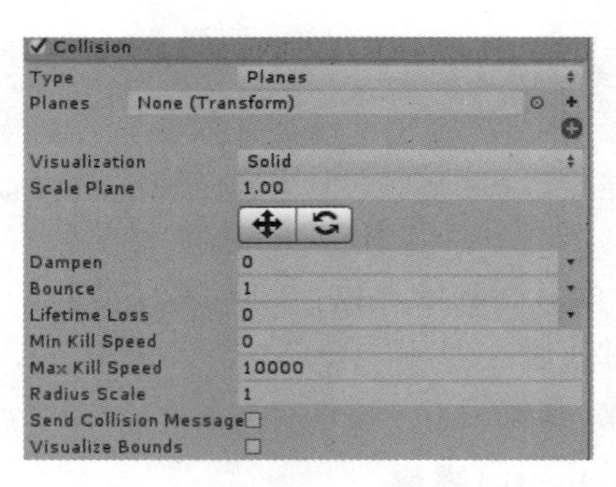

图 8-14 Collision 模块参数

(1) Type：碰撞类型。单击 Type 的微调按钮，有两个选项，分别是 Planes 和 World。其中，Planes 表示与平面碰撞；World 表示与3D世界里的物体碰撞。

(2) Planes：以平面碰撞为例，单击其右边的 + 按钮可添加一个 Plane(碰撞体)，它会在 Hierarchy 视图中粒子系统的子物体中出现。

(3) Visualization：选择碰撞体出现的形式。单击 Visualization 的微调按钮，有两种方式，分别是 Grid 和 Solid。其中，Grid 表示 Scene 视图中可以看到网格，而 Game 视图中什么也没有，Solid 表示 Scene 和 Game 视图都会看到一个平面。

(4) Scale Plane：碰撞体的大小。

(5) Dampen：阻尼系数(取值为 0～1，取值为 1 时，粒子被吸附在碰撞体面上)。

(6) Bounce：弹力系数。

(7) Lifetime Loss：碰撞后粒子损失的生命时间。

(8) Min Kill Speed：粒子碰撞最小清除速度。

(9) Max Kill Speed：粒子碰撞最大清除速度。

(10) Radius Scale：碰撞偏移。值越大，粒子与碰撞体发生碰撞的点离碰撞体越远。

(11) Send Collision Message：是否发送碰撞事件。

(12) Visualize Bounds：是否显示粒子的碰撞体。

12. 子发射(Sub Emitters)模块

Sub Emitters 模块参数如图 8-15 所示。

用于设置粒子生命过程中是否产生行的发射器。

单击右面按钮，便可以新建粒子发射器，在 Hierarchy 视图中出现粒子系统的子物体，可以像一个新的粒子系统一样编辑，单击圆圈按钮可选择已创建好的粒子系统。

13. 贴图 UV 动画(Texture Sheet Animation)模块

Texture Sheet Animation 模块参数如图 8-16 所示。

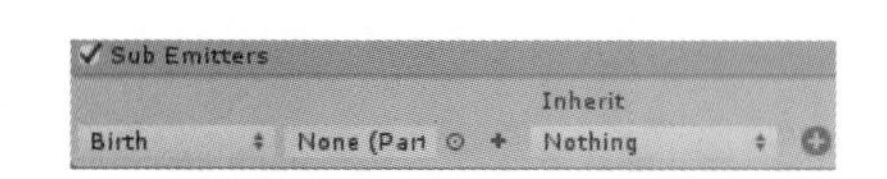

图 8-15　Sub Emitters 模块参数

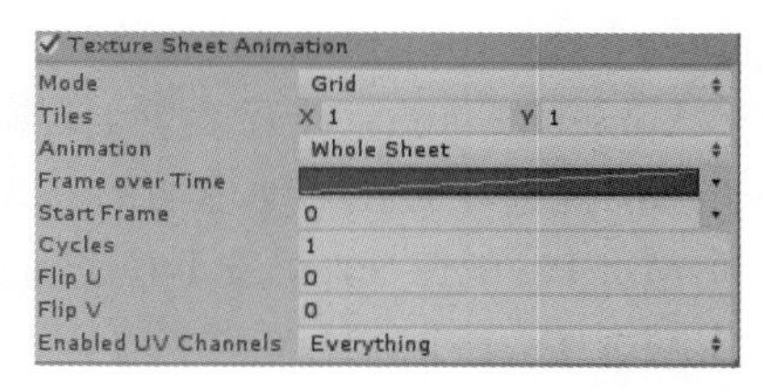

图 8-16　Texture Sheet Animation 模块参数

(1) Mode：模式。单击 Mode 的微调按钮，有两种模式，分别是 Grid 和 Sprite。其中，Grid 模式表示用网格来实现粒子动画；Sprite 模式表示通过相同尺寸的精灵实现粒子动画。

(2) Tiles：将贴图划分为几行几列。把特效做在了一张图片上，需要在 Renderer 模块中指定材质。

(3) Animation：动画模式。单击 Animation 的微调按钮，有两种方式，分别是 Whole Sheet 和 Single Row。其中，Whole Sheet 表示整张图片播放，它会从左到右，从上到下播放；Single Row 表示选择某行播放，动画只用于单独一行，有一个随机的选项可以选择或者是选择单独的一行做动画。

(4) Frame over Time：根据时间播放帧。横坐标是 1s，纵坐标是帧数。

(5) Start Frame：开始的帧是哪一帧。

(6) Cycles：在 1s 循环播放的次数。

(7) Flip U：翻转 U。

(8) Flip V：翻转 V。

14. 渲染(Renderer)模块

Renderer 模块参数如图 8-17 所示。

(1) Render Mode：渲染模式。单击 Render Mode 的微调按钮，有 6 种模式，分别是 Billboard、Stretched Billboard、Horizontal Billboard、Vertical Billboard、Mesh 和 None。其中，Billboard 模式表示粒子总是面向照相机；Stretched Billboard 模式表示伸展板，可以根据照相机、速度、长度调节粒子的缩放；Horizontal Billboard 模式表示粒子平面平行于 Floor 平面；Vertical Billboard 模式表示粒子平面平行于世界坐标的 y 轴，但是面向照相机；Mesh 模式表示将粒子渲染到网格；None 模式表示不使用渲染模式。

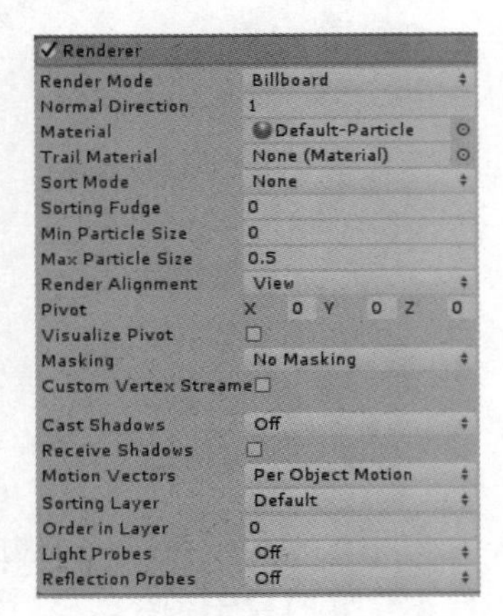

图 8-17　Renderer 模块参数

(2) Material：用于渲染粒子的材质。

(3) Trail Material：拖尾材质。需要使用拖尾效果的时候，才附材质。

(4) Sort Mode：渲染方式排序模式。单击 Sort Mode 的微调按钮，有 4 种排序模式，分别是 By Distance、Oldest in Front、Youngest in Front 和 None。其中，By Distance 模式表示根据粒子离照相机的距离渲染；Oldest in Front 模式表示先渲染出来的在最上层；Youngest in Front 模式表示后渲染出来的在最上层；None 模式表示无排序模式。

(5) Sorting Fudge：排序容差，仅影响整个系统在场景中出现的位置。Sorting 值越小，粒子系统就越容易在其他透明的 GameObjects 上绘制。

(6) Min Particle Size：最小粒子渲染大小。

(7) Max Particle：最大粒子渲染大小。

(8) Pivot：修改粒子渲染的轴点。

(9) Visualize Pivot：可视化轴点。

(10) Masking：是否使用遮罩。

(11) CustomVertex Streams：在材质的顶点着色器中配置哪些粒子属性可用。

(12) Cast Shadows：是否使用阴影。

(13) ReceiveShadows：规定阴影是否可以投射到粒子上，只有不透明(Opaque)的材质可以接受阴影。

15. 拖尾(Trails)模块

如果使用 Trails 模块，必须在 Renderer 中给 Trail Material 赋值，Trails 模块参数如图 8-18 所示。

(1) Ratio：分配给某个粒子拖尾的概率。

(2) Lifetime：拖尾效果存在的时间。

(3) Minimum Vertex Distance：定义粒子在其 Trail 接收到新顶点前必须行进的距离。接收新顶点为重新定位 Trail。

(4) Texture Mode：纹理模式。

（5）World Space：如果选中，即使应用 Local Simulation Space，Trail 顶点也不会随着粒子系统的物体移动。并且 Trail 会进入世界坐标系，忽略任何粒子系统的移动。

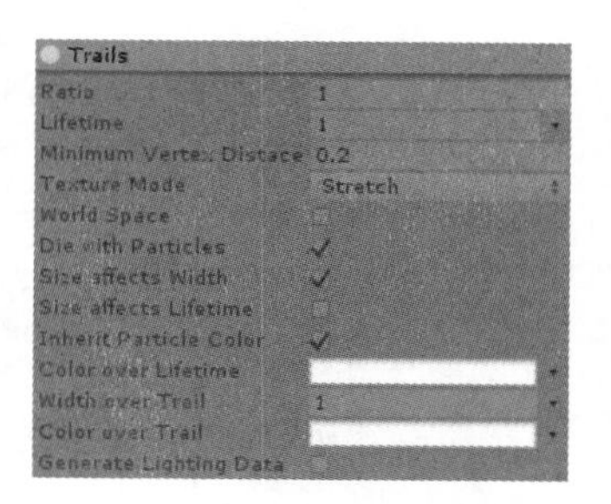

图 8-18　Trails 模块参数

（6）Die With Particle：如果选中，Trail 跟随粒子系统销毁。

（7）Size Affects Width：如果选中，Trail 的宽度会乘粒子系统的尺寸。

（8）Size Affects Lifetime：如果选中，Trail 的生命周期乘以粒子系统的尺寸。

（9）Inherit Particle Color：如果选中，Trail 的颜色会根据粒子的颜色调整。

（10）Color Over Trail：用于控制 Trail 在曲线上的颜色。

（11）Width Over Trail：用于控制 Trail 在曲线上的宽度。

8.3　创建水下气泡效果

水下气泡是一种常见的自然现象，在很多场景中都能用到，本节根据 8.1 节和 8.2 节所学的粒子系统的相关知识，创建默认粒子效果，修改粒子效果的材质等参数，创建水下气泡效果，具体制作步骤如下。

（1）创建项目文件，将项目命名为 3DBubbles，设置项目的存储位置为 D:\VRProjects，单击 Create project 按钮创建项目，如图 8-19 所示。

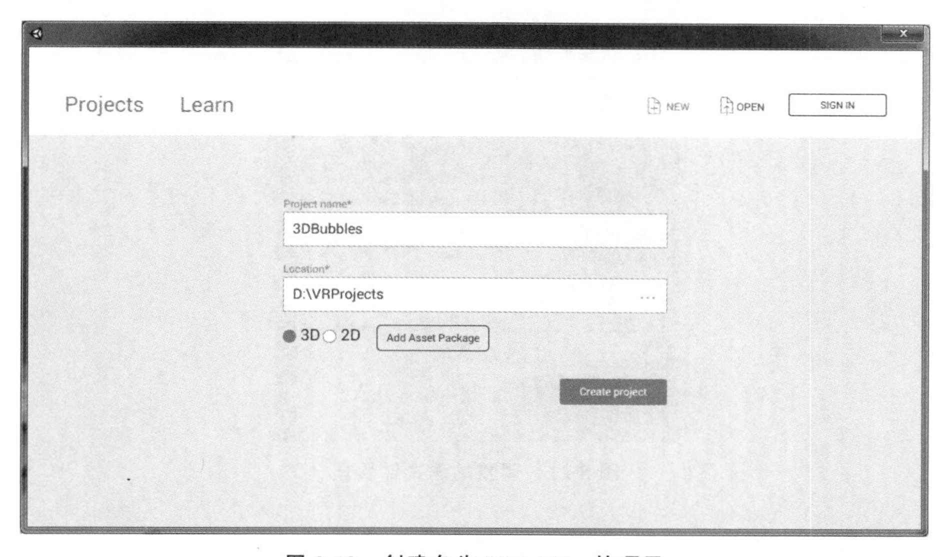

图 8-19　创建名为 3DBubbles 的项目

（2）导入贴图文件，选择名为 bubbles 的 PNG 格式贴图文件，在 Unity3D 引擎中可使用路径项目视图右击，在弹出的快捷菜单中选择 Import New Assets 命令，弹出 Import New Asset 对话框中，找到 bubbles 文件，如图 8-20 所示。

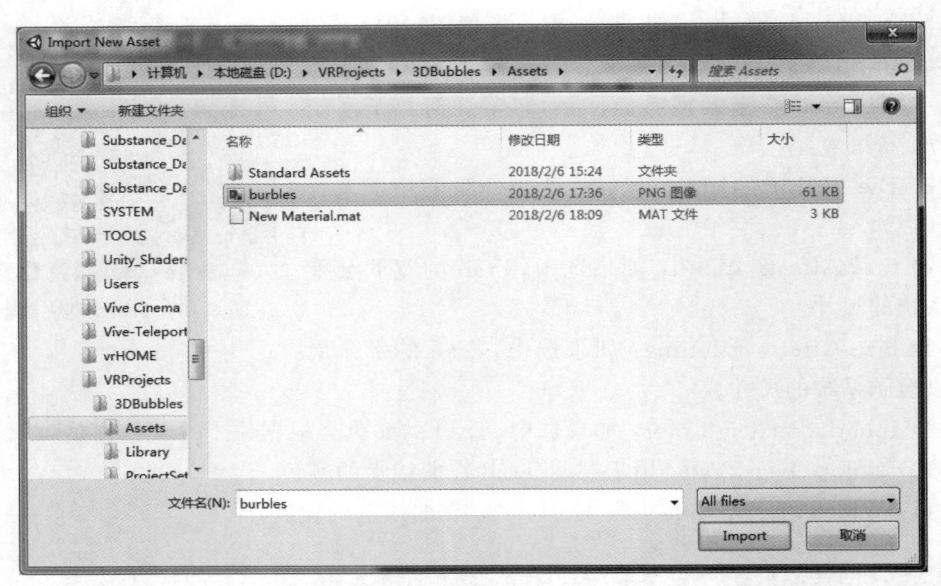

图 8-20　Unity 项目中导入贴图文件

(3) 设置贴图文件属性，在项目视图中单击导入的贴图文件 burbles，注意到 Unity 编辑器右侧属性面板，可以尝试修改 Max Size 和 Compression 参数，调整贴图文件质量，如图 8-21 所示。

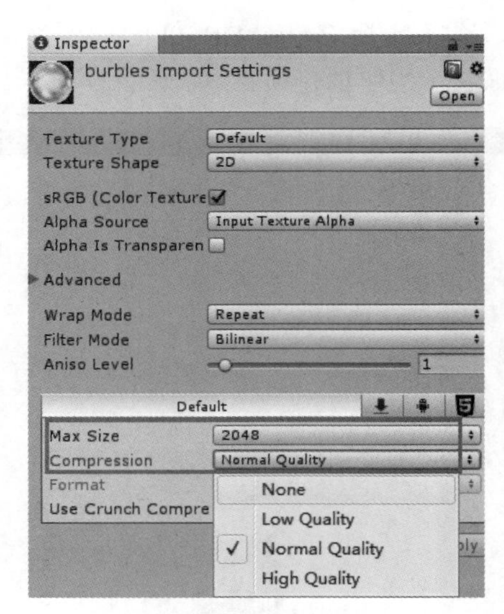

图 8-21　调整贴图文件质量

(4) 创建材质，创建方式可使用项目视图中右击，在弹出的快捷菜单中依次选择 Create→Material 命令，将材质命名为 bubbleMaterial。

(5) 设置材质参数，在项目视图中单击 bubbleMaterial 材质，注意到 Unity 编辑器右侧属性面板，设置 Shader 参数，单击 Shader 参数右侧小三角按钮，在弹出的下拉菜单中选择 Particles→Additive 命令，如图 8-22 所示，Additive 是一种专门用来渲染粒子系统的

Unity标准着色器，此步骤的目的是使用Additive着色器渲染材质。然后，在贴图文件选择框中选择burbles文件，操作方式可单击Select按钮，在弹出的贴图选择框中选择名为burbles的文件，如图8-23所示。

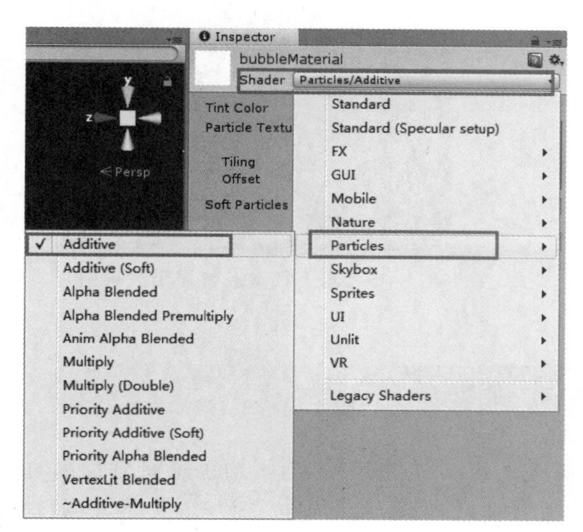

图8-22　设置粒子系统的Shader文件

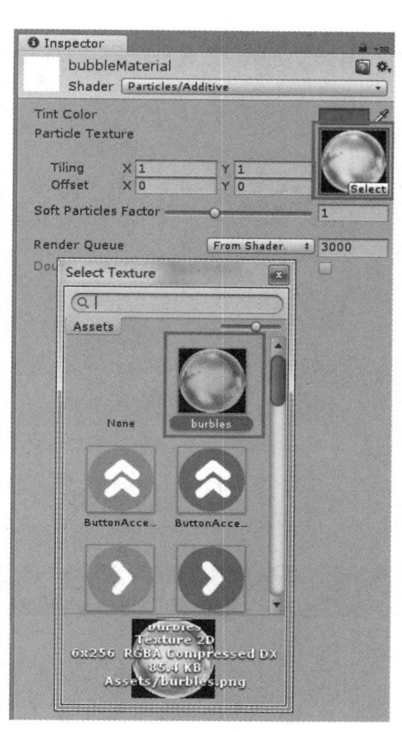

图8-23　选择贴图文件

(6) 创建粒子系统，创建方法为依次选择导航菜单栏GameObject→Effects→Particle Systems命令，创建完成后会在Unity编辑器场景视图中显示一个默认的粒子系统，如图8-24所示。

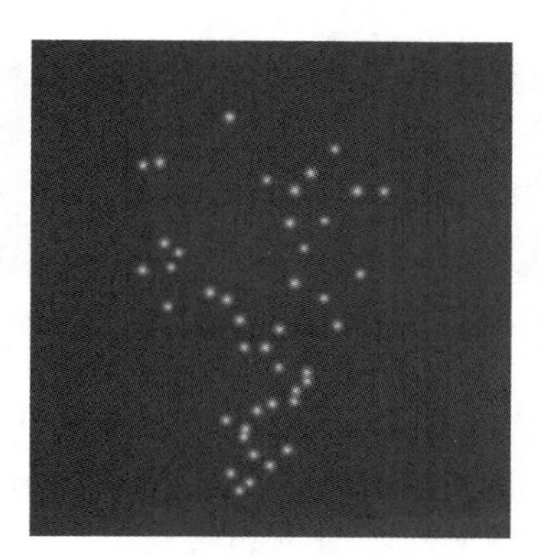

图8-24　Unity编辑器场景视图中显示一个默认的粒子系统

(7) 设置粒子系统参数，在层次视图中将默认粒子系统名称设置为Bubbles，单击Bubbles，注意到Unity编辑器右侧属性面板，选择Renderer模块，设置Material参数为

bubbleMaterial，操作方式可单击 Material 参数右侧的圆圈按钮，在弹出的“材质选择”对话框中选择前面创建的 bubbleMaterial 材质，如图 8-25 所示，也可以尝试修改其他参数改变粒子系统效果，最终显示效果如图 8-26 所示。

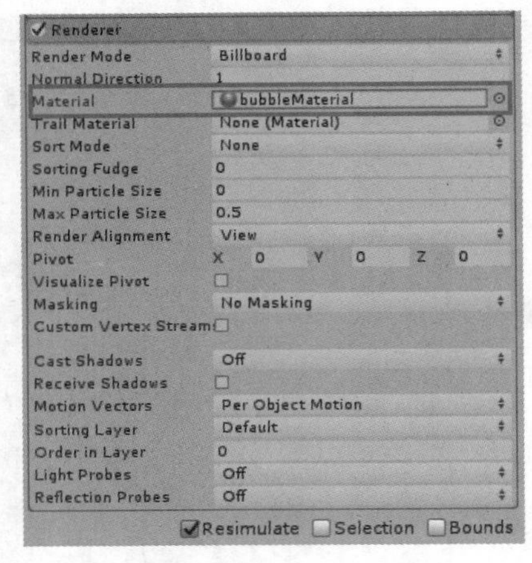

图 8-25　修改 Renderer 模块参数

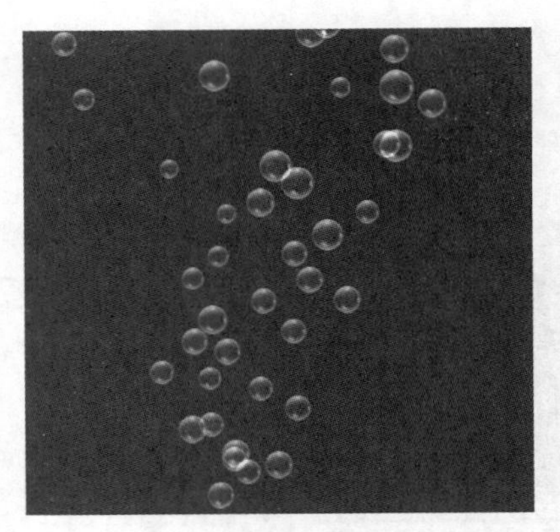

图 8-26　水下气泡最终显示效果图

8.4　为摩托车添加引擎喷射效果

引擎喷射效果是机动车发动时排气筒喷射出火光的效果，为了增加场景画面的真实性和丰富性，在很多应用中都能看到，尤其是游戏类应用，如《绝地求生》《VR 赛车》《尘埃拉力赛》和《赛车计划 2VR》等，甚至在平时生活中有时也能看到类似的粒子效果，如图 8-27 所示。本节基于标准资源包中提供的粒子系统，通过修改一定的参数，创建机动汽车发动时排气筒喷射火光的粒子效果。

图 8-27　汽车排气筒喷射出火光的效果

（1）创建项目文件，将项目命名为 MotorEngine，设置项目的存储位置为 D:\VRProjects，单击 Create project 按钮创建项目，如图 8-28 所示。

（2）导入摩托车模型和贴图文件，为了规范管理资源文件，在项目视图中创建一个名为 tex 的文件夹用来存放摩托车模型的贴图文件，依次选择导航菜单栏 Assets→Create→Folder 命令，创建文件夹，然后将 blinker.jpg、body.jpg、dash.jpg、plate.jpg 和 red l.jpg 等贴图文件拖曳到项目视图 tex 文件夹中，最后将摩托车模型文件 motor 拖曳到项目视图中，如图 8-29 所示。

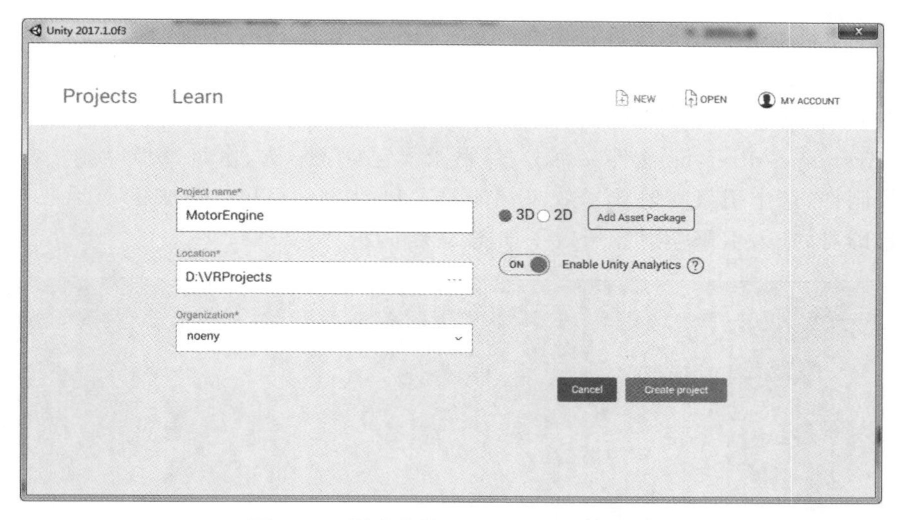

图 8-28　创建名为 MotorEngine 的项目

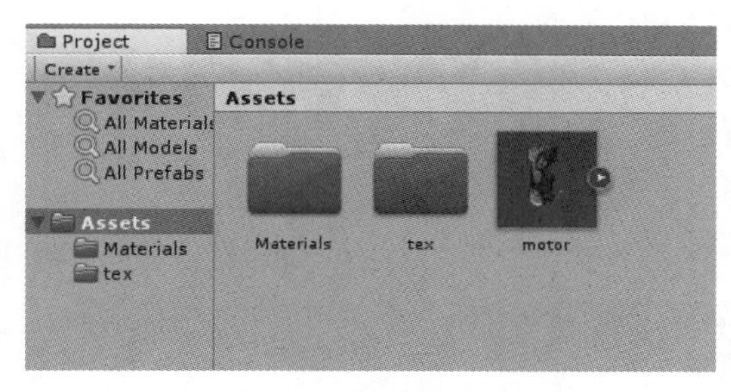

图 8-29　导入模型和贴图资源

（3）选择项目视图中的 motor 模型文件，将其拖入场景视图或层次视图，使用鼠标调整 motor 模型在场景中的位置，形成一个便于观察的角度，如图 8-30 所示。

图 8-30　将 motor 模型拖入场景

(4) 在项目中导入 Unity 标准资源中的 Particle Systems 资源包,依次选择导航菜单栏 Assets→Import Package→Particle Systems 命令。导入 Particle Systems 资源包后,在项目视图中能够找到资源包中的粒子系统,依次选择 Assets→Standard Assets→Particle Systems→Prefabs 文件夹,此文件目录下包含表示火、水汽、引擎喷射、爆炸、烟等效果的预制件,选中引擎喷射粒子效果预制件 Afterburner,并将选中的粒子效果预制件拖入场景即可,拖入引擎喷射粒子效果如图 8-31 所示。

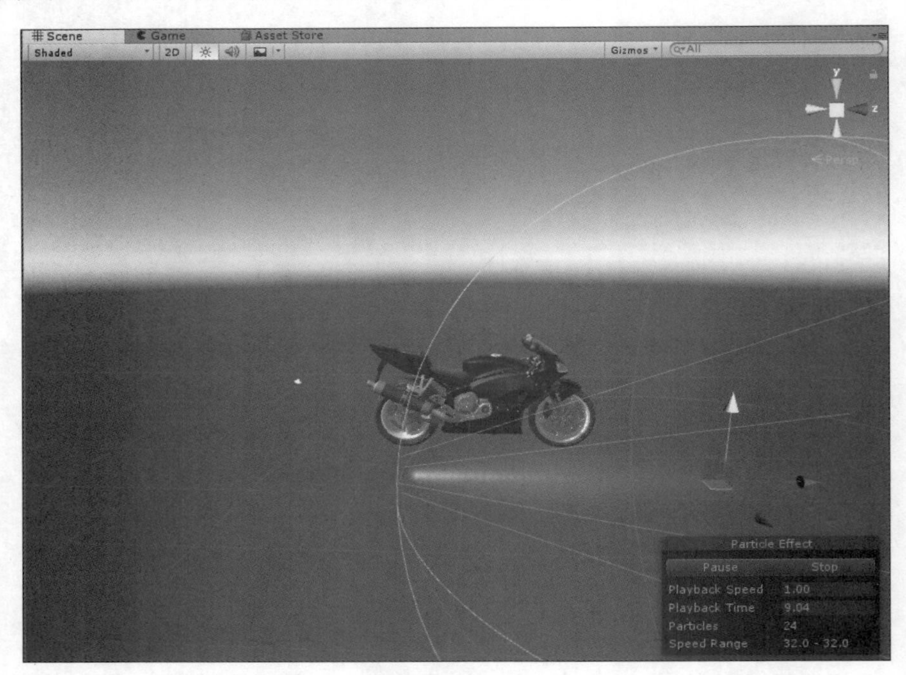

图 8-31　拖入引擎喷射粒子效果

(5) 调整场景中 Afterburner 的位置、旋转和大小参数。首先,将 Afterburner 拖曳到 motor 模型排气管位置;其次,旋转 Afterburner 的喷射朝向,使得发射点对准 motor 模型排气管出口位置;最后,适当调整 Afterburner 的大小,使得喷射力度和范围符合视觉要求,最终效果如图 8-32 所示。

图 8-32　场景中 Afterburner 与 motor 排气管处在较为合适的位置

(6) 调整照相机位置并运行程序，在运行程序前先调整场景中的照相机 Main Camera，使得照相机能够较为合适地观察到摩托车模型和喷射效果，再单击工具栏中间位置的“播放”按钮，运行项目，即可观察到摩托车排气管处喷射火光的效果如图 8-33 所示。

图 8-33 摩托车排气管处喷射火光的效果图

8.5 气泡拖尾效果制作

拖尾效果是自然界和人类生活中一种常见的现象，在许多场景中都得到了应用，本节创建粒子效果材质，并通过为球形碰撞体添加拖尾效果组件，实现气泡的拖尾效果，具体制作步骤如下。

(1) 创建项目文件，将项目命名为 BubbleTrail，设置项目的存储位置为 E:\VRProjects，单击 Create project 按钮创建项目如图 8-34 所示。

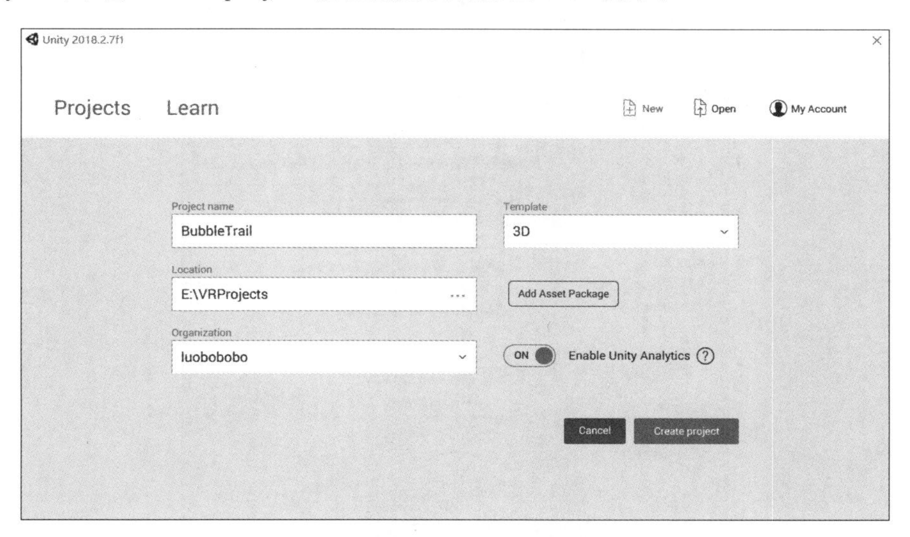

图 8-34 创建名为 BubbleTrail 的项目

(2) 导入贴图文件,选择名为 bubbles 的 PNG 格式贴图文件,在 Unity3D 引擎中可使用路径项目视图右击,在弹出的快捷菜单中选择 Import New Assests 命令,弹出 Import New Asset 对话框,找到 bubbles 文件,如图 8-35 所示。

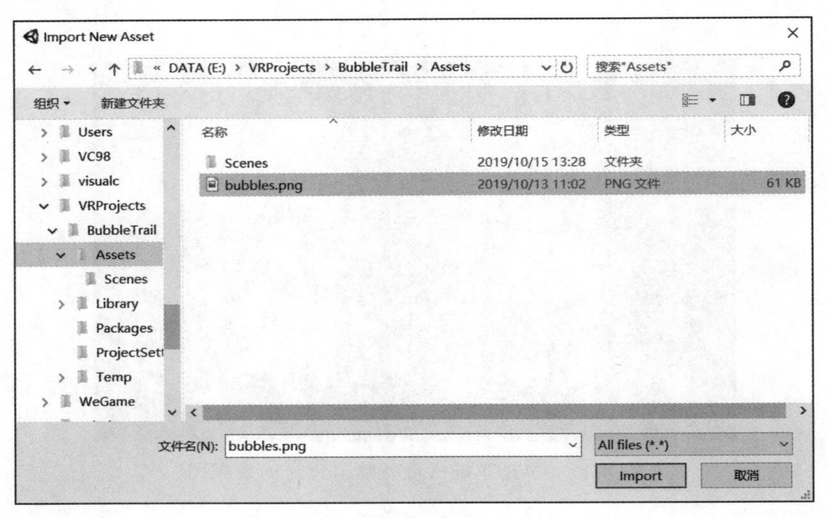

图 8-35 Unity 项目中导入贴图文件

(3) 设置贴图文件属性,在项目视图中单击导入的贴图文件 bubbles,注意到 Unity 编辑器右侧属性面板,可以尝试修改 Max Size 和 Compression 参数,调整贴图文件质量,如图 8-36 所示。

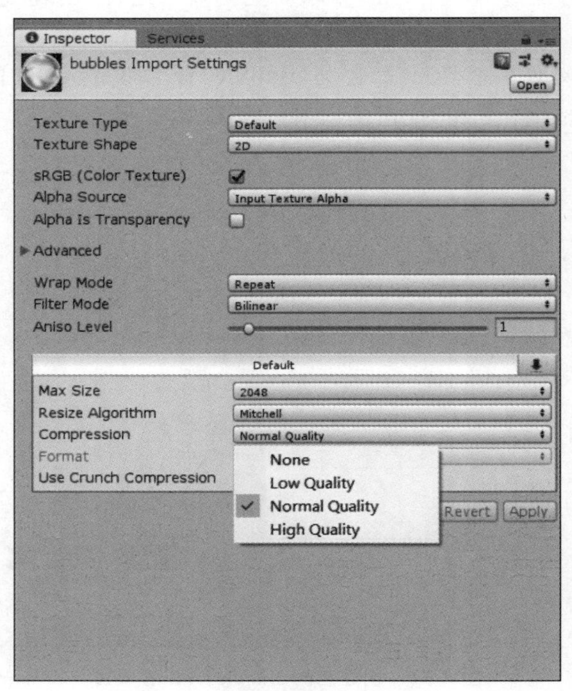

图 8-36 调整贴图文件质量

（4）创建材质，创建方式可使用项目视图中右击，在弹出的快捷菜单中依次选择菜单Create→Material命令，将材质命名为bubbleMaterial。

（5）设置材质参数，在项目视图中单击bubbleMaterial材质，注意到Unity编辑器右侧属性面板，在贴图文件选择框中选择bubbles文件，操作方式可单击左侧圆圈按钮，在弹出的Select Texture选择框中双击名为bubbles的文件，如图8-37所示。设置Shader参数，单击Shader参数右侧小三角按钮，在弹出的下拉菜单中依次选择Particles→Additive命令，如图8-38所示，Additive是一种专门用来渲染粒子系统的Unity标准着色器渲染材质。

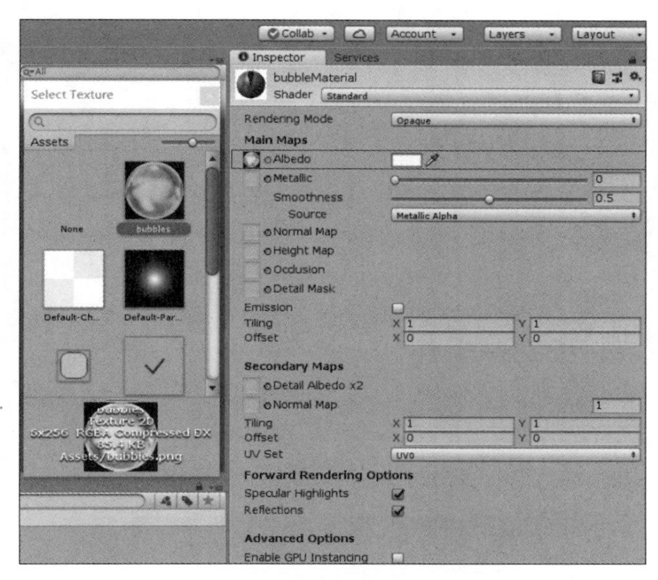

图8-37　选择贴图文件

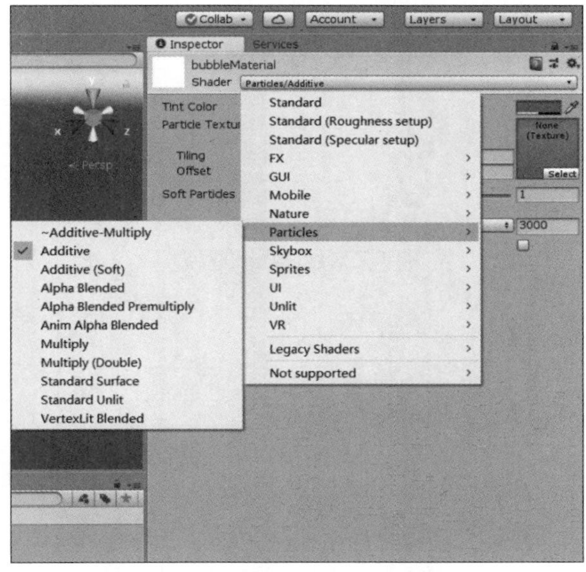

图8-38　设置粒子系统的Shader文件

（6）创建球形碰撞体，创建方法为依次选择导航菜单栏 GameObject→3D Object→Sphere 命令，创建完成后注意到 Unity 编辑器右侧属性面板，修改 Mesh Renderer 模块中的 Materials 属性，在贴图文件选择框中选择 bubbleMaterial 文件，操作方式可单击 Element 0 右侧圆圈按钮，在弹出的 Select Metrial 选择框中双击名为 bubbleMaterial 的文件，如图 8-39 所示。对球形碰撞体添加拖尾组件，添加方法为单击球形碰撞体，单击 Unity 编辑器右侧属性面板最下方的 Add Component 按钮，在弹出的搜索框中输入 Trail Render 后，单击 Search 下的 Trail Render 命令，为物体对象添加拖尾组件，如图 8-40 所示。

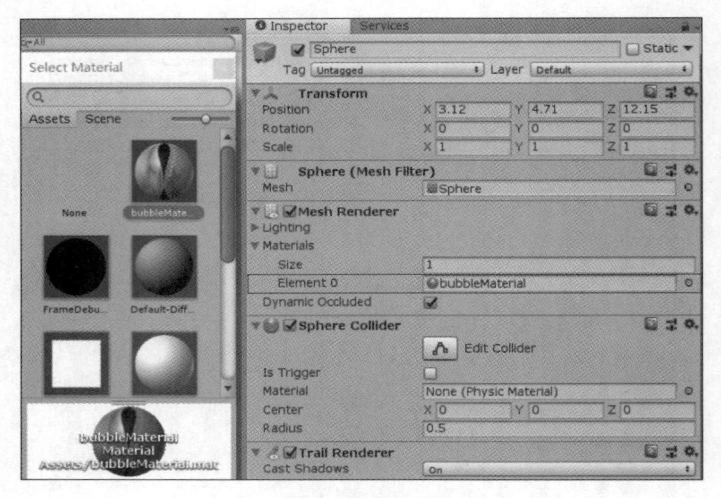

图 8-39　选择贴图文件

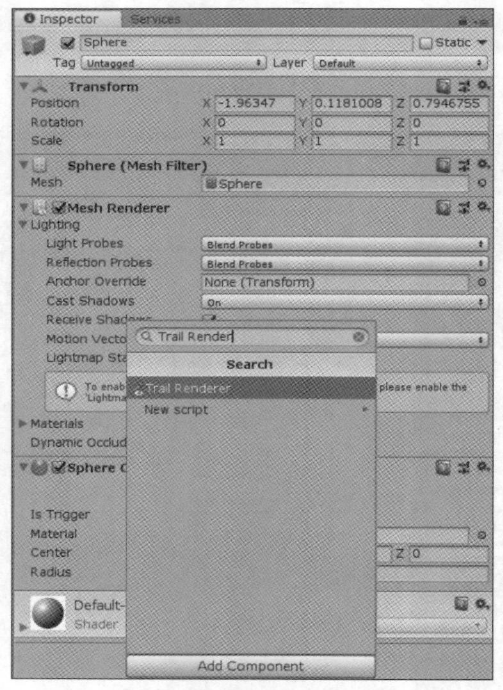

图 8-40　添加拖尾方法组件

(7) 单击球形碰撞体，注意到 Unity 编辑器右侧属性面板，可尝试修改 Trail Renderer 模块下 Time、Color 和 Width 参数，调整拖尾效果持续时间、拖尾不透明区域显示的颜色和拖尾的宽度函数(横轴表示时间，纵轴表示尾巴宽度)。其中，对 Width 调整方法：在曲线上一点右击，选择 Add KeyFrame 添加关键点，拖曳关键点调整曲线走向，从而调整不同时间拖尾宽度，如图 8-41 所示。按住鼠标左键拖曳小球，可沿轨迹产生拖尾效果，如图 8-42 所示。修改拖尾效果显示材质，将 Material 参数修改为 bubbleMaterial，操作方式可单击 Element 0 右侧圆圈按钮，在弹出的 Select Metrial 选择框中双击名为 bubbleMaterial 的文件，最终气泡拖尾效果如图 8-43 所示。

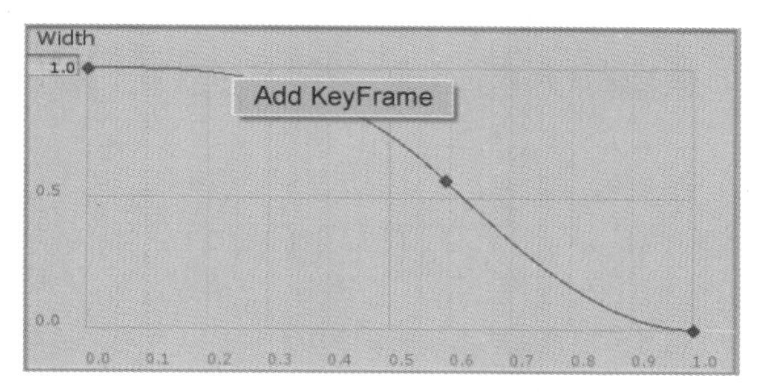

图 8-41　添加关键点修改拖尾宽度

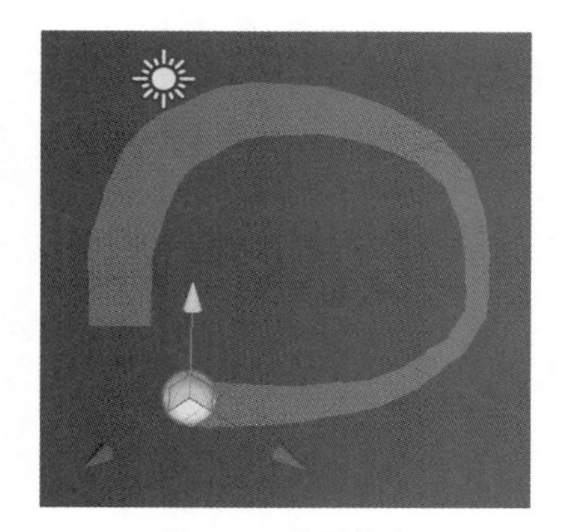

图 8-42　拖尾轨迹

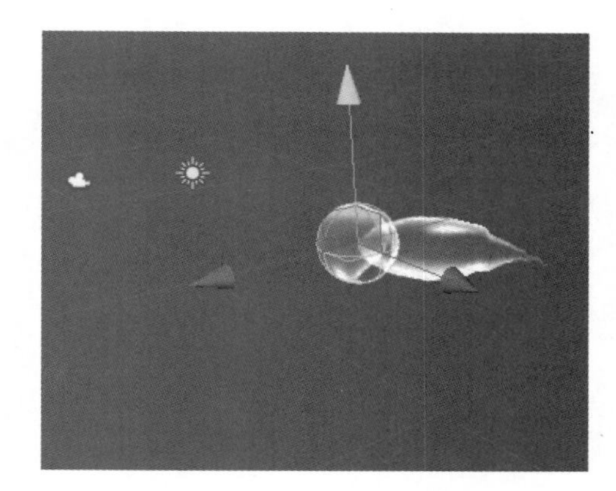

图 8-43　最终气泡拖尾效果

8.6　本章小结

粒子效果能够增加虚拟现实场景或动画的视觉效果。Unity 标准资源包中提供了大量粒子效果，包含火、水汽、引擎喷射、爆炸、烟等效果。用户也可以自己创建一个粒子效果，通过修改材质等属性生成如气泡等效果的粒子特效。

学习本章，需要理解粒子系统的概念及其动态性，掌握 Unity3D 引擎中创建和使用粒子系统的步骤和方法，对粒子系统相关参数的设置有一定了解，能够根据需求修改个别参数，Unity3D 引擎中创建水下气泡效果的步骤和方法，锻炼创建自定义粒子效果的能力。

引擎喷射效果各种各样，火箭发射的喷射效果和摩托车的喷射效果在大小、颜色、喷

射频率等方面不同，如果想实现不同的引擎喷射效果，可调整粒子系统的各种参数。例如，在8.4节的实验中，可以尝试调整Start Color、Rate over Time等参数调整喷射效果的颜色、粒子数量等。

习题8

1. 创建一个自定义粒子效果，实现喷泉效果。

2. 创建一个简单场景，选择使用Unity标准资源包中的某一粒子效果，实现动态雾的效果。

3. Unity3D引擎自带的标准资源包中包含哪些粒子效果？每种粒子效果能够模拟哪些特效？

参考文献

[1] Rheingold H. Virtual Reality: exploring the brave new technologies[M]. New York: Simon & Schuster Adult Publishing Group,1991.

[2] Steuer J. Defining Virtual Reality: dimensions determining telepresence [J]. Journal of Comunication,1992,42(4) : 73-93

[3] Carlsson C,Hagsand D. DIVE a multi-user virtual reality system[C]. Proceedings of VRAIS'93, 1993: 394-400.

[4] Klosowski J T,Held M,Mitchell J S B,et al. Efficient collision detection using bounding volume hierarchies of k-DOPs[J]. IEEE Transactions on Visualization and Computer Graphics,1998,4(1): 21-36.

[5] 孟祥旭,李学庆,杨承磊,等.人机交互基础教程[M].3版.北京:清华大学出版社,2016.

[6] 赵沁平,蒋恺.虚拟现实产业爆发的前夜[J].中国科学:信息科学,2016(12):1774-1778.

[7] 王志.如何看待我国的虚拟现实科学技术问题[J].中国科学:信息科学,2017(12):1674-7267.

[8] 赵沁平.虚拟现实综述[J].中国科学:信息科学,2009(1):2-16.

[9] Ryan Marie-Laure. Narrative as Virtual Reality: immersion and interactivity in literature and electronic media[M]. Baltimore,MD: Johns Hopkins University Press,2001.

[10] 周炜,刘继红.虚拟环境下人工拆卸的实现[J].华中科技大学学报,2000,28(2):45-47.

[11] 巫影,向琳,黄映云,等.虚拟现实技术综述[J].计算机与数字工程,2002,30(3):41-44.

[12] 吴迪,黄文骞.虚拟现实技术的发展过程及研究现状[J].海洋测绘,2002,22(6):15-17.

[13] 尹勇,金一丞,任鸿翔,等.自然现象的实时仿真[J].系统仿真学报,2002,14(9):1217-1219.

[14] 杨鹏,姚旺生.基于PC的虚拟地形漫游系统的实现[J].计算机仿真,2003,20(7):78-80.

[15] 彭群生,鲍虎军,金小刚.计算机真实感图形的算法基础[M].北京:科学出版社,2003.

[16] 姜学智,李忠华.国内外虚拟现实技术的研究现状[J].辽宁工程技术大学学报,2004,23(2): 238-240.

[17] 董士海.人机交互的进展及面临的挑战[J].计算机辅助设计与图形学学报,2004,16(1):1-13.

[18] 李铭.应当正确解释电影的似动现象[J].北京电影学院学报,2005(5):1-6.

[19] 胡小强.虚拟现实技术[M].北京:北京邮电大学出版社,2005.

[20] 郑轶,宁汝新,刘检华,等.虚拟装配关键技术及其发展[J].系统仿真学报,2006,18(3):649-654.

[21] 徐利明,姜昱明.可漫游的虚拟场景建模与实现[J].系统仿真学报,2006,18(1):120-124.

[22] 卞锋,江漫清,桑永英.虚拟现实及其应用进展[J].计算机仿真,2007,24(6):1-4.

[23] 杨颖,雷田,张艳河.基于用户心智模型的手持移动设备界面设计[J].浙江大学学报,2008,42(5):800-804.

[24] 李雪.虚拟现实技术在国家图书馆的应用[J].科技情报开发与经济,2009,19:27 -28.

[25] 倪乐波,戚鹏,遇丽娜,等.Unity3D产品虚拟展示技术的研究与应用[J].数字技术与运用,2010(9):54-55.

[26] 李敏,韩丰.虚拟现实技术综述[J].软件导刊,2010,9(6):142-144.

[27] 陈浩磊,邹湘军,陈燕,等.虚拟现实技术的最新发展与展望[J].中国科技论文在线,2011,6(1): 1-5.

[28] 王晨晨.虚拟现实技术及其在图书馆的应用[J].图书馆学研究,2011(10):34-37.

[29] 郭芳芳,刘志勤.Unity3D在教育游戏中的应用研究[J].教育观察,2012(10):47-50.

[30] 李效伟,张海程,董树霞,等. Unity3D 引擎在软件类学科竞赛中的应用[J]. 计算机教育,2015(24):6-9.

[31] 林一,陈靖,刘越,等. 基于心智模型的虚拟现实与增强现实混合式移动导览系统的用户体验设计[J]. 计算机学报,2015,38(2):408-422.

[32] Technologies Unity. Unity5.X 从入门到精通[M]. 北京:中国铁道出版社,2016.

[33] 赵蔚,段红. 虚拟现实软件研究[J]. 计算机技术与发展,2012,22(2):229-233.

[34] 高瞻,张树有,顾嘉胤,等. 虚拟现实环境下产品装配定位导航技术研究[J]. 中国机械工程,2002,13(11):901-904.

[35] 肖田元. 虚拟制造研究进展与展望[J]. 系统仿真学报,2004,16(9):1879-1883.

[36] 孙守迁,黄琦,潘云鹤. 计算机辅助概念设计研究进展[J]. 计算机辅助设计与图形学学报,2003,15(6):643-650.

[37] 刘冠阳,张玉茹,王瑜,等. 双通道触觉交互系统中牙科手术工具之间动态交互的力觉仿真[J]. 系统仿真学报,2007,19(20):4711-4715.

[38] 杨利明,王培俊,王文静,等. 基于 Vega-MultiGen 实验中心虚拟漫游系统及 GIS 研究[J]. 计算机技术与发展,2010,20(4):240-242.

[39] 哈涌刚,周雅,王涌天,等. 用于增强现实的头盔显示器的设计[J]. 光学技术,2000,26(4):350-353.

[40] 新清士. VR 大冲击:虚拟现实引领未来[M]. 北京:北京时代华文书局,2017.

[41] 杨浩然. 虚拟现实:商业化应用及影响[M]. 北京:清华大学出版社,2017.